编 审 人 员

主　编　石光辉
扬州环境资源职业技术学院

副主编　倪才英
江西师范大学

薛生国
中南大学

主　审　李辉信
南京农业大学

丛 书 编 委 会

高职高专环境类系列教材

土壤及固体废物监测与评价

主　编　石光辉

副主编　倪才英　薛生国

中国环境出版集团·北京

图书在版编目（CIP）数据

土壤及固体废物监测与评价/石光辉主编．—北京：中国环境出版集团，2008.11（2023.8 重印）

（高职高专环境类系列教材）

ISBN 978-7-80209-560-1

Ⅰ．土…　Ⅱ．石…　Ⅲ．①土壤监测—高等学校：技术学校—教材　②固体废物—监测—高等学校：技术学校—教材　Ⅳ．X833

中国版本图书馆 CIP 数据核字（2008）第 139023 号

出 版 人　武德凯
责任编辑　黄晓燕　孔　锦
责任校对　任　丽
封面设计　宋　瑞

出版发行　中国环境出版集团
（100062　北京市东城区广渠门内大街 16 号）
网　　址：http://www.cesp.com.cn
电子邮箱：bjgl@cesp.com.cn
联系电话：010-67112765（编辑管理部）
010-67112735（第一分社）
发行热线：010-67125803，010-67113405（传真）

印　　刷　北京中科印刷有限公司
经　　销　各地新华书店
版　　次　2008 年 11 月第 1 版
印　　次　2023 年 8 月第 4 次印刷
开　　本　787×960　1/16
印　　张　16
字　　数　300 千字
定　　价　33.00 元

前言

环境、资源、人口问题已被国际社会公认为是影响21世纪可持续发展的三大关键问题。随着经济的高速发展，污染物的排放量迅速增加，环境污染已成为制约中国经济进一步发展的重大因素。与此同时，我国的环境污染开始呈现出新的特点，由过去的点源污染转向面源污染，污染也由城市污染为主向农村扩散和转移，特别是土壤污染所造成的农产品质量安全问题成为社会和人民群众关注的热点。由于经济的发展和生活水平的提高，固体废物的排放量日益增加，但中国在固体废物治理方面技术比较落后，因此固体废物污染防治工作面临严峻的形势。

高职环境类专业主要培养面向生产、建设、管理、服务一线的，从事环境监测、环境评价、环境管理、环境工程等工作的高素质技能型专门人才。在现有的环境类专业高职教材体系中，环境监测、环境评价都是分开编写，各自成书的，内容多侧重于水、大气和噪声，而土壤及固体废物所占篇幅较少，显然与新形势下对高等职业技术教育人才的培养目标不相适应。在多年的教学实践中编者发现，环境监测与环境评价两门课程的内容联系比较紧密，土壤与固体废物的监测方法与技术有许多相似之处。鉴于上述原因，我们打破了以往的教材编写体系，将土壤与固体废物的监测、评价两个方面的内容糅合到一起，形成一种新的教材——《土壤及固体废物监测与评价》。本教材充分考虑到高等职业教育对教材的要求，以学生为本，注重对专业素质和能力的培养。在保证专业教学内容科学合理的基础上，结合新形势下社会对环境类专业的要求，突出了技术传授和实践能力培养，充分体现“高等教育”和“职业教育”的双重性，同时在基础理论知识方面又体现高等教育的特点。

本书绪论、第一、二、五章由石光辉（扬州环境资源职业技术学院）编写，第三、四章由倪才英（江西师范大学）编写，第六、七章由薛生国（中南大学）编写，第八章由石光辉、倪才英、薛生国共同编写，全书由石光辉统稿，由南京农业大学李辉信教授主审。

由于编者的水平和经验有限，不足之处在所难免，敬请使用本教材的广大师生、有关读者和专家们批评指正。

编　者

2007 年 4 月于扬州

目 录

绪 论

土壤是由地球陆地表面的岩石经风化发育而形成的。土壤的一个重要而独特的功能就是能够生长绿色植物，通过植物又能养育动物与微生物。土壤为绿色植物提供了吸收、固定、转化太阳辐射能为化学能的条件，从而为生态系统中物质和能量的转化与流动打开门户、疏通渠道。因此，土壤是生态系统中不可缺少的环节。尽管在现代科学技术条件下，绿色植物的生产已能进行相当规模的无土栽培，为人们提供食物与用品，然而即使在任何先进技术条件下却不可能没有土壤而保证生态系统的完整与平衡发展。

农业生产的主要任务是提高植物产品的产量和品质，发展多种经营，以满足人类生活的需要。例如，种植业（如水稻、麦类等生产）和养殖业（如鸡、鸭、猪、羊生产）就是为我们提供各种植物产品和动物产品。同时，农业生产还提供人类最基本的衣着和建筑材料，如棉、麻、木材等。由此可见，人类的衣、食、住、行都离不开农业生产。

农业生产又脱离不了土壤，因为农作物都生长在土壤上。离开了土壤，农业生产就无法进行。作为农业生产的对象，土壤是资源，是社会财富的来源，具有可再生性。作为资源，土壤质量的优劣，表现为一定环境条件下的土地生产力水平高低及其可持续性。因此，土壤质量对农业乃至整个人类社会和经济的可持续发展都具有重要影响。

随着现代农业技术的发展，农业生产中大量使用化肥、农药、塑料薄膜等农用化学物质以及固体垃圾，污水灌溉，加上不断进行农业机械的田间作业等，在促进了农业生产发展的同时，也使土壤环境质量发生了显著的变化。

据统计，近年来我国农用化学药剂的生产量为22万～24万t（原药），其中杀虫剂占76%以上，杀菌剂占10%左右，除草剂占12%以上，植物生长调节剂占1%左右。土壤是农药在环境中的集散地，田间施药大部分将进入土壤。尽管土壤中的农药经过光、热等环境因子以及微生物作用后，部分农药会分解失效，但仍有一部分农药残留在土壤中，污染作物并通过食物链对人体产生危害。

化肥在我国农业的持续发展中尤其是粮食生产中占有重要地位。据我国全国化肥试验网和联合国粮农组织的有关资料，化学肥料在粮食增产中的作用占40%以上。但是，长期大量施用化学肥料会对土壤的理化性质产生影响，主要表现在土壤酸化和土壤板结。施肥还可能会引起土壤重金属污染。如长期施用磷肥，可能会引起土壤中锌、镍、铜、钴、铬及氟等污染。

城市污水灌溉是土壤污染的重要来源之一。一方面污水中含有植物生长所需要的各种营养物质（如有机质、氮、磷、钾、微量元素等），进入土壤后会起到灌溉与施肥的双重作用；另一方面，城市污水中混有一定量的工业废水，含有一定量的有毒物质和重金属元素，特别是土壤被重金属元素污染后很难恢复。此外，农用塑料薄膜、施用污泥、固体垃圾、人畜粪便作肥料都会对土壤环境质量产生影响。

在土壤生态系统中，除了具有土壤肥力外，土壤还有一个重要功能就是具有净化力。污染物进入土壤后，能与土壤成分结合，它被土粒所吸收、吸附与固定，以及受微生物的分解转化作用影响等，使其污染物在土壤中的表观浓度大大降低，这就是土壤的净化功能。但是，土壤的净化能力是有限度的，如果进入土壤的污染物超过了土壤的净化能力，就会产生严重的土壤污染问题。

土壤是人类赖以生存的基础，没有土壤就没有农业生产，就没有人类社会的生存和发展。我国是一个农业大国，要实现农业的健康可持续发展，就必须加强对土壤的保护，严格执行“预防为主，防治结合”的环境保护方针。因此，研究污染物在土壤中的迁移和转化规律，加强土壤污染监测，进行土壤环境质量评价，为合理开发、利用和保护土壤提供科学的依据，意义特别重大。

固体废物是指在生产建设、日常生活和其他活动中产生的污染环境的固态、半固态废弃物质。其中包括从废气中分离出来的固体颗粒、垃圾、炉渣、废制品、破损器皿、残次品、动物尸体、变质食品、污泥、人畜粪便等。

固体废物的污染是当今世界各国所共同面临的一个重大环境问题，特别是危险废物，由于其对环境造成污染的严重性，1983 年联合国环境规划署将其与酸雨、气候变暖和臭氧层保护并列为全球性环境问题，1992 年 6 月在联合国第二次世界环境与发展大会上制定的《21 世纪议程》中，也将解决危险废物的污染问题列入重要内容。

在我国，固体废物的污染控制问题也已成为环境保护领域的突出问题之一。由于生产技术和管理水平不能满足国民经济急速发展的要求，相当一部分资源没有得到充分合理的利用，而变成了固体废物和危险废物。目前，全国累计堆存的工业固体废物已达 60 多亿吨，占地 5.5 亿 m^2，2002 年工业固体废物的年产生量为 9.5 亿 t，其中危险废物约占 5%。此外，随着城市人口的增加和居民生活水平的提高，城市垃圾的产生量以每年 8%～10%的速度递增，全国城市垃圾的年产生量已达 1.6 亿 t，城市人口的人均日产垃圾量已超过 1 kg，接近工业发达国家的水平。由于长期缺乏科学的管理体系和配套的处理处置技术，大部分固体废物都未经处理而直接排入环境，造成严重的环境污染。全国约有 2/3 的城市仍处于城市垃圾的包围之中，不仅影响城市居民的生活环境，也严重阻碍了城市的发展。

固体废物具有两重性，它虽占用大量土地，污染环境，但本身又含有多种有用物质，是一种资源。1970 年前，世界各国对固体废物的认识仅停留在处理和防治污染上。1970 年后，世界各国出现能源危机，增强了人们对固体废物资源化的紧迫感，人们从消极地处理转向资源化，因为固体废物的资源化，不仅可以减少原生资源的消耗，节省大量的投资，降低成本，而且可以减少固体废物的排出量、运输量和处理量，减少环境污染，具有可观的环境效益、经济效益和社会效益。

我国从 1970 年后提出了“综合利用、变废为宝”的口号，开展了固体废物综合利用技术的研究和推广工作，已取得显著成果。全国的工业固体废物综合利用率已从 1981 年的 20%提高到 1992 年的 42%。但是，与发达国家相比，我国在固体废物的资源化和综合利用方面仍有较大差距。

因此，要有效地开展固体废物的污染与防治，必须建立固体废物环境标准体系，制定固体废物管理体系和管理制度，对固体废物进行监测，进而开展固体废物环境影响评价，对固体废物进行无害化处理，在此基础上，研究和开发固体废物资源化技术，进行固体废物的资源化，实现“综合利用，变废为宝”。

复习与思考题

1. 试述土壤在农业可持续发展中的地位和作用。
2. 土壤的污染源主要有哪些？各有什么危害？
3. 固体废物污染会产生哪些环境问题？

第一章　土壤的组成及性质

第一节　土壤的基本组成

土壤是由固相、液相和气相三相物质组成的疏松多孔体。其基本物质组成如下：

- 土壤
  - 固相部分
    - 土壤矿物质（原生矿物和次生矿物等）
    - 土壤有机质（动植物残体及其转化产物和土壤微生物）
  - 孔隙部分
    - 液体——土壤水分、溶液
    - 气体——土壤空气

任何土壤的基本物质组成大体相同，但各种组分的数量和比例都有所不同，从而形成了各种类型的土壤。一般来说，土壤矿物质占固相部分质量的95%以上，有机质占固相部分质量不到5%。固相部分含有植物所需要的各种矿质养分，并为植物生长提供机械支持；固相物质之间的孔隙充满着水分和空气，土壤水分实际上是溶解含有各种养分的土壤溶液，土壤空气使土壤有足够的氧气供应，它们为植物提供了养分和氧气。土壤水分和空气在数量上是此消彼长的关系。

土壤中固、液、气三相物质的容积比，因土壤的性质和环境条件而异，大体而言，固相部分约占土壤总容积的一半，水和空气共同占据另一半（图1-1）。

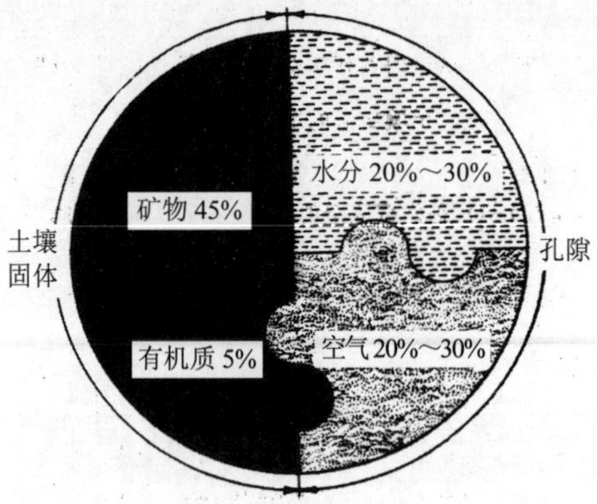

图 1-1　土壤三相组成（据 H. D. Foth）

一、土壤固相组成

（一）土壤矿物质

矿物是经各种地质作用，自然产生于地壳中的化合物或单质，是组成岩石的基本单位。最初的土壤是由岩石经风化作用和成土作用而形成的，因此要了解土壤的组成和性质，就必须了解与土壤有关的矿物的基本概念。

土壤中的矿物一部分直接来自于地壳中未经化学风化的矿物，也就是说，这类矿物在风化和成土过程中其化学成分和结构没有发生变化，只是通过物理风化破碎成大小不同的颗粒，保留在土壤中，这类矿物我们称之为原生矿物。如石英、长石、云母、角闪石、辉石、磷灰石等都是原生矿物。由此可见，这类原生矿物具有较强的抗风化能力，但不同的原生矿物抗风化能力也存在差异，一般浅色矿物不易风化，深色矿物容易风化。各种原生矿物抗风化能力的顺序是：石英→白云母→长石→黑云母→角闪石→辉石。尽管原生矿物难以风化，但它却是植物最初的矿质营养源。原生矿物在土壤中的另一个重要作用是构成土壤的骨架即土粒，对植物的生长起机械支撑作用。

另一类原生矿物在风化和成土过程中经化学风化或在成土过程中新形成的矿物，它们的化学成分和性质都不同于原生矿物，这类在风化和成土过程中改变了化学成分、结构和性质的矿物称为次生矿物。土壤中的次生矿物主要有高岭石、蒙脱石、伊利石等；铁、铝、硅的氧化物及其含水氧化物，如针铁矿、水铝石等。这些次生矿物颗粒细小，具有胶体特性，称之为黏土矿物，能影响土壤的许多重要的物理、化学性质，在农业生产和土壤净化上具有重要意义。

（二）土壤有机质

土壤有机质主要来源于植物残体（茎、叶和根等）、动物残体、微生物体以及有机肥料，其中植物残体所占的数量可达80%以上。不同土壤的植物残体来源不一，森林植被有机残体主要来自于地上凋落物；草本植物有机残体主要来自根系；在耕作土壤中，植物残体主要来源于作物的根茬。总之，由于各地区的气候条件，植被种类以及耕作管理不同，进入土壤的植物残体数量有很大不同，不同土壤有机质含量存在着很大差异。

土壤有机质的组成是极其复杂的，归纳起来可以分为两大类：第一类为非腐殖物质，主要为新鲜的动植物残体经微生物分解后，破坏了最初结构而变成的分散状黑色小块，一般可用机械方法把它们从土壤中完全分离出来，其总量占土壤有机质的10%～15%；第二类为腐殖物质，是有机质经微生物分解再合成的一类特殊的高分子含氮有机化合物。它与非腐殖质形态上的不同点是，与矿物质土粒结合成土壤有机-无机复合体，不能用机械方法分离出来，只能通过化学方法加以分离。土壤腐殖质占土壤有机质总量的85%～90%，是土壤有机质的主体，通常所说的有机质含量主要是指土壤腐殖质的含量。

土壤有机质是土壤的重要组成部分，它在土壤形成与土壤肥力发展过程中，起着重要的作用，土壤有机质的含量虽然很少，一般土壤固相物质组成中所占含量不到5%，在耕作土壤中含量更少，只占10～50 g/kg，但对土壤物理性质和化学性质及生物学特性的影响却很大。研究表明，土壤有机质含量对土壤环境容量有着重要的影响，可以有效地减轻或消除土壤重金属和农药污染。因此，采取各种农业措施提高土壤有机质的含量，对改善土壤理化性质，提高土壤肥力，保护土壤生态环境有重要的意义。

（三）土壤生物

土壤生物与土壤矿物质、有机质一样，是土壤重要的组成成分。土壤生物包括土壤动物和土壤微生物。

1．土壤动物

土壤动物是进入土壤有机物料的第一消费者。土壤动物种类繁多，有蚯蚓、线虫、原生动物、螨类、蚂蚁、蜗牛等。它们首先将植物残体嚼细、撕碎，经过吞食与消化后变成养分丰富的土粪排泄至体外形成肥沃土壤。有些细碎的有机物供微生物食用和繁殖，最后回到土壤中，成为营养丰富的有机-矿质复合土粒。土壤动物在纤维素和木质素的分解方面起了极其重要的促进作用，因为微生物很难分解这类物质，但经动物咀嚼和肠道的酶类消化后，微生物就较为容易地再做进一步的分解。土壤动物还吞食、搬运土粒，从而起到翻土、碎土的作用。

蚯蚓是土壤动物中最重要的一类。它们一般喜欢在潮湿、通气、富含有机质的中性土壤中生活，在温暖季节活动旺盛，数量剧增，活性最高。在肥沃的草地，每平方米多达500条，一般耕地中30～300条。蚯蚓通过大量吞食土壤，经肠道消化后以粪便形式排出，形成水稳性团粒结构，有助于改善土壤透水性、通气性和蓄水性，而且各种养分的有效性也大大提高。蚯蚓吞食土壤的数量是很大的，据资料介绍，一条蚯蚓每天可吞食的土壤相当于它体重的2倍。通过蚯蚓的活动，不仅使有机质与土壤得到充分融合，形成良好结构，而且蚯蚓移动时留下的缝隙也改善了土壤的通透性，使土壤变得如同经过耕作一样疏松。因此，人们形象地把蚯蚓誉为“生物犁”。

研究表明，蚯蚓不仅能改良土壤，提高肥力，而且在土壤净化上也有其独特的作用。蚯蚓本身具有富集重金属的能力，从而使它所作用的基质中重金属浓度显著下降，而且随着蚯蚓的繁殖，其净化量越大。需指出的是，无论是蚓体还是蚓粪，终究变为土壤的成分，而无所谓毒质的消除，仅仅是促其转化而已。但是，人们利用蚯蚓的这一特性事前处理含金属的废渣，却具有良好的除去金属的效果。

2. 土壤微生物

土壤微生物是土壤有机质的第二消费者。它们使碎裂的有机物进一步转化，达到最后的彻底分解。土壤微生物的这些作用，是由成千上万个功能各异的微生物活动的结果。

土壤微生物的种类很多，有细菌、真菌、放线菌和藻类等。它们分布广、繁殖快、活性强。1 g土壤中就有微生物数亿个至数十亿个，一个原始细菌经24 h增殖，菌数可达到1 700万个。土壤越肥，土壤中微生物越多。土壤微生物中，又以细菌数量最多，分布最广。

根据微生物营养特性，可将土壤微生物可分为自养型和异养型两大类。自养型又称无机营养型，它们能直接利用空气中的CO_2或无机碳酸盐作为碳源，所需的能量一是利用日光，如光能细菌等；二是利用氧化矿质成分如铵、硫黄和铁来获得所需能源，如硝化细菌、亚硝化细菌、硫化细菌、硫黄细菌等。异养型微生物又称有机营养型，它们是以有机碳源为碳源，以分解有机物放出的能量作为能源。大部分细菌、全部真菌和放线菌都属于此类型，异养微生物由于其生活方式不同，又可分为腐生菌和寄生菌。腐生菌以死的有机体为碳源，包括大多数细菌（如氨化细菌、磷细菌等）、真菌、放线菌，它们多数是有益的，对物质转化起着很大作用；寄生菌是以活的有机体为碳源，它们大多数是动植物的病原菌。

不同微生物对O_2的要求不同，有的要在空气流通的环境中才能生活，称为好气性微生物，真菌、放线菌及大部分细菌都属于这类微生物。有些细菌不能在空气流通的条件下生活，称为嫌气性微生物，如甲烷细菌等。还有一些细菌对空气要求并不严格，有无空气均能生活，称为兼气性微生物，如氨化细菌。

土壤微生物在土壤中的主要作用是引起各种有机质的转化，从而直接影响着土壤肥力。这种转化基本着循着两个相反的方向，一方面有机质通过微生物的作用，使其变成植物可以直接利用的无机物，这种过程称为矿质化过程；另一方面是有机质经微生物转化后转变成中间产物，再经过微生物的作用，重新合成新的有机质即腐殖质，这种过程称为腐殖化过程。

土壤有机质的矿质化过程和腐殖化过程是同时进行的，在不同的土壤环境条件下，土壤有机质的转化方向和速度是不一样的。土壤有机质的碳氮比、通气状况、温度、湿度、酸碱度都会影响土壤微生物的活性，从而影响土壤的转化速度。在通气较好时，土壤有机质以矿质化过程为主；在通气不良时，土壤有机质以腐殖化过程为主。土壤有机质含量的变化取决于每年土壤有机质矿化量和土壤腐殖质积累量，当矿化量超过腐殖质积累量时，土壤有机质含量就会下降，反之，要保持土壤有机质平衡或提高土壤有机质含量，就必须每年向土壤中施入足够的有机肥料。此外，我们也可以通过调节土壤的环境条件来控制土壤有机质的转化方向，从而使土壤有机质朝着有利于土壤腐殖质积累的方向转化。

土壤微生物另一个重要的作用就是对土壤起着净化作用。土壤中一个重要的污染源就是农业生产中施入的农药，农药中绝大多数为有机合成物，容易被土壤微生物所分解；诸多农药在土壤微生物的作用下脱氮、脱烷基、苯环破裂等，都使农药分子结构变得简单，使其毒性减轻或消失。我国有实验证明，辛硫磷在含有多种微生物的自然土中迅速分解，两周可降解75%，38 d后全部降解，而在无菌的土壤中38 d后仅消失1/4，它充分说明了土壤微生物对有机农药的降解起着重要作用。

二、土壤机械组成

（一）土壤矿质颗粒分级

土粒的大小是很不均一的，在自然状况下，这些大小不一的土粒有的单一地存在于土壤中，称为单粒；有的则相互黏结成聚集体，称为复粒。土粒的分级是根据各种矿物质单粒的粒径大小划分的，而不是以复粒划分的（表1-1）。

表 1-1 国际制土粒分级标准

粒级		颗粒直径/mm	土粒比表面增长/倍
砾石	大砾石	20～6	
	小砾石	6～2	
砂粒	粗砂	2～0.6	10
	细砂	0.6～0.2	
	极细砂	0.2～0.06	100
	砂质粉粒	0.06～0.02	
粉砂粒	中粉砂	0.02～0.006	10 000
	细粉砂	0.006～0.002	
黏粒	黏粒	＜0.002	100 000
	胶粒	＜0.000 2	1 000 000

资料来源：牟树森，等，环境土壤学，2003。

土壤矿物质颗粒大小不一，形状各异，其大小范围直径从大至数毫米以上，小至千分之一毫米以下，因此它们的性质自然就不同了。我们根据土粒的大小和性质，将土粒划分成若干等级，称为土壤粒级。土壤粒级一般分为砾石、砂粒、粉砂粒和黏粒四级。

土壤各粒级土粒的矿物成分差别很大。从图 1-2 可以看出，砂粒和粉粒主要是由原生矿物组成的，其中以石英最多，有长石、云母等原生硅酸盐矿物，还有少量赤铁矿、针铁矿、磷灰石等。在黏粒粒级中，原生矿物很少，基本上是次生矿物，主要是次生硅酸盐矿物，如高岭石、水云母、蒙脱石等，以及铁、铝氧化物的水合物。这是因为在风化成土过程中，各种矿物抵抗风化能力不一样。抗风化能力强的矿物，如石英、长石、白云母等多以较粗的颗粒形式留下来，成为土壤砂粒和粉粒的主要成分。抗风化能力弱的矿物，如角闪石、辉石、黑云母等多转化成颗粒微细的各种次生矿物，成为土壤黏粒的主要成分。

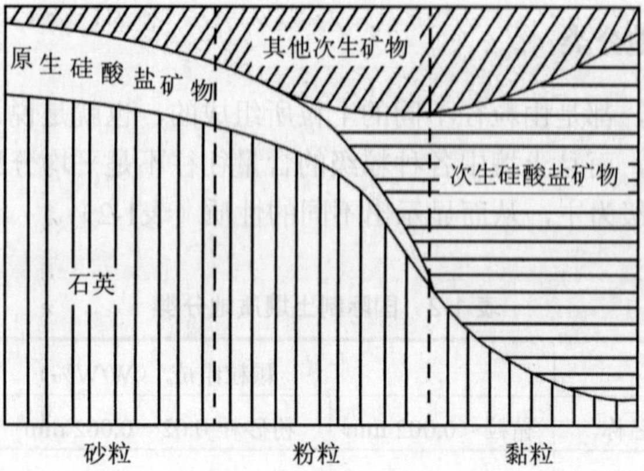

图 1-2　土粒矿物组成

从表1-1可以看出，砾石与砂粒最大，比表面积相应最小，其功能主要是构成土体的粗骨架和大孔隙。它使土体具有良好的通透性，并为根系插入与深扎和空气与水的进入提供方便通道。但砾石与砂粒不能保存水分，从而热容量小而无保温能力，易冷易热，易干易湿，也特别容易受污染之害。总之，它对水、热缺乏保存与调节的能力，很难生长植物。若其土层深厚，其厚度还可以补充一些其本性的不足，因为深厚的层次总是或多或少地保存着微量水分，以供低等的、微小的生物生长之需。例如戈壁沙漠尚有生物的存在，其表层也能在春夏季节长出极其稀疏的小草。但当土壤中只剩下砾石和砂粒，这就是生态环境恶化的标志。它往往是山区“石山化”，平原“沙漠化”的产物。

粒径在0.02～0.002 mm者为粉砂粒，一般是岩石矿物进行物理风化的极限产物。它们都保存着岩石矿物原有的成分，尚未进行化学风化。它们比砂粒具有更大的比表面积，也有一定的表面吸附作用，但其表面活性不致引起粉砂粒之间相互牢固地结合，遇水易于分散，并随水流失，或者遇水分散而干后结皮，从而阻碍了土壤外来吸收水分。所以粉砂粒含量高的土壤，往往是地区性的严重水土流失与干旱威胁的内在原因，如我国的黄土高原和四川紫色土盆地就是很好的例证。

粒径小于0.002 mm者为黏粒，它们是矿物质化学风化的产物，不仅颗粒细小，而且成分随环境条件而异。由于颗粒小，比表面积大，所以在物理性上表现强烈的吸水膨胀、失水收缩的特点。黏粒的大小与化学胶体的大小相近，表现出胶体的特性，具有较强的吸附性能，因此，土壤具有较强的自净能力，土壤污染也更加具有隐蔽性。在不超过土壤环境容量的情况下，人们利用土壤的吸附机制，可以对污水进行净化处理。需要说明的是，利用土壤进行污水处理，实质上是污染物质在不同环境介质中的一种转移，并没有从根本上消除污染，长期利用含有重金属的废水进行灌溉所造成的土壤重金属污染，就是这个原因造成的。

（二）土壤质地分类

任何一种土壤，都是由粒径不同的土粒所组成的，也就是说，任何土壤都不可能只有单一的粒级，而且土壤中各种粒级的含量往往不是平均分配的，而是以某一种粒级或某两种粒级为主，从而显示出不同的性质（表1-2）。

表 1-2 国际制土壤质地分类

质地分类		颗粒组成/（W/W%）		
类别	质地名称	黏粒＜0.002 mm	粉砂粒 0.02～0.002 mm	砂粒 2～0.02 mm
砂土	砂土和壤砂土	0～15	0～15	85～100
土壤	砂 壤 土	0～15	0～45	55～85
	壤 土	0～15	35～45	40～55
	粉砂壤土	0～15	45～100	0～55
黏壤土	砂黏壤土	15～25	0～30	55～85
	黏 壤 土	15～25	20～45	30～55
	粉砂黏壤土	15～25	45～75	0～40
黏土	砂 黏 土	25～45	0～20	55～75
	粉砂黏土	25～45	45～75	0～30
	壤 黏 土	25～45	0～45	10～55
	黏 土	45～65	0～55	0～55
	重 黏 土	65～100	0～35	0～35

资料来源：易淑棨，土壤学，1993。

在各种土壤中，各种粒级的相对含量或比例是不同的，土粒中各粒级所占的百分含量叫做颗粒组成，又称为土壤机械组成。按照土壤颗粒组成把土壤划分为若干类别，叫做土壤质地分类。通常所说的砂土、壤土和黏土等，就是土壤质地类别。每一质地类别的土壤又可分为若干种质地，相同质地的土壤颗粒组成比较接近，因而所表现出的各种性质也较为类似。

第二节　土壤结构与土壤剖面

一、土壤结构

土壤中的矿物颗粒，在大多数情况下都不是以单粒状存在的，而是在多种因素综合作用下，土粒相互团聚成大小、形状和性质不同的团聚体，这种团聚体称为土壤结构或结构体。

土壤结构的功能是在土体中同一空间里同时存在固、液、气三相，并且实现调节水、气、热的作用。土壤结构是土粒的规律性结合体，结构体内部与结构体之间有着不同的孔隙状况。土壤结构的功能就是靠它形成的孔隙大小的差异及其分布密度的差异来实现的。土壤结构的直接作用是对空气和水分的调节，间接作用就是影响到温度和养分状况。

（一）土壤比重、容重与孔隙度

土壤为实体时，不计孔隙所占位置，其单位体积的重量就是比重，用 g/cm^3 表示。土壤为多孔体时，包括孔隙在内单位体积的重量则称之为容重，同样以 g/cm^3 表示。两者之差正是孔隙的影响。土壤总孔隙度与土壤容重和土壤比重的大小有关，如式 1-1 所示：

土壤总孔隙度（%）＝（土壤比重－土壤容重）/土壤比重×100%　　（1-1）

由此可见，欲知土壤的孔隙度必须先知土壤的比重与容重。在生产实际中，土壤容重可以通过实验方法直接进行测定。而土壤是由 90%以上的矿物和 10%以下的有机质组成，它的比重决定于矿物组成和有机质含量，要随时随地进行土壤比重的测定是不可能的。由于多数土壤矿物的比重在 2.4～2.7 g/cm^3，因此，通常农业土壤采用平均比重值 2.65 g/cm^3。

土壤容重和土壤总孔隙度是反映土壤松紧程度的重要指标，疏松多孔的土壤，容重小，总孔隙度大；反之，紧实板结的土壤，容重大，总孔隙度小，两者之间的关系见表 1-3。

表 1-3　土壤比重为 2.65 g/cm^3 时不同容重时的土壤总孔隙度（V/V）

土壤容重/（g/cm^3）	0.8	0.9	1	1.1	1.2	1.3	1.4	1.5	1.6
总孔隙度/%	70	66	63	58	55	50	47	43	40
松紧度	过松	过松	松	松	适当	适当	适当	紧	坚实（筑坝要求）

资料来源：牟树森，等，环境土壤学，2003。

（二）土壤孔隙的类型

土壤总孔隙度只反映土壤孔隙数量，而不能说明土壤孔隙“质”的差别，要了解土壤的孔隙性与土壤通气、透水、蓄水、保水的关系，必须先了解土壤中孔隙的大小及其分配状况。土壤中的孔隙按其孔径的大小和性质，通常分为通气孔隙、毛管孔隙和非毛管孔隙三种类型。

（1）通气孔隙和通气孔度　指孔隙直径在 0.02 mm 以上的大孔隙。这类孔隙平时不能持水而经常充满空气，并成为通气、透水的过道，所以叫做通气孔隙。通气孔隙的多少直接影响土壤通气能力和排水性能。土壤中所有通气孔隙的体积占土壤总体积的百分数，称为通气孔度。

（2）毛管孔隙和毛管孔度　土壤中能够通过毛管力保持水分的孔隙，称为毛管孔隙。水分不仅能借助于毛管作用保持在其中，而且能靠毛管引力向上下左右各个方向移动，供给植物吸收利用，因此毛管孔隙中的水都是有效水，也就是能够被植物吸收利用的水。毛管孔隙的多少决定土壤有效水含量的大小。土壤中毛管孔隙的数量，用毛管孔度来表示。毛管孔度是指土壤中毛管孔的体积占土壤总体积的百分数。

（3）无效孔隙和无效孔度　如前所述，土壤中粒径小于 0.002 mm 的颗粒为黏粒，黏粒集合体形成的孔隙中有大量的毛管孔隙，有较强的吸持水分的能力。但有些孔隙直径太小，以致进入其中的水分难以再移动，不能为植物所利用。如在小于 1 μm 的细孔中，微生物也无法进入而生存，基本上失去其孔隙意义，因此把这一部分孔隙称为无效孔隙。土壤中无效孔隙的体积占土壤总体积的百分数，称为无效孔度。

土壤孔隙性决定土壤的通气性、保水性和透水性。通气孔度是土壤通气性好坏的指标，毛管孔度决定了土壤的保水性能。要使土壤水、肥、气、热协调，不仅要求土壤具有较大的总孔度，而且要求毛管孔度和通气孔度保持一定的比例，这样才能既保水供水，又通气透水。

（三）土壤结构体

土壤矿质颗粒相互团聚成大小、形状和性质不同的土团、土块或土片等结构体，这些结构体一般可分为以下几种类型（图 1-3）。

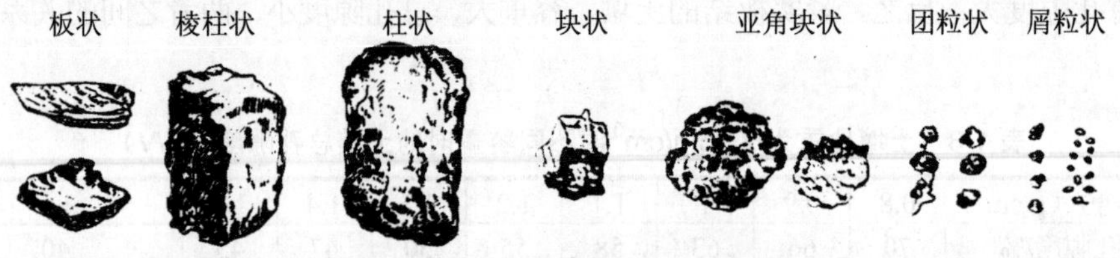

图 1-3　土壤主要结构体类型

（1）块状和核状结构　这两种结构形状近似立方体。块状结构一般较大，直径在 3 cm 以上。结构较小，直径在 1～3 cm，边角上面不甚明显，形状似核状的称为核状结构。土质黏重而缺乏有机质的土壤最易形成这类结构。具有这种结构的土壤，其调节水、肥、气、热的能力和耕性都差，需要加以改良。核状结构的性能比块状结构的好一些。

（2）柱状或棱柱状结构　这两种结构形状相似，都呈现柱状。不同的是棱柱状结构的柱面交角明显，表现出清晰的棱角和棱面；柱状结构则柱面交角不明显，没有发育成棱角与棱面。柱状结构常出现在半干旱地带含粉砂较多的底土层中，棱柱状结构常出现在黏重的底土层中，耕作时间较长的水稻土底层也可见这种结构。这种结构可使底土开裂，引起漏水漏肥。

（3）片状结构　这种结构形状扁平如薄片状，呈水平裂隙、垂直裂隙不发达，不利于通气透水。老的水稻土的犁底层常出现这种结构，含粉砂粒较多的表土层雨后或灌水耕耙后，易形成薄片结构而“结皮”，它不利于作物出苗发棵，常需松土加以破碎。

（4）粒状结构　土粒彼此不被胶结而呈分散状态，实际上是无结构。缺乏有机质的砂土属于这一类。

（5）团粒结构　形状近似球形，粒径为 0.25～10 mm（粒径小于 0.25 mm 的称为微团粒），群众称之为“蚂蚁蛋”，是各种结构中最理想的一种，对土壤肥力有很大意义。结构体在水中不分散的叫做水稳性团粒结构。我国绝大多数旱作土壤少有典型的水稳性团粒结构，只有形状、大小近似团粒结构而水稳性较差的结构体，通常称之为团聚体结构。

土壤结构的功能主要是调节水、肥、气、热四个肥力因素。良好的土壤结构具有对土壤肥力因素协调供应的能力，这与具有良好的孔隙性有密切关系。在结构不良的土壤中，透水与保水存在矛盾。一种情况是土壤通气孔隙少，毛管孔隙多（如板结紧实的土壤），水分渗入困难而发生径流损失，易引起水土流失；另一种情况是土壤以通气孔隙为主（如质地轻、以粒状结构为主的土壤），这种土壤透水性强而蓄水性弱，不耐旱。在团粒结构的土壤中，团粒内部是毛管孔隙，保持着较多的水分，有利于嫌气微生物活动；而团粒之间是通气孔隙，对好气性微生物有利，两种微生物作用得以同时进行，既能为作物提供必要的速效养分，又能适当地积累有机质。因此，团粒好像一个小水库和保肥供肥的小肥库，而团粒之间则是空气的走廊。由于水汽状况协调，土温状况也较稳定。因此，生产上对旱地土壤结构的评价，以团粒结构最为理想。

二、土壤剖面

从地表向下直到土壤母质的垂直切面，称为土壤剖面。在土壤形成过程中，土体中的物质也在变化，产生淋溶或淀积，使土体上下产生层次分化，形成不同物质组成和不同形态的土层，这种土层叫土壤发生层。

整个剖面内的土壤叫做土体。土体的深度直接影响着作物的生长。平原地区，土体深度为1 m或1.5 m，最深达2 m；山区土体深度常不足1 m。土层在土体中的排列组合称为土体构造。土壤中层次排列情况直接影响着土壤的保水保肥及作物的生长发育。因此，要了解土壤性质、肥力状况，以及合理用土、改土培肥等，就必须观察土壤剖面，评价土体构造。

（一）自然土壤剖面特征

不同自然地带和区域的土壤有不同的发生层和层次组合。在风化和成土时间长的土体中，发生层的分化更加明显。典型的自然土壤剖面发生层次如图1-4所示。

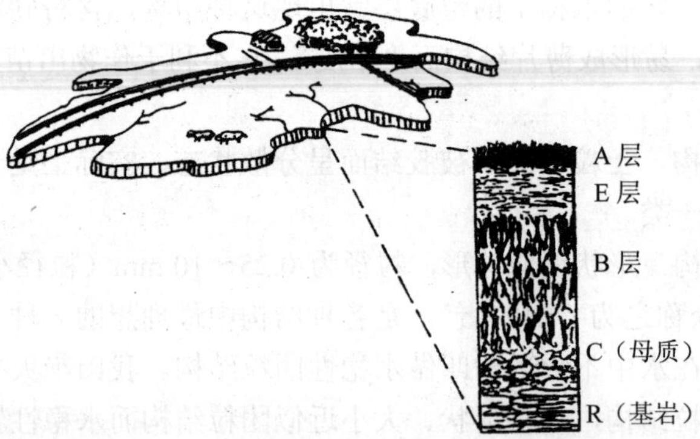

图1-4 土壤剖面

由于自然条件和发育程度不同，有些土壤常常只有某些层次，如发育程度较低的土壤，只有A—C层；中度发育的土壤，虽然有A—B—C层，但B层较薄；发育程度较高的土壤才有明显的B层。表土冲刷严重的土壤，会产生B—BC—C层的剖面构型；只有发育时间很长，而又未受干扰的土壤才有可能出现完整的O—A—B—C层。

（二）耕作土壤剖面特征

在自然因素和耕作措施、栽培作物的长期影响下，土壤中物质发生移动、转化，使不同深度的物质组成、质地、结构、颜色、松紧度不同，由此产生了耕作土壤所特有的一系列土层，如耕作层、犁底层等。在耕作土壤中，旱地和水田由于利用方式、耕作、灌排措施和水分状况的不同，明显地反映出不同的层次构造。

1. 旱地土壤的层次构造

（1）耕作层（A）是受耕作、施肥、灌溉等影响最强烈的土层，含有机质较多，颜色较深；若有机质少，则颜色较浅。耕作层比较疏松多孔，有机质多的土壤常有团粒结构；有机质少的耕层往往是碎块结构，比较坚实。其深度一般在 10～15 cm，高产土壤适宜的耕层深度为 16～20 cm。耕层太薄，不能满足作物吸收养分和水分的需要，阻碍根系伸展。耕作层易受气候变化及人为活动的影响，是土壤污染影响最为严重的土层。

（2）犁底层（P）位于耕作层以下，一般厚 6～8 cm，长期受犁、畜、机械的挤压，加之耕作层中的黏粒被降水或灌溉水淋溶至此层淀积下来，因此土层紧实，一般较耕作层黏重。结构为紧实的片状或块状，总孔隙度低，通气孔隙少，通气透水差，影响根系向下伸展，但有一定的保水保肥作用。

（3）心土层（B）位于犁底或耕作层以下，厚度一般为20～30 cm，此层受上层土体的压力而较紧实，如土质黏则呈现棱块状或棱柱状结构，通气透水性差。耕作层中的易溶性化合物会随水下渗到此层来，此层能起保水保肥作用，其肥力状况对作物后期的生长有一定影响。

（4）底土层（C）也称母质层，位于心土层以下，不受耕作的影响，颜色多种多样，保持着母质或原母土淀积层的本来面貌。

2. 水田土壤剖面特征

水田土壤由于长期种植水稻，受水浸渍，并经历频繁的水旱交替，形成了不同于旱地的剖面形态和层次构造。发育程度高、分化明显的典型水稻土剖面，如图1-5所示。

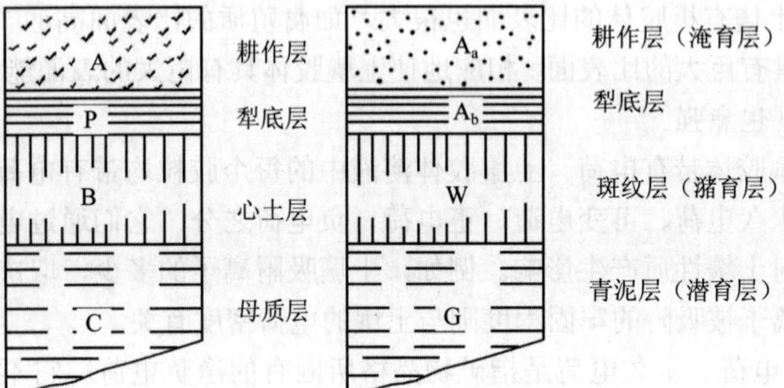

图 1-5　耕作土壤剖面土层

第三节 土壤的性质

一、土壤的吸附性能

（一）土壤胶体的概念和性质

1．土壤胶体的概念

从胶体化学范畴来说，一般把直径在 1～100 nm 内的颗粒，称为胶体。土壤中粒径小于 1 000 nm 的黏粒，已经具有胶体性质，况且黏粒构造上至少有一个方向小于 100 nm，所以土壤学上把全部黏粒都归之为胶体颗粒。此外，土壤中的蛋白、腐殖质等有机质也都具有胶体的特征，因此，土壤胶体主要包括无机胶体（黏粒）、有机胶体（主要是腐殖质）和有机-无机复合胶体。

2．土壤胶体的性质

（1）具有巨大的比表面和表面能　土壤胶体的一个显著特点，是具有巨大的比表面和表面能。土壤中的砂粒和粗粉粒同黏粒相比，其比表面很小，甚至可以忽略不计，因此多数土壤的比表面决定于最微小的黏粒部分。由于土壤矿质胶体都是层状构造，有些矿质胶体不仅具有很大的外表面，而且具有巨大的内表面。在土壤矿质胶体中，以蒙脱石类表面积最大（600～800 m^2/g），伊利石次之，高岭石最小（7～30 m^2/g）。土壤有机胶体的比表面也很大，如腐殖质的比表面高达 1 000 m^2/g。由于土壤胶体具有巨大的比表面，相应地使土壤胶体具有巨大的表面能，表面能愈大，吸附性质表现也愈强。

（2）土壤胶体带有电荷　土壤胶体溶液中的每个胶粒均带有电荷。土壤胶体所带的电荷有永久电荷、可变电荷、正电荷、负电荷之分，它们通过电荷数和电荷密度两种方式对土壤性质产生影响。例如，土壤吸附离子的多少，取决于其所带电荷的数量，而离子被吸附的牢固程度则与土壤的电荷密度有关。

① 永久电荷。永久电荷是指矿物晶格所固有的净负电荷。它不随 pH 变化而变化，主要是黏土矿物在形成过程中，晶格内部离子发生了同晶置换作用（矿物元素组成改变而晶形不变）而产生的电荷。同晶转换一般是低价阳离子置换高价阳离子，如 Al 取代 Si 或 Fe、Mg 取代 Al 等，使电性不平衡，产生剩余的负电荷。剩余负电荷数量的多少，取决于晶格中离子同晶置换数量的多少。由于同晶置换作用一般产生于结晶过程，一旦晶体形成，它所具有的电荷就不受环境（如 pH、电解质浓度等）的影响。因此，把它称为永久电荷，永久电荷主要是负电荷。在土壤矿物中，蒙脱石类矿物主要是以永久电荷为主，而高岭石类矿物很少发生同

晶转换现象。

② 可变电荷。可变电荷指电荷的产生（电性和数量）随土壤 pH 的变化而变化，这种电荷称为可变电荷。在 pH 低时为正电荷，在 pH 高时则变为负电荷。可变电荷的产生主要是由于土壤胶体表面分子或土壤有机质的一些原子团如—OH、—COOH 和—NH_2 等获得或失去质子所产生的。

③ 净电荷。在一定的土壤环境下，由于土壤胶体的等电点各不相同，有的胶体带正电，有的带负电，其电荷的数量也随 pH 的改变而变化。土壤胶体的正电荷和负电荷的代数和就是土壤的净电荷。由于土壤的负电荷一般都是多于正电荷，所以除了少数土壤在极强酸性条件下可能出现净正电荷外，绝大多数土壤带有净负电荷，其电荷量有机胶体多于无机胶体；常见的主要黏土矿物中，蒙脱石类高于伊利石类，高岭石类最少。这是土壤具有吸附性能的基础，与土壤的保肥性、供肥性和物理性质都有密切的关系。

（二）土壤的阳离子交换

在通常情况下，土壤有机胶体或无机胶体都带负电荷，因此在其表面上一定吸附很多阳离子，如 H^+、Al^{3+}、Ca^{2+}、Mg^{2+}等离子，这些被土壤胶体所吸附的阳离子，可以和另一些阳离子进行相互交换，这种现象称为阳离子交换。这种能相互交换的阳离子称为交换性阳离子。例如，某一吸附 H^+、K^+、NH_4^+、Mg^{2+}等离子的土壤，施钙质肥料后，会产生阳离子交换作用，其交换作用如下式所示。

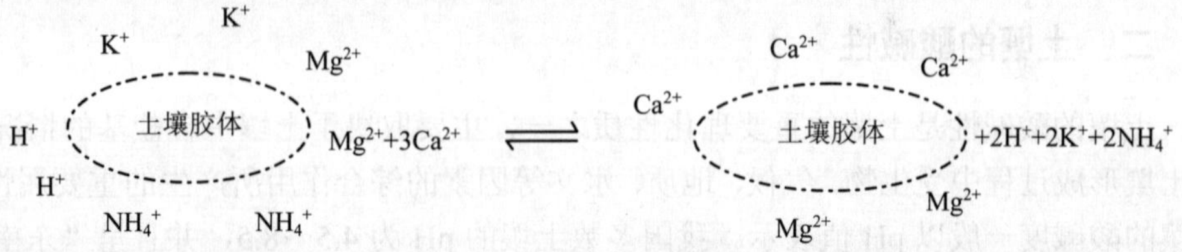

离子从溶液转到胶体上的过程，为离子的吸附过程，原来吸附在胶体上的离子转移到溶液中去的过程，为离子的解吸过程。这种阳离子交换作用是一种可逆过程，离子与离子之间交换遵循当量定律，即离子间以离子价为依据进行等价交换，而不是等质量交换。例如，1 mol 的钙可以交换 2 mol 的铵。阳离子交换作用还受质量作用定律支配，即某一离子浓度很高时，即使是低交换能力的离子，也可以将交换力强的离子交换下来。例如，H^+的交换力大于 Ca^{2+}，但我们在酸性土壤上施用石灰，以 Ca^{2+}去交换胶体上的 H^+和 Al^{3+}，可以改良酸性，就是运用这一原理。通常把每百克干土所含的全部交换性阳离子的毫克当量数称为土壤的阳离子交换量。土壤阳离子交换量越大，说明土壤的吸附性能越强。把土壤胶体吸附的 H^+和 $A1^{3+}$称为致酸离子，吸附的 Ca^{2+}、Mg^{2+}、K^+、Na^+等离子称为盐基离子。当土壤胶体吸附的阳离子都属于盐基离子时，这种土壤称为盐基饱和土壤。当土壤胶体吸附的阳离子仅部分地为盐基离子，而其余一部分为氢离子和铝离子时，则这一土壤称为盐基不饱和土壤，各种土壤的盐基饱和的程度可用盐基饱和度来表示，即交换性盐基总量占阳离子交换量的百分数：

$$盐基饱和度=\frac{交换性盐基总量}{阳离子交换量(c\,mol/kg)}\times 100\% \qquad (1\text{-}2)$$

（三）土壤中的阴离子吸附

一些土壤胶体如水合氧化铁、铝等矿物可以带正电荷，它们可以吸附阴离子，而被吸附的阴离子与土壤溶液中阴离子可以相互交换，这就是阴离子的交换作用。

常见的阴离子吸附有以下几种情况。

（1）易被土壤吸附的阴离子，最重要的是磷酸根离子（$H_2PO_4^-$、HPO_4^{2-}、PO_4^{3-}）常与阳离子起化学反应，形成难溶性化合物。土壤吸附能力的大小取决于所形成物质的溶解度大小。

（2）吸附作用很弱或进行负吸附的离子，如 Cl^-、NO_3^-和 NO_2^-等离子，只有在极酸性的反应中才被吸收。而对于 SO_4^{2-}、CO_3^{2-}所表现的吸收作用强弱介于以上两者之间。因此，各种阴离子被土壤吸收的顺序为：F^-＞草酸根＞柠檬酸根＞磷酸根（$H_2PO_4^-$）＞HCO_3^-＞$H_2BO_3^-$＞CH_3COO^-＞SCN^-＞SO_4^{2-}＞Cl^-＞NO_3^-。

由于在阴离子吸附过程中，常伴随着化学沉淀反应而使问题复杂化，因此还有待于进一步研究。

二、土壤的酸碱性

土壤的酸碱性是土壤的重要理化性质之一，主要取决于土壤中含盐基的情况，是土壤形成过程中受生物、气候、地质、水文等因素的综合作用所产生的重要属性。土壤的酸碱度一般以 pH 值表示。我国多数土壤的 pH 为 4.5～8.5，并且呈“东南酸西北碱”的规律。

（一）土壤的酸度

1．活性酸度

活性酸度又称有效酸度，是土壤溶液中游离 H^+浓度直接反映出来的酸度，通常用 pH 表示，即 $pH=-\log[H^+]$。

2．潜性酸度

潜性酸度是由于土壤胶粒吸附 H^+和 Al^{3+}所造成的。这些致酸离子只有在通过离子交换作用进入土壤溶液中产生了 H^+才显示酸性，因此称为潜性酸度，可通过以下作用获得。

（1）土壤胶体上吸附性氢离子被其他阳离子所交换　施用中性盐如 KCl、$BaCl_2$

等或化肥时，土壤溶液中盐基离子浓度增加，吸附性 H^+一部分被交换出来进入溶液，土壤酸度也随之变化，如：

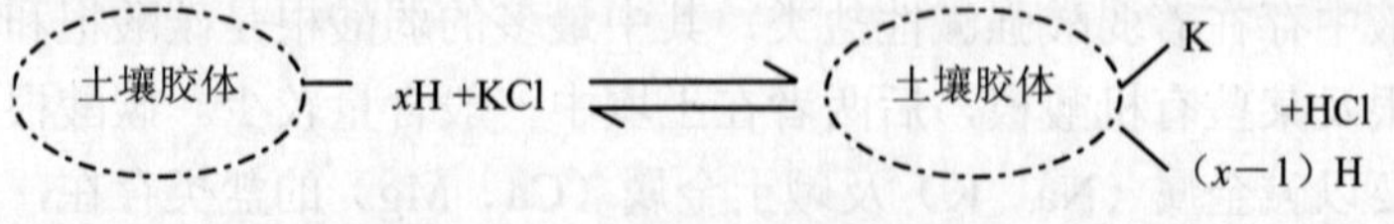

（2）土壤胶体上吸附性铝离子的作用　在酸性较强的土壤中，胶体上常含有相当数量的交换性铝离子。当土壤溶液中的酸度提高后，H^+就进入胶体，当胶体表面吸附的 H^+超过一定饱和度时，黏粒就不稳定，造成晶格内铝氧八面体的破裂，使晶格中的 Al^{3+}成为交换性铝离子，通过阳离子交换使等当量铝离子释放出来。铝离子进入土壤溶液后，可以经过水解作用产生 H^+离子，例如：

$$Al^{3+}+H_2O \rightleftharpoons Al(OH)^{2+}+H^+$$

$$Al(OH)^{2+}+H_2O \rightleftharpoons Al(OH)_2^{+}+H^+$$

$$Al(OH)^{2+}+H_2O \rightleftharpoons Al(OH)_3+H^+$$

$Al(OH)_3$是弱碱，解离度很小，因此溶液中 OH^-很少，反应基本上由 H^+决定。研究表明，铝离子是土壤中潜在酸度的主要来源，它比交换性氢离子重要得多。红壤的交换性酸度中，由交换性铝离子所产生的酸可占90%以上。

3. 活性酸度和潜性酸度的关系

土壤中活性酸度和潜性酸度是属于同一个平衡系统中的两种存在状态，它们同时存在，互相转化，处于动态平衡。例如：

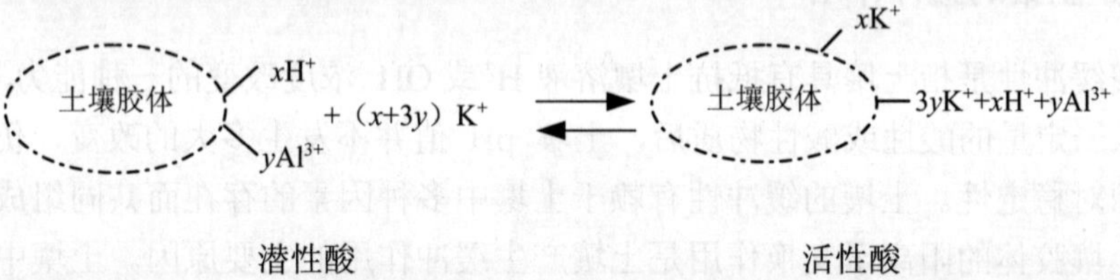

土壤活性酸是土壤的实际酸度，它是一个强度指标，对土壤的理化性质、作物的生长和微生物的活动有直接影响。土壤潜性酸则是土壤的容量指标，它是土壤酸性的重要标志。当土壤活性酸度大时，土壤溶液中的氢离子和土壤胶体上的盐基离子相交换，而交换出来的盐基离子不断地被雨水淋失，导致土壤胶体上的盐基离子不断减少。与此同时，胶体上的交换性氢离子也不断增加，并随之而出现交换性铝，这就造成了土壤潜性酸的增高。

（二）土壤的碱度

当土壤溶液中 OH^-离子浓度超过 H^+离子浓度时，土壤就表现出碱性。土壤 pH 愈大，碱性愈强。

1．土壤碱性产生的原因

（1）土壤中碱性盐的水解

土壤溶液中存在着弱酸强碱性盐类，其中最多的弱酸根是碳酸根和重碳酸根，其次是磷酸根及某些有机酸根，后两者在土壤中一般含量较少。碳酸根和重碳酸根在土壤中主要以碱金属（Na、K）及碱土金属（Ca、Mg）的盐类存在，其中 $CaCO_3$ 和 $MgCO_3$ 的溶解度很小，在正常的大气环境条件下，它们在土壤溶液中的浓度很低，pH 值最高只达 8.5 左右。这种因石灰性物质引起的碱性反应（pH 为 7.5～8.5）在土壤学中称为石灰性反应，这种土壤就称为石灰性土壤。Na_2CO_3 和 $NaHCO_3$ 的水解性能较强，产生的碱性也较大，可以使土壤的 pH 值在 8.5 以上。

（2）土壤交换性钠的水解

土壤胶体吸附的交换性钠离子达到一定的饱和度时，会引起水解作用，产生 NaOH，使土壤呈碱性反应。由于土壤中不断产生大量 CO_2，NaOH 实际上是以 Na_2CO_3 或 $NaHCO_3$ 形态存在，所以，当土壤胶体所吸附的 Na^+在土壤阳离子交换量中占有相当比例时，土壤的理化性质就会发生一系列变化。例如，Na^+占交换量的 15%以上时，土壤就呈强碱性和极强碱性反应，pH 值大于 8.5，甚至超过 10，土粒高度分散，干时硬结，湿时泥泞，不透水，不透气，耕性极差。土壤所发生的这些变化，称为土壤的“碱化作用”。因此，通常把交换性钠离子的饱和度，称为土壤的碱化度。

（三）土壤的缓冲作用

土壤缓冲性是指土壤具有抵抗土壤溶液 H^+或 OH^-浓度改变的一种能力。即在土壤中加入一定量的酸性或碱性物质后，土壤 pH 值并不发生多大的改变，仍然能够保持其相对稳定性。土壤的缓冲性有赖于土壤中多种因素的存在而共同组成的缓冲体系。土壤胶体的阳离子交换作用是土壤产生缓冲作用的主要原因。土壤中存在的多种弱酸，如碳酸、磷酸、硅酸、腐殖酸和其他有机酸及其盐类构成的缓冲系统，对酸碱均有缓冲作用。土壤中的两性物质如氨基酸、蛋白质等，既能中和酸，也能中和碱。

土壤的缓冲能力主要与阳离子交换量有关，土壤中胶体物质愈多，阳离子交换量愈大，缓冲能力也就愈强。在胶体物质中有机胶体的交换量远高于无机胶体，无机胶体中以蒙脱石最高，伊利石次之，高岭石最小。所以，随着土壤腐殖质含量的增加和黏性的增强，缓冲性相应增强；在阳离子交换量相同的条件下，土壤缓冲能力与盐基饱和度有关，饱和度高的土壤对酸性缓冲能力强，而饱和度低的土壤则对碱性缓冲能力强。

（四）土壤酸化及对策

土壤酸化是一个自然过程。自然界中的雨水，具有淋洗土壤盐基的作用，加上大气中的 CO_2，与雨水结合成为 H_2CO_3，其淋溶作用倍增，土壤中盐基离子不断减少，土壤向酸性方向发展。但是，由于土壤中缓冲机制的存在，pH 每下降一点，都不是很容易办到的，也就是说在自然条件下土壤的酸化速度是很缓慢的，需要以千万年的雨量积累，以及其他因素的促进才能达到。

从土壤类型看，酸性土壤在世界上主要分布在多雨地带。一个是寒温带，以灰土为主；另一个是热带和亚热带，以氧化土和老成土为主。这两个地带的土壤虽然都是强酸性，但其基本性质很不相同。中国的酸性土壤分布在两大地区：一个地区是东北的大、小兴安岭和长白山地区，这里土壤与北欧、北美类似，从全国范围看，本区所占比重不大；另一个地区是长江以南广大地区，本区又可分为两个亚区，一为川、贵、滇黄壤亚区，二为华中和华南的红壤亚区，华中和华南的红壤亚区在全国所占面积最大，从土壤特点看问题也较严重。

从矿质部分看，因为红壤的黏粒矿物组成以高岭土为主。对酸的缓冲容量较寒温带土壤要小得多。例如，北京的褐土黏粒的阳离子交换量为每百克 56 毫克当量，江苏的黄棕壤为 41 毫克当量，而江西的红壤，广东的赤红壤和海南岛的砖红壤则分别为 22 毫克当量、21 毫克当量和 5 毫克当量，最低与褐土有 10 倍之差。

从有机部分来看，因为红壤所处的温度较高，有机质易于分解，所以与寒温带的土壤相比，其有机质含量较低。这样，有机质对缓冲容量的贡献比较小。而且强酸性红壤是高度盐基不饱和的土壤，对酸的缓冲能力较弱，因此在酸输入量相同的情况下，这类土壤容易酸化得多。酸化的一个直接后果是 Al^{3+}增加。研究表明，Al^{3+}的大量出现产生两个重要危害，一是土壤对植物的酸害实质上是铝害，土壤酸化到一定程度即 Al^{3+}增多至一定程度后，植物即受害而生长不良；二是因为 Al^{3+}是多价离子，与土壤胶体的结合能力特别强，所以很容易从土壤的负电荷点上排挤盐基离子，使它们进入土壤溶液而后遭受淋失，这在南方多雨地区更有特殊意义。资料证明，我国南方酸性红壤中大量 Al^{3+}的存在是土壤遭受强烈淋溶发生酸化的一个后果，它反过来也是使这类土壤的盐基离子易于遭受淋失，从而加速酸化的一个原因。

20 世纪以来，由于工业发展，燃煤用量剧增，使大气中 CO_2 浓度有较明显的增长。与此同时，燃煤释放出的 SO_2 形成 H_2SO_4 成分加入到雨水中，使雨水酸度比仅含有 CO_2 时有更显著的增加。酸雨引起的土壤酸化问题已经成为世界性的大问题。我国南方很多地区酸雨问题逐年加重，强酸雨区如重庆、贵阳等地的雨水 pH 的最低值已达 3～2，雨水 pH 平均值也已步入 4～3 的严重程度，即 H^+活度已较正常值增加了百倍之巨，从而使土壤的自然酸化过程大大加快了。大量施用或偏施氮肥，也在更广泛的范围内引起土壤酸化。

面对这一严峻的现实，必须遏制排放 SO_2 所导致的土壤酸化与养分损失问题，我国实行的“两控一达标”环境保护目标中一个重要的指标就是控制 SO_2 的排放。在生产实际中，施用石灰抑制土壤酸化是防治土壤酸化的有效措施。此外，针对土壤酸化过程中盐基离子大量淋失，通过施肥补充酸化土壤损失的养分尤其是补充在酸淋洗过程中损失较大的钙钾元素，也是常用的技术措施。

三、土壤的氧化还原性

（一）土壤氧化还原电位

土壤组成中都含有一些易于氧化和易于还原的成分，这些成分在通气良好、氧气充足的情况下呈氧化态；在通气不良、氧气不足的情况下则呈还原态。土壤组成是极其复杂的，其氧化还原体系也多种多样，并有生物的参与，所以它比一般纯溶液的氧化还原反应复杂得多。在土壤中要用化学方法来求得各种氧化还原物质的浓度是很困难的。

土壤中氧化还原体系可分为无机体系和有机体系两大类，其中重要的有：

	氧化态	还原态
氧体系	O_2	$2O^{2-}$
铁体系	Fe^{3+}	Fe^{2+}
锰体系	Mn^{4+}	Mn^{2+}
硫体系	SO_4^{2-}	S^{2-}
氮体系	NO_3^-	NO_2^-
	NO_2^-	N_2
	NO_2^-	NH_4^+
氢体系	$2H^+$	H_2
有机碳体系	CO_2	CH_4

氧化还原作用的实质是电子的转移，一旦物质失去了电子，它们本身就被氧化，必然伴随着另一些物质获得电子，而其本身被还原。以土壤中普遍存在的铁体系为例，在通气良好的土壤中，溶液中的铁大部分呈氧化态Fe^{3+}，没有氧化而呈还原态的Fe^{2+}可能只有少量存在；反之，如果通气不良，则Fe^{2+}的浓度必然增高，Fe^{3+}的浓度也相应减小。由此可见，当土壤通气状况发生改变时，其溶液中的Fe^{3+}和Fe^{2+}的相对浓度也必然相应地发生变化。

根据土壤氧化还原反应的实质，土壤中氧化还原体系可以用式1-3表示：

$$\text{氧化态}+ne = \text{还原态} \qquad (1\text{-}3)$$

能斯特（W. Nernst）研究发现，溶液的氧化还原电位与物质的氧化态和还原态浓度之间存在着下列关系：

$$E_h = E_0 + 0.059/n\log\,[\text{氧化态}]/[\text{还原态}] \quad (1\text{-}4)$$

式1-4中，E_0为某一氧化还原体系的标准氧化还原电位（某一氧化还原体系中氧化态浓度和还原态浓度相等时，该电极与标准氢电极的电极电位之差），它可以从化学手册上查到。方括号表示两种物质的浓度。

由能斯特公式可以看出，E_h的大小取决于土壤中氧化态物质和还原态物质的浓度（当然也和二者的性质有关，即E_0有关）。土壤中氧化态物质和还原态物质的相对浓度实际上直接受土壤通气性强弱的控制，通气性强，土壤空气中氧含量高，氧的分压大，土壤溶液中氧的浓度也必然高，氧化态物质与还原态物质的浓度比必然增高，E_h也相应加大。反之，通气性差的土壤其溶液中氧化态物质与还原态物质的浓度比下降，E_h降低。所以氧化还原电位的高低可以作为土壤通气性强弱的指标。通常把E_h值300 mV作为土壤氧化还原状况的界限，大于此值表明其通气性逐渐趋向于良好；小于此值表明土壤通气向不良方向发展。

当土壤淹水后，随着土壤E_h值的下降，首先是O_2消失，其次是NO_3^-、NO_2^-、Mn^{4+}被还原，再次是高价铁的还原，最后是SO_4^{2-}还原为S^{2-}和硫化氢、甲烷与氢的生成。当然，这些氧化物的还原顺序不可能是绝对的，一般是某一成分的还原过程尚未完毕，另一成分的还原过程已经开始。淹水土壤中常见氧化物还原时的E_h大致如下：

$O_2 \rightarrow H_2O$	380～320 mV
$NO_3^- \rightarrow N_2$	340～290 mV
$Mn^{4+} \rightarrow Mn^{2+}$	280～220 mV
$Fe^{3+} \rightarrow Fe^{2+}$	180～150 mV
$SO_4^{2-} \rightarrow S^{2-}$	－120～－180 mV
$CO_2 \rightarrow CH_4$	－200～－280 mV

（二）土壤氧化还原性与土壤污染的关系

土壤的氧化还原状况影响土壤重金属污染的危害程度。一些变价重金属元素如铬、砷、汞等在不同形态时其危害程度是不一样的。

铬在土壤中有两种价态：Cr^{6+}和Cr^{3+}，两者的行为很不相同，前者活性低而毒性高，后者恰恰相反。Cr^{3+}主要存在于土壤与沉积物中；Cr^{6+}主要存在于水中，但易为Fe^{2+}和有机物等还原，当溶液中的Fe^{2+}有4 mg/L时，Cr^{6+}则全部还原成Cr^{3+}，含硫基的有机化合物对Cr^{6+}有较强的还原力。反之，Cr^{3+}在中性环境中，E_h为400 mV以上时易氧化为Cr^{6+}。试验表明土培水稻时，灌水含Cr^{6+}50 mg/L引起减产，Cr^{3+}则需100 mg/L左右才致减产；小麦的受害浓度Cr^{6+}为30 mg/L，Cr^{3+}为60 mg/L。在石灰性土壤中，玉米和小麦的受害临界浓度为300 mg/kg，而水稻高达1 000 mg/kg。

砷对植物的危害因价态而异：三价砷化物，如亚砷酸盐，比五价砷化物（砷酸盐）的毒性大3倍以上，当水中亚砷酸为10～45 mg/L时对生物有危害，但砷酸浓度不小于25 mg/L时才显出危害。当稻田土壤E_h为50 mV时水稻受害明显，因为在100 mV时砷酸盐就可向亚砷酸盐转化。

土壤汞对植物的危害因作物种类和生育期而异。土壤汞使水稻减产的浓度为5 mg/kg，而莴苣的受害汞浓度为0.5 mg/kg。在日本，也有土壤含汞量高达40～50 mg/kg时，才会导致作物减产的报道。甚至有的土壤含汞量高达1 000 mg/kg尚不产生危害的情况，这就不是土壤含汞总量的问题，而与汞在土壤中的形态和所处的条件有密切关系。土壤汞的存在形态有无机态与有机态，它们在适当的条件下可以相互转化。无机汞有$HgSO_4$、$Hg(OH)_2$、$HgCl_2$和HgO，它们因溶解度低，在土壤中的迁移能力很弱，但在土壤微生物的作用下，汞可以向甲基化方向转化。汞甲基化的最佳条件是在pH为4.5，E_h为50～300 mV时，它使$HgCl_2$ 转化的速度比HgO高100倍。微生物合成的甲基汞在需氧和厌氧条件下都可以进行。在需氧条件下主要形成甲基汞，它是脂溶性物质，可以被微生物吸收、积累而进入食物链造成对人体危害；在厌氧条件下主要形成二甲基汞，在微酸性环境中，二甲基汞可转化为甲基汞，其转化模式如图1-6所示。

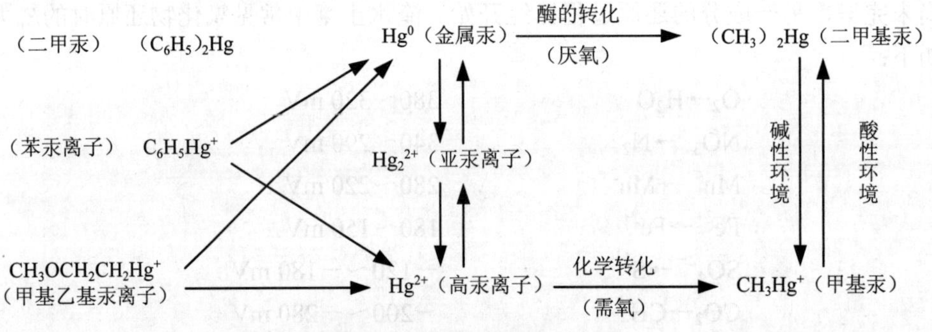

（资料来源：唐永銮，环境学导论，1987）

图 1-6 汞的转化模式

有机质在土壤中转化实质上是一系列氧化和还原过程。含碳有机质经微生物分解时，一般转为丙酮酸（$CH_3COCOOH$），以后如何变化则视条件而异，在好气条件下，可继续氧化成为CO_2和H_2O；在嫌气条件下，则产生甲烷和氢气。现已证明，甲烷是一种温室气体，稻田甲烷的产生是气候产生温室效应的重要原因之一。

含氮有机质经过氨化作用生成氮。如继续氧化，就出现亚硝化和硝化过程，NO_3^-和NO_2^-在土壤中极易随水淋失，进入地下水引起硝酸盐、亚硝酸盐污染，进入地表水引起水体富营养化。土壤缺氧时产生反硝化作用，硝酸盐消失，标志着土壤从氧化体系转变为还原体系，与此同时引起土壤氮素养分的损失。

复习与思考题

1. 名词解释：原生矿物　次生矿物　土壤粒级　土壤质地　土壤结构　土壤剖面　土壤容重　永久电荷　可变电荷　盐基饱和度　氧化还原电位

2. 自然土壤剖面、旱地土壤剖面和水稻土土壤剖面各有何特征？各有哪些层次？

3. 区别有机质和腐殖质的含义。

4. 试述土壤微生物的营养类型和呼吸类型。

5. 土壤有机质在农业生产中有何作用？

6. 土壤有机质的转化受哪些因素的影响？如何保持和提高土壤有机质的含量？

7. 土壤粒级与土壤质地有何区别与联系？它们是如何影响土壤性质的？

8. 土壤胶体有哪些特性？它与土壤的哪些性质有关？

9. 土壤的缓冲作用在农业生产上有何意义？

10. 土壤的酸碱性是如何产生的？如何控制土壤的酸化？

11. 土壤的氧化还原性对土壤肥力和功能有什么影响？

第二章　土壤污染与防治

土壤是一个独立的自然体，它作为一种宝贵的自然资源，是自然环境中的一个重要组成部分。土壤又是一个开放的生态系统，受到各种自然因素和人为活动的影响，土壤污染主要是人类活动所产生的各种污染物进入土壤，使土壤生态系统受到破坏的结果。土壤污染有什么特点？土壤污染与土壤背景值和土壤环境容量有什么关系？土壤污染物是如何迁移转化的？如何进行土壤污染的防治？本章将就这些内容进行阐述。

第一节　土壤背景值与土壤环境容量

一、土壤背景值

土壤是由固相、液相和气相三相物质组成的多相体系，所含物质成分异常复杂，包含几乎所有的天然元素，并在水、气、热、生物和微生物等多因子共同作用下，不断发生着各种化学变化，因此，土壤中可以检测出多种化学物质。不受各种污染源明显影响的土壤中化学物质含量称为土壤背景值或土壤环境背景值。从本质上来讲，“不受污染源明显影响”只是一个相对概念，因为在现实环境中已经很难找到。即使是农用化学物质的污染也是在世界范围内扩散的。在南极冰层中发现有机氯农药的残留就是一个明证。因此，土壤背景值是一个相对数值，它是指距离污染源很远，污染物不易达到的，而且生态条件正常地区的土壤中物质的含量。

土壤是岩石风化形成的母质在气候、生物、地形、时间等自然因素的综合作用下的产物，在地球的不同区域，从岩石成分到地理环境和生物群落都有很大的差异，因此，不同土壤的背景值自然会因地理位置而有所差异。不仅不同类型土壤之间不同，而且同一类型土壤之间相差也很大，引起变动的因素很复杂，除了自然因素外，数万年来人类活动也起着很重要的影响。因而土壤背景值不是一个确定值，而是一个范围值，它所代表的是一定的区域条件下的元素含量，不是只代表一个土壤类型或剖面的状况。土壤背景值是以一定的环境区域范围内的各种土壤的元素含量的统计平均值代表其范围值。

研究土壤背景值具有重要的实践意义，主要表现在以下几方面。

（1）土壤背景值是环境质量评价，特别是土壤污染综合评价的基本依据。如评价土壤环境质量、划分质量等级或评价土壤是否发生污染、划分污染等级，均必须以区域土壤背景值作为对比的基础和评价的标准，并用以判断土壤环境质量改善和污染程度，从而制订防治土壤污染的措施。

（2）土壤背景值是研究和确定土壤环境容量，制订土壤环境标准的基本数据。

（3）土壤背景值是研究污染元素和化合物在土壤环境中的化学行为的依据，因污染物进入土壤环境后的组成、数量、形态和分布变化，都需要与环境背景值比较才能加以分析和判断。

（4）在土壤规划和利用中，研究土壤生态、施肥、污水灌溉、种植业规划，提高农、林、牧、副生产水平和产品质量及食品卫生、环境医学时（表 2-1），土壤背景值也是重要的参比数据。

表 2-1　土壤主要元素与生物健康

元　素	过低的后果	过高的后果
Hg	未发现	水俣病
Cd	未发现	痛痛病、致癌、致心血管病、高血压，肺、肾损伤
As	哺乳动物可能必需。仔动物缺 As 可致生长速度缓慢，皮毛较粗、细胞损伤及脾肥大	皮肤癌、肺癌、血管末梢病、皮肤角化病
Pb	目前仅发现鼠类必需，可使鼠类患贫血症	中枢神经损伤、行走蹒跚、血红细胞 δ-氨基乙酰丙酸脱氢酶活性下降
Ni	对于动物，生长缓慢，皮毛变粗，繁殖力下降；对于人类，可能导致消化不良和肝、肾疾病	呼吸道癌
Cr	动物、人类必需，致低血糖、糖尿病、心血管病、高脂血症主动脉血小板形成增强	皮肤、肺损害，可能导致肺癌
Cu	Menkes 综合征，表现为嗜中性白血球减少症、贫血症、骨质非矿化等	Welsons 病，肺纤维损害，肝坏死，肾损伤
Zn	发育差，矮小，性发育不完全，味觉功能下降，伤口愈合缓慢，腹泻，脱毛，肠病性肢皮炎，口周皮疹，性腺机能减退，胎儿消瘦畸形	未发现
F	龋齿	氟骨症、韧带和腱质钙化、跛足
Mn	动物骨骼畸形，步履蹒跚，生殖功能障碍	假震颤性麻痹，假精神分裂
Co	恶性贫血综合征，表现为中枢神经失常	心肌病，血液、中枢神经、甲状腺等异常
Mo	中枢神经失常，早死	家畜腹泻综合征，如体重减轻、贫血、食欲减退、腹泻、脱毛、中枢神经受损，个别出现龋齿
Se	心肌病、动物白肌病、克山病、大骨节病、肌肉营养不良、心肌梗塞、致胃癌和乳腺癌	家畜蹒跚病、龋齿病、动物畸形
I	地方性甲状腺肿、地方性呆小病	甲状腺肿、甲状腺机能亢进

资料来源：牟树森，等，环境土壤学，2003。

二、土壤环境容量

过去对污染物的控制，多按一定的容许浓度标准加以限制，但这种标准只限制了其排放容许浓度，而没有限制其排放数量。因此，污染源排放的污染物浓度虽然未超过控制标准，但排放量过大，仍会造成环境的严重污染，这是因为环境对污染物的容纳量是有一定限度的，这一思想推动了人们对环境容量的研究。所谓环境容量就是指在一定条件下环境对污染物的最大容纳量。根据环境容量的定义，我们在环境污染控制与管理中，必须克服过去单一的浓度控制管理，实行污染物总量控制制度。

土壤环境容量是指一定环境单元、一定时限内遵循环境质量标准，即保证农产品质量和生物学质量，同时也不使环境受到污染时，土壤所能容纳污染物的最大负荷量。土壤的环境容量是针对土壤中的有害物质而言的。当有害成分超过背景值以后就意味着它们的含量开始有异常的增长，当增长到一定的程度就会有足够数量向土壤生物（特别是植物）输送，并且对生物造成致害、致死的结果，在生物开始表现受害症状时的土壤有害物质浓度称为临界浓度或称土壤达到了污染水平。

因此，土壤环境容量实质上就是土壤中的有害物质含量从背景值起到污染水平值之间的浓度范围。不同土壤其环境容量是不同的，同一土壤对不同污染物的环境容量也是不同的。显然，土壤从背景值开始到污染水平的浓度取决于两方面的条件，一是植物的适应能力与吸收量；二是该物质的缓冲量与有效量，即土壤的净化能力。

三、土壤净化

（一）土壤净化作用

土壤净化作用是指进入土壤的各种污染物质，通过土壤的物理的、化学的和生物的复杂作用，使污染物质迁移、转化或消失，土壤恢复到原有性状的过程。土壤净化能力是有一定限度的，主要取决于土壤环境容量。当输入的污染物质低于土壤环境容量时，土壤净化作用持续进行，但如果超过土壤环境容量，则产生土壤污染。土壤污染的发生及其严重程度，主要取决于污染物质输入量和土壤净化作用之间起伏消长、错综复杂的关系，当污染物的进入量超过土壤的净化能力时，就将导致土壤污染。

应当指出，土壤净化速度是比较缓慢的，净化能力也是有限的，特别是对于某些人工合成的有机农药、化学合成的某些产品（如塑料薄膜等）以及一些重金属，土壤是难以使之净化的。因此，必须充分合理地利用和保护土壤的净化能力。

（二）土壤净化机制

1. 物理净化作用

土壤是一个多相的疏松体系，污染物进入土壤环境后，在土壤孔隙中随土壤空气与大气进行交换或随土壤水分的迁移渗漏至土体之外（实质上是污染的转移），这些迁移过程，无论是挥发、扩散、稀释都不与土壤发生反应，主要是物理运动过程。当然，这些过程与土壤温度和含水量的变化、土壤质地和结构，以及土壤层次构造等因素有关。

2. 物理化学净化作用

土壤是一个胶体体系，具有表面能和带电性等特性。对进入土壤的污染物具有分子吸附（物理吸附）和离子交换吸附（物理化学吸附），土壤对化学农药的富集主要是通过物理吸附进行的，对重金属离子的富集主要是通过物理化学吸附实现的。土壤胶体的吸附作用可大大改变污染物在土壤中的有效含量，但这一净化机制使得土壤中的重金属在土壤中积累，一旦发生污染很难消除。

3. 化学沉淀作用

土壤是一个化学体系，进入土壤的污染物和土壤中的化合物发生化学反应，生成沉淀。使污染物活性下降，虽然增加了土壤的累积，但只要不超过土壤的净化能力也能达到净化作用。在重金属和磷的迁移转化中，化学平衡过程扮演着重要的角色。

4. 络合和螯合作用

土壤中存在着许多天然的有机和无机配位体，如土壤腐殖质、土壤微生物分解有机残体过程中产生的各种有机物质或分泌物（如酶等），也有人工合成的污染物质的有机配位体，如农药和其他有机污染物。无论是重金属或有机农药，络合和螯合反应后的产物，性质都不同于原来的重金属或有机农药，大多数都降低了活性，所以络合和螯合反应对重金属和有机农药在土壤中的净化作用有着重大意义。

5. 氧化还原作用

土壤是一个氧化还原体系，其氧化还原作用影响有机质分解的速度和强度，也影响有机和无机物质存在的状态（氧化态和还原态、可溶性和不可溶性），从而影响它们的迁移转化。特别是对某些变价元素，如铁、锰、硫、砷、汞、铬、钒等尤为重要。

6. 土壤酸碱性的作用

土壤的 pH 值是影响土壤净化和土壤中重金属迁移转化的重要因素，正常的土壤 pH 值在 5～8，强酸性土壤可能小于 4，强碱性土壤 pH 值可高达 11，在此范围内，许多金属元素形成了难溶性氢氧化物，降低了金属活性。在不同的 pH 值范围内，容易迁移的金属元素，在酸性范围土壤中容易迁移的金属元素有：Cu、Zn、Ni、Mn、

Cr、Cd 等；在中性至碱性范围土壤中，容易迁移的元素有 V^{5+}、V^{4+}、Cr^{6+}、Mo、As 等；在广泛的 pH 范围内活泼的元素有 Li、Rb、Cs 等，这些活泼元素或被植物吸收或迁移至水体。另外，土壤的酸碱性还直接影响土壤微生物的活动，也间接地影响土壤的净化作用。

7．生物净化作用

土壤又是一个生物体系。土壤中的植物、原生动物、微生物组成了一个土壤生物群体，其中以微生物为主体。微生物不仅在有机质转化过程中起着巨大的作用，而且对进入土壤污染物也具有强大的净化能力，如微生物对农药的降解作用。另外，土壤生物对污染物进入还有一种吸附和富集作用，形成生物积累，从土壤净化方面看，这也是土壤净化的途径之一。

第二节　土壤污染

一、土壤污染的概念及特点

（一）土壤污染的定义

土壤污染是指人类活动产生的环境污染物进入土壤并积累到一定程度，引起土壤环境质量恶化的现象。衡量土壤环境质量是否恶化的标准是土壤环境质量标准。土壤污染的实质是通过各种途径进入土壤的污染物，其数量和速度超过了土壤自净作用的数量和速度，破坏了自然动态平衡。其后果是导致土壤正常功能失调，土壤质量下降，影响到作物的生长发育，引起产量和质量的下降。土壤污染也包括由于土壤污染物质的迁移转化引起大气或水体污染，并通过食物链，最终影响人类的健康。

土壤是否受到污染，不但要看污染物含量是否增加，还要看其后果，即加入土壤的物质给土壤生态系统造成了危害，才能称为污染。因此，判断土壤是否污染时，不仅要考虑土壤的背景值，还要考虑植物中有害物质的含量、生物反应和对人体健康的影响。有时污染物超过背景值，但并未影响植物正常生长，也未在植物体内进行积累；有时土壤污染物虽然超过背景值不多，但由于某些植物对某些污染物的吸收富集能力特别强，反而使植物中的污染物达到了污染程度。尽管如此，以土壤背景值作为土壤污染起始值的指标或土壤开始发生污染的信号，仍然不失为一种简单易行、有效的判断方法。

（二）土壤污染的特点

土壤污染与大气污染、水体污染等其他污染相比，有以下三个特点。

（1）隐蔽性和潜伏性　土壤污染不像大气污染与水体污染那样容易被人们所觉察，其后果需要长期摄食由污染土壤生产的植物产品，通过人体和动物的健康状况才能反映出来。因为土壤是一个复杂的三相共存体系，各种有害物质在土壤中总是与土壤相结合，有的为土壤生物所分解或吸收，从而改变其本来面目而被隐藏在土体里，或自土体排出且不被发现。当土壤将有害物质输送给农作物，再通过食物链损害人畜健康时，土壤本身可能还继续保持其生产能力而经久不衰，这就充分体现了土壤污染的隐蔽性和潜伏性。这也使认识土壤环境污染问题的难度增加了，以致污染危害持续发展。

（2）不可逆性和长期性　污染物进入土壤环境后，便与复杂的土壤组成物质发生一系列迁移转化作用。多数无机污染物，特别是重金属和微量元素，都能与土壤有机质或矿物质相结合，并长久地保存在土壤中。无论它们怎样转化，也很难使其重新离开土壤，这成为一种最顽固的环境污染问题。而有机污染物在土壤中则可能受到微生物的分解而逐渐失去毒性，其中有些成分还可能成为微生物的营养来源。但药物类的成分也会毒害有益的微生物，成为破坏土壤生态系统的祸源。不过，它们迟早会分解并从土壤中消失。

（3）土壤污染的间接危害性　土壤中污染物一方面通过食物链危害动物和人体健康；另一方面还能危害自然环境。例如一些能溶于水的污染物，可从土壤中淋洗到地下水里而使地下水受到污染；另一些悬浮物及土壤所吸附的污染物，可随地表径流迁移，造成地表水污染；而污染的土壤被风吹到远离污染源的地方，扩大了污染面。所以土壤污染又间接污染水和大气，成为水和大气的污染源。

二、我国土壤污染的现状

（一）土壤污染源

土壤的污染源可分为天然污染源和人为污染源。前者是指自然界向环境中排放的有害物质，如正在活动的火山；后者是指人类活动所形成的污染源。土壤污染主要是由人为活动引起的，其中以化学物质对土壤的污染最为严重。土壤污染物按其进入土壤的途径可分为污水灌溉、固体废弃物利用、农药和化肥的施用、大气沉降等。

1．污水灌溉

污水灌溉是指利用城市污水、工业废水或混合污水进行农田灌溉，由于我国污水处理率很低（表 2-2），这种未经处理的混合型污水中含有各种各样的污染物质，主要是有机污染物和无机污染物（重金属）。我国农田采用污灌已有50多年的历史，由于水资源缺乏，污水灌溉面积还在不断增加。在缺水地区，污灌不但解决了水分补充，同时起着增加土壤有机质，改良土壤物理性，提高微生物活性，保证农作物产量的作用。但是，由于大量污水未加处理而直接进入土壤中，因此是引起土壤污染与地下水污染的非常重要的污染途径，使一些污灌地区土壤中有毒有害物质有明显的累积。

表 2-2 全国废水排放量和处理率

项 目	1980 年	1985 年	1990 年	1995 年	2000 年
废水排放量/$\times 10^8 m^3$	234	341	354	410～450	500～550
工业废水处理率/%	10	23	60.6	20	84
工业废水排放达标率/%	26	41	50.1	55	65

资料来源：邵孝侯，农业环境学，2005。

2. 固体废弃物的农业利用

固体废弃物包括工业废渣、污泥和城市垃圾以及畜禽粪便、农业秸秆等。由于污泥中含有较多的有机物质和一定的养分，如城市生活污水处理厂的污泥中含氮量为0.8%～0.9%，含磷量为0.3%～0.4%，含钾量为0.2%～0.35%，有机质含量为16%～20%，因而可以作为肥料来使用。但是，如混入工业废水或工业废水处理厂的污泥，其成分较生活污泥要复杂得多，特别是重金属的含量很高。这样的污泥如在农田中施用不当，就会造成土壤污染。一些城市历来都把垃圾运往农村，由于垃圾中含有大量的煤灰、砖瓦碎块、玻璃、塑料等，用这样的垃圾长期施用农田，会破坏土壤的团粒结构和理化性质，同时城市垃圾中也含有一定量的重金属。即使不施入土壤中，这些固体废弃物在土壤表面堆放、处理和填埋过程中，不仅侵占大量耕地，而且可通过大气扩散或降水淋失，使周围地区的土壤和地下水受到污染，这种污染属于点源污染性质，主要是造成重金属、病原菌和某些有毒有害物质的污染。

3. 农业生产过程中产生的污染

农业生产过程中施用的各种化学品会对土壤产生污染。农药在生产、贮存、运输、销售和使用过程中都会产生污染。施在作物上的杀虫剂约有一半流入土壤中，进入土壤中的农药虽然在生物、光解和化学作用下有一部分降解，但对于像有机氯这样难以降解在土壤中残留期长的长效农药来说，那是十分缓慢的，一旦造成土壤污染，需要几年甚至几十年的时间才能消除。

化肥对土壤的污染主要表现在两个方面，一方面是过量施用化学氮肥，化学氮肥进入土壤后，有的通过氨化作用产生氨气进入大气造成大气污染；有的经土壤微生物的反硝化作用形成氮气和氮氧化物进入大气，从而可能破坏臭氧层；有的硝态氮肥随水淋失进入地下水，使地下水受到硝态氮、亚硝态氮污染；有的随地表径流排入地表水体，使水体富营养化。另一方面是施用含有三氯乙醛的有毒磷肥，它是由含三氯乙醛的废硫酸生产的。当这种磷肥施入土壤后，三氯乙醛转化为三氯乙酸，两者均可给植物造成毒害，由此造成作物大面积受害的情况屡有发生。磷肥中重金属特别是 Cd 的含量较高是造成土壤重金属污染，尤其是 Cd 污染的一个潜在原因，这主要与生产磷肥的磷矿中重金属的含量有关。资料表明，世界各地磷矿含 Cd 范围一般在 1～110 mg/kg，但也有个别磷矿含 Cd 量高达 980 mg/kg。

随着设施农业的不断发展，农用地膜的大量使用也是土壤污染的一个重要来源。

4．大气污染对土壤环境的影响

大气被污染后通常通过干、湿沉降作用对土壤环境产生影响。干沉降是指固体颗粒物质直接以降尘方式输入土壤；湿沉降是指随着降水将污染输入土壤之中。冶金、交通过程中往往产生金属尘埃进入大气，形成金属飘尘，这些金属飘尘可通过干沉降或湿沉降进入土壤后为植物或动物吸收，从而造成土壤污染。酸雨本身就是一种土壤污染源，我国长江以南大部分地区是酸性土壤，在酸雨的作用下，土壤会进一步酸化，养分淋溶增加，土壤结构破坏，肥力降低，作物生长受到影响，土壤生产力下降。

（二）我国土壤污染的现状和发展趋势

土壤环境污染是与水土流失、土地沙漠化、盐碱化等具有同等危害效果的重大环境问题。我国土壤环境污染问题随着近十几年的经济建设和发展也在不断加重，这与工农业生产过程中“三废”排放量日益增多，农药、化肥和塑料薄膜使用有直接的关系，因此土壤受污染面积和污染严重程度也在不断扩大和加强。1992 年全国遭受不同程度污染的农田面积已达 1 000 万 hm^2 以上。据统计，截至 1982 年全国污水灌溉面积已达 133.3 万 hm^2（2 000 万亩）以上。普查涉及的 37 个灌区，有污灌面积 38.0 万 hm^2（569.9 万亩），约为已知污灌面积的 27%。京津塘地区污灌对生态环境的影响表明，北京东郊由污灌引起的土壤污染约占检测样品的 60%，污染的糙米样品约占检测样品数的 36%。污染物的种类主要是污水中有机污染物综合指标（COD、BOD、N、P、SS 和 LAS）超过《农田灌溉水质标准》和重金属超标造成在土壤和农作物中蓄积的现象。我国农田中镉、汞、铅等重金属污染最为突出和普遍，每年生产大量的“镉米”“汞米”和“铅米”，局部地区已经出现了“痛痛病”的症状。此外，长期污灌也会引起土壤板结、土壤容重增加、孔隙度降低等效应。

虽然我国还没有污泥的具体数量，但随着城市污水处理厂的增加，估计未来污泥数量将会有大幅度的增加。而污泥中含有较多的重金属和多种有机污染物，作为肥料施用，如果不加以控制也同样会污染土壤环境。城市垃圾和其他有害固体废弃物大量排放并且处理率过低，堆存过程中不仅侵占大量农田土地，而且在雨水风吹作用下也会造成土壤和地下水污染。目前，我国有 6 万 hm^2（90 万亩）农田由于固体废弃物引起污染。近年来，我国乡镇企业发展迅速，其“三废”排放量对农田土壤的污染作用也非常惊人，而且乡镇企业“三废”排放量占全国“三废”排放量的比例逐年增加，使我国本来就很脆弱的农田土壤遭受“三废”污染的农田面积总计达 0.1 亿 hm^2（1.5 亿亩），每年损失粮食达 120 亿 kg。在今后相当长的时间内，中小型乡镇企业包括土炼锌厂、土炼硫厂、土炼焦厂、淀粉厂、食品厂、砖瓦窑和小造纸厂、小制革厂、小化工厂等，对农村农田土壤的污染还将相当严重。

农用化学品使用是我国农田土壤污染的另外一种途径。1949—1987 年国产化肥增产率达 23%，1990 年化肥产量达 1 879.7 万 t，加上进口化肥共计 2 930.2 万 t，到 1995 年化肥施用总量达 3 594.6 万 t，其中氮素化肥就占 57%。农用地膜达 80 万 t。1994 年我国农药使用总量已达 108.7 万 t，农用地膜覆盖面积已达 543.7 万 hm^2。农用化学品的使用对提高土地的生产率，增加农副产品产量起着重要的作用，但随着化学品投入量的增多，利减弊增。化肥用量增加的同时，其效果却连年下降。我国氮素化肥利用率仅有 30%，大部分随水土流失或经土壤径流作用，污染地下水和地面水体。土壤是农药的集散地，因农药不同，农药的性质和土壤的理化性质的差异，农药在土壤中的残留和迁移有很大差别。但一般农药在土壤 0～30 cm 深范围内积累而随水淋洗和径流迁移较小，尤其是含氯的 DDT 和六六六。虽然我国已于 1983 年初正式宣布停止生产这两种农药，但是已释放到土壤环境中的 DDT 和六六六由于其性质稳定不易被降解，因而迄今为止仍能发现部分地区土壤环境中的 DDT 和六六六含量非常高。

农药的使用虽然抑制了病虫害，但却造成了 90%以上的蚯蚓死亡，进而对土壤团粒结构的形成有重要的负效作用。据调查，我国农业商品基地粮食和蔬菜的农药污染非常严重，对 117 个基地县的调查发现，农药污染的粮食达 8.18 亿 kg，占总量的 1.12%，名特优农副产品有机磷检出率达 100%，六六六检出率为 95.1%，超标 2.4%。农膜在农业生产使用过程中的残留问题是困扰广大农民的又一重要问题。由于废地膜不易分解，废膜残片积留在农田土壤中，长期作用也造成农田环境污染，不仅使土壤耕作管理困难而且严重破坏土壤耕层结构，改变土壤的水肥传导过程，影响作物根系的正常伸展和发育。据资料调查，目前我国地膜残片的每亩积量一般在 4～6 kg，最多高达 11 kg。按农田中残膜量为使用量的 1/3 计算，仅 1995 年就有 27 万 t 残膜污染了农田土壤。

第三节　土壤重金属污染与防治

土壤重金属污染物主要有汞、镉、铜、砷、铬、镍等。砷虽然不属于重金属，但因其行为与来源以及危害情况等都与重金属相似，故通常把它列入重金属进行讨论。重金属在土壤中从积累到危害作物和动物，需要经过相当长的时间，即危害潜伏期较长。而且重金属在土壤中的活性小，易于积累，一旦积累，很难消除。因此，我们必须了解重金属在土壤中累积与危害的原理，才能制订出正确的防治对策。

一、镉（Cd）的土壤污染与防治

（一）镉对土壤的污染

地壳中镉的含量一般为 0.18 mg/kg，土壤背景值大体为 0.06～0.7 mg/kg。我国未污染的土壤含镉量一般低于 1 mg/kg，某些污染地区土壤含镉量可达 10 mg/kg。农业土壤中镉污染的来源主要是含镉污水灌溉、含镉污泥的施用以及大气中含镉飘尘的沉降。

土壤中镉的迁移转化，受 pH、E_h、CEC、有机质的含量和黏土类型的影响。土壤中呈吸附态的镉所占比例较大，而且吸附过程极快，95%的土壤溶液中的镉在 10 min 之内被吸附，1 h 后达到平衡。不同土壤的吸附顺序为：腐殖质土壤＞重壤质冲积土＞壤质土＞沙质冲积土。当 pH 降低时，植物吸镉量增加；当 pH 增高时，植物吸镉量降低。在常见的土壤 pH 范围内，随着 E_h 降低，就会形成难溶性的 CdS，土壤溶液中镉离子浓度降低，作物吸镉量会减少。反之，当土壤含水量减少时，随着 E_h 的升高，土壤溶液中镉离子浓度逐渐增加，作物吸镉量必然增加，水稻田烤田引起糙米含镉量高，小麦比糙米含镉量高，原因就在于此。土壤有机质含量多时，由于有机质的螯合作用，减少了土壤中可溶性镉的数量，作物含镉量也会明显降低。

由于表层土壤对镉的吸附和化学固定，使土壤中镉的分布集中在表层几厘米。同时土壤中镉的环境容量最小，这是土壤镉污染的一个重要特点。因此，只要土壤中镉的含量稍有增加，就会使作物中镉的含量相应增高，因而为控制土壤镉污染所制定的环境标准较为严格，不得超过 1.0 mg/kg。

（二）镉对作物及人体的危害

镉是对生物尤其是人类有剧毒的污染元素。当土壤中有过多的镉存在时，会直接影响作物的生长，还会污染农产品。镉对作物的危害机理，是它影响作物中钙的代谢。镉进入植物体后，对某些酶的活性中心巯基有特别强的亲和力，从而抑制或破坏酶活性，影响作物的正常生长。镉对农业最大的威胁是产生“镉米”和“镉菜”。

镉对人体危害的典型症状是痛痛病，它是由于体内镉积累过多，骨质中的钙被镉所取代，使骨骼疏松软化，极易骨折且疼痛难忍，并引起肾功能失调。骨质中钙被镉取代的原因是，Cd^{2+}的离子半径与 Ca^{2+}的离子半径相近（表 2-3）。由于 Ca^{2+}被置换而产生病症是个缓慢积累的过程，所以潜伏期长，少则 10 年，多则 30 年，病发后很难治愈。另外，镉会损伤肾小管，出现糖尿病，镉还会引起血压升高，出现心血管病，甚至还可能致癌、致畸。

表 2-3 Ca^{2+}与Cd^{2+}的离子半径比较 单位：nm

离子	在晶体中	在共价键内	在金属原子中
Ca^{2+}	0.097	0.141	0.148 9
Cd^{2+}	0.099	0.174	0.197 3

资料来源：牟树森，等，环境土壤学，2003。

（三）土壤镉污染的防治措施

严格控制灌溉水和农用污泥等肥料中镉的含量，是控制农田土壤镉污染的有效措施。凡超过规定标准的，不能直接施入农田。由于镉污染主要集中在表层土壤，因此对于被严重污染的土壤，可采用排土法、翻土法、客土法进行改良。对于污染较轻的土壤，可施入石灰和磷肥，使土壤中镉转化为难溶性的$CdCO_3$、$Cd_3(PO_4)_2$。对于水田应多施有机肥，使土壤成为还原状态，促进镉形成难溶性的CdS，从而抑制水稻对镉的吸收。同时还要加强水浆管理，保持淹水状态（不进行烤田），维持还原条件，使硫化镉不氧化为硫酸镉，避免水稻的吸收。

二、汞（Hg）的土壤污染与防治

（一）汞对土壤的污染

汞是常温下唯一呈液态和气态的有毒金属。地壳中汞的平均含量为 0.08 mg/kg。土壤中汞的背景值为 0.01～0.15 mg/kg。我国南方土壤中含汞量较低，为 0.032～0.05 mg/kg；北方土壤较高，为 0.17～0.24 mg/kg。世界卫生组织规定，土壤中汞的最大允许含量为 0.05 mg/kg。土壤中的汞污染主要来源于污灌、燃煤、汞冶炼厂和汞制剂厂（仪表、电气、氯碱工业等）的排放。

汞通过土壤进入植株的情况是肯定的，不过，植株含汞量却不完全来源于土壤，特别是在燃煤烟尘控制的区域。据估计，全世界由燃煤而排放到大气中的汞，每年约有 3 000 t。含汞农药的施用，也是一项重要的汞污染源。我国从殷商时代就以辰砂（HgS）作颜料与防腐漆，到目前为止，在具有悠久历史的庙宇附近，土壤含汞量一直是较高的，它们就是建筑物汞颜料的遗迹。另外，用汞做原料的工厂，如温度计厂附近，土壤汞污染也十分严重。

土壤中的汞按其化学形态可分为金属汞、无机结合态汞和有机结合态汞。在含汞化合物中，以烷基汞化合物如甲基汞、乙基汞的毒性最强。土壤中汞可以三种价态存在：0 价、+1 价、+2 价。与其他金属不同的是，汞在正常的土壤 pH 和 E_h 范围内，都能以 0 价（单质汞）存在于土壤中。特别是当土壤处于汞还原条件下（E_h＜0.4 V），更有利于单质汞的生成。单质汞在常温下有很强的挥发性，大部分以蒸气形式挥发进入大气圈，参与全球的汞蒸气循环。Hg^{2+}在含有 H_2S 的还原条件下，将生成极难溶的硫化汞，因此汞主要是以 HgS 的状态残留于土壤中，但当土壤呈氧化状态时，HgS 又可慢慢氧化成亚硫酸汞和硫酸汞。

由于土壤腐殖质和黏土矿物的作用，土壤溶液中的汞离子 95%以上能被土壤吸附或固定，如 Hg^{2+}、Hg_2^{2+}可被带负电的胶体吸附，而 $HgCl_3^-$、$HgCl_4^{2-}$可被带正电的胶体吸附。一般蒙脱石、伊利石类对 Hg^{2+}的吸附能力很强，而高岭石对 Hg^{2+}吸附能力相对较强。当土壤处于嫌气条件时，土壤中的无机汞在某些微生物的作用下会进行转化，在好氧条件下主要形成甲基汞，在厌氧条件下主要形成二甲基汞，在微酸性环境中，二甲基汞又可转化为甲基汞，其转化模式如图 1-6 所示。无机汞转化为有机汞后，胶体对其吸附能力下降，尤其是土壤有机胶体，因此，不仅毒性增强，而且迁移能力也比较强。

污水灌溉导致的汞污染主要集中在耕层土壤中，当汞随水进入土壤后，首先被表层土壤吸附阻截。由于表层土壤有机质丰富，与汞形成螯合物，使其不易向下层迁移。但当地下水位较高或积水土壤中，汞可向下层迁移，污灌年代越久，汞的积累越多。

（二）汞对作物及人体的危害

植物体内的汞主要来源于土壤，喷施农药、用杀菌剂处理种子和污水灌溉等也是农作物中汞的来源。不同作物吸收积累汞的能力是不一样的，粮食作物的大小顺序为：水稻＞玉米＞高粱＞小麦；蔬菜作物的大小顺序为：叶菜类＞根菜类＞果菜类。汞进入植物体后并不是均匀分布于所有器官中，而是主要集中于根部，因为植物吸收过程中汞与根部的蛋白质容易结合，从而抑制了向叶部的运行。所以根部可集中植物全汞量的 95%左右，而叶部汞的浓度仅为根部的 1/500～1/10。汞在各部位的分布顺序为：根＞茎＞叶＞穗部。汞对植物的危害是因作物种类和生育期而异的。土壤汞使小麦减产的浓度为 5 mg/kg，高于 10 mg/kg 时可使幼苗死亡或使小麦生长不正常。对于水稻，酸性土壤汞的最高允许含量为 0.5 mg/kg，石灰性土壤为 1.5 mg/kg。莴苣的受害土壤汞浓度为 0.5 mg/kg，生育明显障碍为 0.75～3.65 mg/kg，致死浓度为 36.1 mg/kg。

汞是人体非必需元素，汞对人体健康的危害与汞的化学形态、环境条件和侵入人体的途径、方式有关。有机汞化合物的毒性远大于无机汞化合物，这一点已由日本水俣病发生以来的大量事实和实验证明。水俣病是环境污染造成的最严重的公害病之一，是由于摄入富集在鱼、贝中的甲基汞而引起的中枢神经疾患，甲基汞主要侵害成年人大脑皮层的运动区、感觉区和视觉听觉区，也会侵害小脑。对胎儿脑的侵害几乎遍及全脑。甲基汞所致脑损伤是不可逆的，迄今尚无有效医疗方法，往往导致死亡或遗患终身。

（三）土壤汞污染的防治措施

研究表明，汞从土壤迁移到植物产品部分的数量非常少（0.001～0.02 mg/kg）。因此，从土壤背景值看，汞在食物链中的积累是无足轻重的。但工业“三废”与含汞农药的施用对局部土壤的污染，造成汞对作物和人的毒害则是很严重，应严格控制。对于已经被污染的酸性土壤，可考虑施用石灰，将土壤 pH 提高到中性以上，可使汞形成难溶性的碳酸汞、氢氧化汞或水合碳酸汞，从而降低汞向作物的迁移。当然，施用石灰可能引起铁、铜、锌等元素缺乏，应通过叶面喷施这些金属微量元素加以解决。由于汞的正磷酸盐较氢氧化物或碳酸盐的溶解度小，所以施用磷肥也是降低土壤中汞化合物毒害作用的一种有效方法。

三、铅（Pb）的土壤污染与防治

（一）铅对土壤的污染

土壤中铅主要来源于矿山、蓄电池厂、电镀厂、合金厂、涂料厂等排出的“三废”。汽车排出的含铅废气和农业上施用的含铅农药也是土壤铅污染的一个主要来源。土壤含铅量差异很大，一般土壤铅的背景值在 2～200 mg/kg，平均 10 mg/kg。

铅在土壤中是不易移动的，大部分积累在土壤表层。铅在土壤溶液中含量极低，主要以 $Pb(OH)_2$、$PbCO_3$ 和 $Pb_3(PO_4)_2$ 等难溶态形式存在，铅还可以与络合剂和螯合剂形成稳定的络合物和螯合物。土壤 pH 和 E_h 对铅的活性影响也很大，在酸性土壤中，H^+可置换出化学形式固定的铅，尤其是石灰性土壤中的 $PbCO_3$；随着土壤 E_h 值升高，土壤可溶性铅含量下降，原因是铅被镁、高价锰氧化物吸附所致。

植物吸收积累的铅绝大部分在根部，而转移到茎叶和种子中的很少。

（二）铅对作物和人体的危害

植物对铅的敏感性较镉、汞为低，当溶液中的 Pb^{2+}达到 50 mg/L 时抑制水稻种子发芽；100 mg/kg 的砂培水稻幼苗开始受害；土培实验中 2 000 mg/kg 才出现水稻中毒症状，说明了土壤对铅的强大缓冲力。据研究，马铃薯从含铅 6 680 mg/kg 的土壤中吸收的铅，薯皮上仅含铅 4 mg/kg，肉中仅含铅 0.2 mg/kg。18 种蔬菜、水果从土壤中吸收的铅，也很少有组织中含铅量超过 1 mg/kg。谷类作物吸铅量较大，但多集中在根部，茎秆次之，子实中很少，仅为总吸铅量的 1%。因此，铅污染的土壤所生产的禾谷类秸秆不宜做饲料。我国食品卫生标准 GB 2707～2763—3 规定淀粉类制品、豆制品的含铅量小于 1 mg/kg。

由于铅在土壤中固定为难溶性铅的能力较强，因此，通过食物链而引起人体铅中毒的现象很少。但铅也是对人体有害的元素，它对人体的危害是累积性中毒。经饮水、食物进入人体中的铅以难溶性的 $Pb_3(PO_4)_2$ 沉积于骨骼，从而干扰机体多方面的生理活动，导致全身各系统和各器官均产生危害，尤其是神经、造血、循环和消化系统，因而出现便秘、食欲不振、贫血、腹痛等多种症状。铅对男性的生殖腺也有一定的损害。

（三）土壤铅污染的防治措施

在铅污染的土壤中，可以施用石灰，一方面，可提高土壤 pH，使铅变为氢氧化物沉淀，降低作物对铅的吸收能力；另一方面，在石灰性土壤中，由于钙与铅竞争，抑制了作物对铅的吸收。也可以施用磷肥或有机肥料，使铅呈难溶态、络合态或螯合态而抑制作物对它的吸收。由于铅大部分积累在土壤表层，因此，在污染极为严重的局部地块，可采用排土法、翻土法、客土法进行改良。

四、铬（Cr）的土壤污染与防治

（一）铬对土壤的污染

铬是自然界存在比较广泛的重金属，主要用于金属加工、电镀、制革等行业。因此，工业部门排放的废水和废气，是环境中铬的主要污染源。

铬在地壳中的平均含量为 200 mg/kg。我国土壤中铬的背景值一般小于 100 mg/kg。正常土壤中铬的含量为 5～3 000 mg/kg，平均为 20～200 mg/kg。由于使用污泥、城市垃圾和进行污水灌溉，我国部分地区出现铬积累现象，但主要积累在 0～20 cm 土层内，40 cm 以下几乎不受影响。

铬在土壤中主要有两种价态：Cr^{6+}和 Cr^{3+}。Cr^{6+}毒性高，Cr^{3+}毒性低。Cr^{6+}主要存在于土壤溶液中，在正常的土壤 pH 和 E_h 范围内，Cr^{6+}易被 Fe^{2+}和有机物等还原为 Cr^{3+}。但在中性环境里，E_h 为 400 mV 以上时易氧化为 Cr^{6+}。因此，在土壤铬的测定中，常以总铬量计算。土壤胶体对铬有强吸附作用，据报道，土壤对 Cr^{3+}的吸附能力比对 Cr^{6+}高 30～300 倍，而不同土壤对铬的吸附悬殊，其顺序是：红壤（99%）＞黄棕壤（28%）＞黑土（16.5%）＞武功黄土（1%）。土壤中 Cr^{3+}的化合物的溶解度都很低，而 Cr^{6+}化合物却很少。因此，含铬废水或其他途径进入土壤的铬，大部分残留于土壤表层。

（二）铬对作物和人体的危害

铬在植物各器官中的分布也是不一样的，水稻各部分组织器官对铬的残留积累量有很大差异，其顺序是根＞茎叶＞糙米。据研究，当灌溉水中含铬为 10 mg/L 时，稻谷中含铬量并不明显，但茎叶中含量已相当高了。土壤中铬的毒害主要是 Cr^{6+}作用，这种形态铬即使在低浓度条件下对植物和微生物的毒害作用都很大。因此，我国农田灌溉水总铬标准是 Cr^{6+} 不得超过 0.1 mg/L，而土壤 Cr^{3+} 不超过 100 mg/kg。

铬是人体必需的微量元素，它与脂类代谢有密切关系，能增加人体内的胆固醇的分解和排泄。铬是机体内葡萄糖耐量因子的组成成分，能辅助胰岛素利用葡萄糖。因此，人体内缺铬会影响糖类和脂类代谢。但大量的铬污染环境，也会危害人体健康，会发生口角糜烂和腹泻、消化紊乱等疾病。另外 Cr^{6+} 还是蛋白质与核酸的沉淀剂，它还被怀疑有致癌的作用。

（三）土壤铬污染的防治措施

在酸性土壤中，被土壤固定的铬可被酸溶解出来，使铬的有效性和毒性增强。在酸性土壤中，Cr^{3+} 对小麦、马铃薯等都有毒。因此在酸性土壤里适当施用石灰，调节土壤 pH，可以抑制铬对作物的毒害作用。对污染较为严重的土壤，可以改旱田为水田。因为在水田灌水时，土壤处于还原状态，一方面可将 Cr^{6+} 还原为毒性较低的 Cr^{3+}；另一方面 Cr^{3+} 能与硫化物形成难溶性的化合物，从而减少作物对铬的吸收。增施有机肥料，提高土壤有机质含量，可促进对铬的吸附与螯合作用，同时还有助于土壤中 Cr^{6+} 还原为 Cr^{3+}。对于污染极为严重的小块农田，可采用排土法和客土法治理。

五、砷（As）的土壤污染与防治

（一）砷对土壤的污染

土壤砷的主要污染源来自含砷农药的施用，矿山、工厂含砷废水的排放，以及燃煤、冶炼排出的含砷飘尘的降落。

我国砷的土壤背景值为 10.8～16.6 mg/kg，在受砷污染的地区，土壤含砷量显著增加。如某冶炼厂 20 世纪 60—70 年代冶炼含高砷金属矿石，使周围几百米内表土（0～10 cm）含砷量达 979 mg/kg，1 km 以外的稻田耕层土壤中砷含量高达 80 mg/kg。

砷的化学性质与磷相似，进入土壤中的砷酸盐与土壤中 Fe、Al、Ca 等离子作用形成难溶性砷酸盐而保持在土壤中。土壤带正电荷的黏土矿物和水合氧化物可以像吸收磷酸根一样，吸附固定 AsO_4^{3-}。不同土壤吸附砷的顺序（单位：μm/g）为：红壤（309.9）＞砖红壤（259.6）＞黄棕壤（200.2）＞黑钙土（115.0）＞碱土（80.2）＞黄壤（72.1）。

土壤 pH 和 E_h 能显著地影响土壤砷水溶态、吸附态和难溶态之间的相对含量。随着 pH 值升高，土壤胶体上正电荷减少，对砷的吸附量降低，可显著提高可溶性砷含量，同时随着 E_h 的下降，砷酸还原为亚砷酸，即 As^{5+} 转化为 As^{3+}，而 As^{3+} 毒性比 As^{5+} 大得多。不同结合态砷对水稻的影响明显不同，其毒性排列顺序为亚砷酸铝＞亚砷酸钠＞砷酸氢钠＞砷酸钙＞砷酸铁＞硫化砷。砷酸盐在嫌气微生物作用下，能转化成含有甲基的二甲基胂和三甲基胂等剧毒挥发产物，毒性更大。

砷是移动性很小的重金属，在非耕地的自然旱地土壤中，95%的砷保持在 0～10 cm 表层。而在黄棕壤耕作水稻土，由于水旱轮作，大大加剧了砷从表层向下层移动，大约有 1/4 的砷向耕层以下移动。砷的水平迁移途径主要是通过径流或水流。在碱性农田土壤中，污染元素的迁移能力的顺序为：As＞Cd＞Zn＞Cu＞Ni＞Hg，Pb，Cu。

（二）砷对作物和人体的危害

砷不是作物生长必需的元素，但微量砷能刺激某些作物的生长，只有在浓度较高时，才对作物的生长产生抑制作用。砷对植物体造成障碍的最低浓度，大多数盆栽结果为土壤含砷 5～25 mg/kg。农业生产中，由于使用污水灌溉及施用农药，可使大量的砷进入土壤，随后进入植物体。试验研究发现，在土壤中加入砷（As^{5+}）大于 8 mg/kg 时，水稻生长开始受到抑制；当大于 12 mg/kg 时，水稻糙米中砷（As_2O_3）的残留量就要超过粮食卫生标准 1.0 mg/kg。砷在不同类型的土壤中，对不同植物的最大允许残留量也有较大的差别。豆类与黄瓜较易受害，旱作谷物与牧草较不易受害。作物忍耐砷的能力是：小麦＞豌豆＞马铃薯＞扁豆。作物吸收的砷在根部累积最多，茎、叶次之，子实最少。当米粒中含量尚未达到食用危险浓度界限 1.0 mg/kg 之前，植物体已经受到砷毒而死。所以，水稻的砷毒，对人体的危害算是具有自动保护机制。

元素砷的毒性极低，砷化合物则均有毒性，As^{3+}化合物比其他砷化合物毒性更强，如砒霜（As_2O_3）就是一种毒性很强的As^{3+}化合物。砷和砷化合物一般可通过水、大气和食物等途径进入人体，造成危害。砷的毒害作用主要是As^{3+}与人体细胞中酶系统的巯基结合，使细胞代谢失调，营养发生障碍，对神经细胞的危害最大，As^{3+}还能通过血循环，作用于毛细血管壁，使其通透性增大，麻痹毛细血管，造成组织营养障碍，产生急性或慢性中毒。

（三）土壤砷污染的防治措施

在砷污染严重的小面积农田，可采用排土、客土或上下层耕翻等措施，使土壤中砷的含量降低。对于水稻田，可进行垄作栽培或浅灌勤排水，必要时也可向土壤中施入某些氧化剂，以提高土壤的氧化还原电位，使土壤呈氧化状态，以防止土壤中的砷酸向亚砷酸转化，保证水稻正常生长。为了防止土壤中砷的溶解，可施入铁、铝等盐类来吸附砷，也可施入氯化镁，使其与砷形成难溶性化合物。施用堆肥在旱作条件下可降低砷的有效含量。但在水田施用堆肥，会降低氧化还原电位，甚至增加砷的溶解度与增大其毒性。因此对有砷污染的水田，施用堆肥必须十分谨慎。高浓度的磷对砷有拮抗作用，施用磷肥可以抑制砷对作物的毒性。但也有人提出，土壤吸附磷的能力比砷强，因此在砷污染区，若土壤不缺磷，可酌情减少过磷酸钙的施用。在污染严重的农田，可以改水作为旱作，一般旱作比水作耐砷能力强，而且谷物中砷的含量并不至于超过食品卫生标准。

第四节 农药污染与防治

农药在防治病、虫、草害和防治由媒介传播的疾病方面，都发挥着重要的作用。迄今为止，这一简单易行、快速高效的防治手段，仍为世人所公认。但是，由于不合理地滥用农药，加之某些农药的残效期长和它的代谢产物性质稳定，也引起了环境和农产品、畜禽产品的污染，使产品中的残留农药，通过食物链的传递在动物及人体内累积，导致对生态系统的危害。1962 年，蕾切尔·卡逊（Rachel Carson）划时代的作品《寂静的春天》（*Silent Spring*）问世，在书中她列举了大量事实指出，由于人类过量滥用 DDT 等有机氯农药而造成了生态灾难。自此，关于环境污染问题，引起了人们的高度重视。

尽管农药给环境造成了严重污染，有人甚至主张全面禁止使用农药，但是，必须看到在安全、经济、有效的防治方法尚未研究出之前，不能放弃使用农药这一化学防治法。据统计，全世界每年由于病、虫、草害所造成作物产量的损失，高达 50%左右。仅蝗虫的危害面积就占世界土地面积的 1/5，威胁全世界 1/10 人类的生活。老鼠每年也糟蹋了全世界 1/5 的粮食。农药在防治卫生病症方面，也曾起着重大的作用。由于禁用某些化学农药，1977 年全球有 2 亿人患有疟疾；估计有 100 万非洲儿童死于疟疾。联合国粮农组织统计，1948—1970 年，由于使用 DDT 防治疟蚊，挽救了 5 000 万人的性命。《只有一个地球》一书的许多专家认为，倘若严格限制杀虫剂在公共卫生方面和农业方面使用，就会有千百万人死于传染病和营养不良。

因此，我们应全面评价使用农药的利弊，扬长避短，绝不能因噎废食，造成“恐毒症”；也不能全盘否定化学防治法的社会价值。正确的做法应当是了解农药的相关知识，安全、科学、合理地使用农药。

一、农药在土壤中的残留

农药对土壤的污染，主要是通过防治病虫草鼠等有害生物造成的；其次是农药厂的“三废”处理不当造成的。例如，农田喷施粉剂时，仅有 10%的农药附着在植物体上，喷施液剂，仅有 20%的农药吸附在作物上，其余部分 40%～60%降落于地面，有 5%～30%漂浮于空中。落于地面上的农药又会随雨形成的地表径流而流入水域或渗入土壤。漂浮于空中的农药，最终还会因降雨与自身的沉降，落入土壤中。此外，拌种、浸种、毒谷、毒土、除草及土壤消毒等农药施用措施，也都会使农药进入土壤，从而造成农药污染。

农药种类繁多，性质各异，对土壤污染程度不一样。农药对土壤的污染程度，除用药量大小之外，主要取决于不同农药的稳定性及其用量。一般用药量大、稳定性高和挥发性小的农药，在土壤中的残留量就越大，污染也越严重。如有机氯杀虫剂性质稳定，分解缓慢，残留时间较长，如 DDT 和狄氏剂等（表 2-4），而有机磷杀虫剂在土壤中的残留时间较短（表 2-5）。

表 2-4 有机氯杀虫剂在土壤中消失情况

农药名称	消失 95%的年数范围/a	消失 95%的平均年数/a
DDT	4～30	10
狄氏剂	5～20	8
林丹	3～10	6.5
氯丹	3～5	4
碳氯特灵	2～7	4
七氯	3～5	3.5
艾氏剂	1～6	3

资料来源：卞瑞祥，等，农业环境保护基础知识，1984。

表 2-5 有机磷农药在土壤中的残留时间

有机磷制剂	残留时间/d	有机磷制剂	残留时间/d
乐果	4	甲拌磷	15
马拉松	7	乙拌磷	30
对硫磷	7	二嗪农（地亚农）	50～180

资料来源：卞瑞祥，等，农业环境保护基础知识，1984。

农药能够在土壤中残留，主要原因是土壤对它有吸附作用。农药被土壤吸附后，其移动性和生理毒性也随之发生改变。从某种意义上说，土壤对农药的吸附作用就是土壤对有毒物质的净化和解毒作用。但这种净化作用是不稳定的，也是有限度的，当吸附的农药被土壤溶液中的其他物质重新置换出来后，即又恢复原来的性质。

土壤对农药的吸附作用，与土壤特性有关。土壤中各种黏土矿物对农药的吸附能力有很大差别，其大小顺序为有机胶体＞蛭石＞蒙脱石＞伊利石＞绿泥石＞高岭石。例如蒙脱石对丙体六六六的吸附容量为 10.3 mg/kg，高岭石为 2.7 g/kg。土壤有机质对农药的吸附容量也很大，如残留在土壤中的林丹、西玛津和 2,4,5-T，大部分都吸附于土壤有机质中。

化学农药本身的性质对吸附作用也有重要影响。一般情况下，土壤的吸附强度随农药的分子结构中带有 R_3N^+—、—$CONH_2$、—OH、—NH_2COR、—NH_2、—OCOR 和—NHR 等官能团的增加而增加，尤其是带—NH_2 的化合物，被吸附的能力最强。农药在不同酸条件下有不同吸附形式，因为环境中的 pH 决定着农药有机分子的离解。如 2,4-D 在 pH 为 3～4 的环境中可被带负电荷的胶体所吸附；在 pH 为 6～7 时，它离解成有机阴离子，被土壤中带正电荷的胶体所吸附。在同类型的农药品种中，农药的分子量越大，被吸附的能力越强。

二、农药在土壤中的降解和迁移

（一）农药在土壤中的降解

大多数农药是人工合成的有机化合物，不管其稳定性有多强，均能在各种化学作用和生化作用下逐渐分解，最终转化为无机化合物和水、二氧化碳、氮、氯等，这一过程称为农药的降解过程。降解速度快的农药，在环境中残留的时间短，称为低残留农药；在环境中残留时间长的农药，称为高残留农药。

农药在土壤中的降解，与农药的理化性状、土壤的理化性质、土壤微生物等因素有关。

（1）农药理化性状对农药降解的影响　凡是农药的挥发性强，降解度大的，在土壤中降解速度就快；施用量小，浓度低的降解速度也快。反之，降解速度缓慢。

（2）土壤性质对农药降解的影响　黏质土比砂质土的残留性能强，降解速度缓慢。土壤中有机质含量高，对农药的吸附力强，因而农药的残留性也强，降解速度缓慢。当土壤 pH 值偏高时，农药降解速度加快。土壤水分含量高时，残留农药的降解速度也加快。据研究，农药降解速度在潮湿土壤中比在干燥土壤中快 2～3 倍。在水田浸水状态下，农药消失速度加快。丙体六六六在水田浸水状态下，比在旱田状态下，降解速度明显加快，数周内即可消失 90%以上。

（3）气候条件对农药降解的影响　降水量多的地区，土壤湿度相对较大，残留农药的降解速度快，温度高，农药易于挥发，消失速度加快。

（4）土壤微生物对农药降解的作用　这是土壤中农药降解的主要途径。土壤微生物通过生物氧化和还原反应中的脱氯、脱氯化氢、脱烷基化、芳香环和杂环破裂反应等使农药降解。据报道，乐果在有微生物的土壤中经 14 d 一般分解 77%，而在灭菌土壤中只分解 18%。因此，凡是影响土壤微生物正常活动的因素如温度、含水量、通透性、有机质含量、土壤 pH 等，都能影响微生物对农药的降解过程。据研究，当土壤有利于细菌生长时，土壤中农药降解的速度就快。在肥沃的土壤内加入少量的细胞色素氧化酶抑制剂（叠氮化钠）和呼吸抑制剂（氟化钠），就可抑制 2,4-D、2 甲 4 氯和促生灵的降解作用。

（二）农药在土壤中的迁移

进入土壤的农药除大部分降解或消失外，还有部分可通过挥发成气体散失到空中污染大气；随地表径流污染水系；被生物吸收污染生物。

农药挥发作用的大小，主要取决于农药本身的蒸气压，并受土壤温度、有机质含量、湿度等因素影响。研究表明，农药的挥发速度与土壤有机质含量呈负相关，有机质含量低的土壤，农药挥发损失就大。水分对农药的挥发也具有重要作用，农药在潮湿土壤中的挥发比在干土中快，水分的蒸发作用能加强农药的挥发。温度能直接影响农药的蒸气压和土壤的理化性质，因而也影响农药的挥发。温度增高，可使土壤中农药挥发速度加快。空气流动速度也是影响农药挥发的重要因素。

农药随水迁移有两种方式，一是水溶性大的农药直接溶于水中；二是被吸附在水中悬浮颗粒表面而随水流迁移。表土层中的农药可随灌溉水和水土流失向四周迁移扩散，造成水体污染。但由于土壤有机质和黏土矿物的强烈吸附，土壤中的农药不易随水流向下淋洗，多积累在表层 20 cm 的土层。

三、农药对生态系统的影响

在生态系统中，有一个因子改变，就会影响其他因子的变化。农药的使用，抑制了病、虫、草的危害，但却造成对其他生物种群的改变。在农业生产活动中，一方面，由于无计划滥用农药，造成环境污染使生态平衡遭到破坏，使某些野生动物大量死亡；另一方面，由于某些农药的长期使用，使某些害虫产生了抗药性，改变了田间生物种类的组成，给农业带来了一些新的问题。大量频繁地施用农药也能改变微生物的代谢活性和生理活性，而直接影响微生物的群系。

（一）农药对昆虫的影响

农药使用不当，会增强昆虫对农药的抗性，出现害虫的抗药性，这是防治害虫的一个非常复杂而棘手的问题。自从 1946 年发现家蝇对 DDT 产生抗性之后，当时未能充分认识抗药性发生、发展的规律，有效地加以控制，因而目前世界上产生抗药性害虫的种类很多。那些个体小、繁殖力强的害虫如蚜虫、红蜘蛛、飞虱、叶蝉等，或者内蛀性害虫如水稻二化螟、三化螟、棉红铃虫等产生抗性后，对农业生产造成的威胁更加严重。这种现象主要是药剂破坏了自然界害虫与天敌昆虫之间的生态平衡。例如蚜虫和瓢虫、草蛉、食蝇蚜之间，红蜘蛛与包被蜱、蜘蛛、瓢虫、食虫椿象之间，在田野中本来保持着一定的均势。当害虫的密度增加时，天敌的食料丰富，它们的数量也相应增加，这样就达到了相互依存，相互制约，抑制害虫大量猖獗的目的。因为一般的天敌昆虫繁殖速度不及害虫，对农药又较为敏感，加之用药不当，所以造成害虫天敌的大量死亡，而引起害虫的再度猖獗。

（二）农药对水生动物的影响

鱼、贝类是人类、哺乳动物以及鸟类所需要蛋白质的重要来源之一。由于农药的使用不当，造成水域的污染，通过食物链引起农药对水产品的污染和积累，造成公害。鱼体中农药的累积除了食物链外，还通过它的呼吸作用的途径而累积。据试验，虹鳟生活在很稀的狄氏剂水溶液中[药剂浓度为 2.3 ppb（$\times 10^{-9}$）]，17～23 d 后鱼鳃内含药浓度可高达 18 ppm（$\times 10^{-6}$），肌肉中为 7.7 ppm（$\times 10^{-6}$），肝脏中为

16.0 ppm（$\times10^{-6}$），富集了 3 500～80 000 倍。因此，鱼池附近的水质更应防止农药的污染。

（三）农药对禽鸟的影响

禽鸟体内农药的积累来源于取食含有被农药污染的作物种子和谷物，或者取食被农药污染的鱼类和无脊椎的小动物。禽鸟的活动、取食习性不同，被污染的程度也有很大差异。根据我国一些研究结果，麻雀体内有机氯杀虫剂的含量显著高于山鸡、野鸽、松鸡等。农药的种类不同，在禽鸟体内的积累分布也不一样。有机氯农药主要积储在禽鸟体脂肪中，在肝、肾等内脏器官也有一定的积存。而汞制剂在肝肾脑中含量较其他部分为高。污染禽鸟体内的农药能转移到禽鸟的卵中，但雏禽、雏鸟体内积存较少。

禽、畜对污染物质既有富集作用，又有生物降解和排污能力。根据这一特点，可以在禽、畜生长的前期喂给有污染的饲料，而在后期喂给无污染的饲料。试验表明，鸡在宰杀前 15～20 d，猪在宰杀前 45 d 内喂养无污染的饲料，使其体内残毒降解，可减轻或避免对人体的污染。

（四）农药对农牧食品的影响

农药在农业生产和卫生方面不合理地广泛使用，因而食物遭到较为普遍的污染。家禽、家畜饲喂含有残留农药的饲料，或者为了卫生上的需要在禽舍、畜厩内施用农药，而使蛋、奶、肉等畜禽产品造成污染，从而影响人类的健康。例如，用含有 5.0 ppm（$\times10^{-6}$）DDT 的饲料喂奶牛，一个月后，牛奶中 DDT 的含量可达 0.2 ppm（$\times10^{-6}$）（表 2-6，表 2-7）。

表 2-6 我国现行规定食品中六六六、DDT 残留量标准

GB 2707～2763—81

品种	指标	
	六六六/（mg/kg）	DDT/（mg/kg）
肉脂肪含量在 10%及以下者（以鲜重计）	≤0.4	≤0.2
脂肪含量在 10%以上者（以脂肪计）	≤4.0	≤2.0
蛋（去壳）	≤1.0	≤1.0
蛋制品	按蛋折算	按蛋折算
牛乳	≤0.1	≤0.1
乳制品	按牛乳折算	按牛乳折算
绿茶及红茶	≤0.4	≤0.2

表 2-7　我国现行规定食品中六六六、DDT 残留量标准

GB 2707～2763—81

品　种	指　标	
	六六六/（mg/kg）	DDT/（mg/kg）
粮食（成品粮）	≤0.3	≤0.2
蔬菜、水果	≤0.2	≤0.1
鱼	≤2.0	≤1.0

（五）农药污染对人体的影响

农药主要是通过食物、接触和呼吸而进入人体，影响人类的健康。人体内农药的污染和积累，与食物中的残留农药有直接关系；并与各国人民取食的习惯有关。根据 1966 年国际调查资料说明，英、美两国人民，从每日食品中摄取占 85%；从饮料与大气中摄入量非常小。根据日本人 1970 年的调查表明，人体中六六六的来源从肉、鱼、禽类方面来的占 41%，其次是乳品占 22.3%，蔬菜占 12.6%，谷物占 11.8%，蛋品占 5%，油脂占 3.7%。我国的膳食结构仍然以谷物为主，因而谷物是否受到农药污染，与我国人民的健康有密切关系。根据我国的食品卫生标准规定，各种农作物中有机氯农药的允许残留量，一般在 0.2×10^{-6}～0.5×10^{-6}，根据这一标准，我们将作物的污染程度划分为三个等级，小于 0.2×10^{-6} 为无污染，0.2×10^{-6}～0.5×10^{-6} 为轻度污染，大于 0.5×10^{-6} 为污染。

四、农药污染的防治措施

农药是农业高产稳产的保证，它对于防治农、林、牧、渔业病虫草害和其他有害生物，促进农、林、牧、渔的健康发展具有重要作用。但农药毕竟是一种有毒的化学物质，因此，如何科学、安全、合理地使用农药，防治和减轻农药对环境的污染，必须引起高度的重视。

（一）利用综合防治系统以减少农药用量

综合防治是一种科学合理地管理、控制病虫草害发生危害的系统。它把生物控制和有选择地使用化学农药等手段有效地结合起来，充分利用天敌防治这一自然因素，并补充必要的人工因素，只是在病虫草害所造成的损失接近经济阈限时才使用农药，从而达到减少农药用量，获得最大防治效果，减轻环境污染的目的。

（1）植物检疫　植物检疫是贯彻“预防为主，综合防治”方针的一项根本性措施。防止危险性病虫杂草种子随同植物及农产品传入国内和带出国外，称为对外检疫。当危险性病虫杂草已由国外传入或由国内一个地区传至另一个地区时，及时采取有力措施彻底消灭；当国内局部地区已发生危险性病虫杂草时，立即限制、封锁

在一定范围内，防止蔓延扩大，这两项内容称为对内检疫。

（2）农业防治　农业防治是利用耕作和栽培技术，改良环境条件以避免病、虫、草害的发生。例如，通过轮作来消灭西瓜枯萎病，对于发病严重的西瓜地，加大间隔时间，一般 7～10 a 后再进行种植。水稻害虫三化螟越冬后，灌水泡田 10 d 左右，可使其幼虫窒息死亡。合理施肥可减轻病虫害的发生，如氮肥过多会加重稻瘟病、白叶枯病、稻纵卷叶螟的发生危害，棉花后期喷施磷肥，可大大减轻棉铃虫的危害。选育抗病虫害的品种是农业防治技术的一项重要措施，如扬州市农科院培育的扬麦品种一般可在每年 5 月 20 日之前灌浆成熟，因而可以避过麦穗蚜的危害盛期。

（3）物理防治　主要是利用各种物理方法来预测和捕杀害虫。这种方法具有经济、方便、有效和不污染环境的优点，可直接消灭病、虫、草害于大发生之前或大量发生时期。例如，利用昆虫的趋光性安装黑光灯诱杀害虫等。

（4）生物防治　生物防治是综合防治系统的重要组成部分。在生产上常用的方法是利用自然界的各种有益生物（又称天敌）或微生物来控制有害生物。如我国采用赤眼蜂防治甘蔗螟、稻纵卷叶螟、玉米螟和松毛虫；用平蝮小蜂防治荔枝蝽；用金小蜂防治棉铃虫；利用捕食螨的蜘蛛防治虫螨；用草蛉防治棉花害虫；用啮小蜂防治水稻三化螟等。此外，利用益鸟如猫头鹰来控制鼠害。生物防治还可以通过控制害虫繁殖使其自行消灭。如利用自灭剂，即采用 X 射线照射的方法，在实验室内培育大量的不育蝇，然后放出，使其与天然蝇交配，不产生后代，从而达到灭除效果。如美国使用这种方法灭除了库拉索岛的螺旋锥蝇。利用性引诱剂，即利用动物体内分泌的各种外激素，来引诱同种动物，以外激素为诱饵，达到诱杀害虫的效果。

（5）化学防治　化学防治是利用化学药剂直接或间接地防治病、虫、草害的方法，是当前国内外广泛应用的手段。这种方法突出的优点是：作用快，效果显著，方法简便，成本低。而且化学药剂可以工业化生产，受地域性和季节性的限制少，加上现代化植保机械的发展和应用，可以充分发挥化学药剂的施用效率。因此，在当前和今后相当长的时间内，化学防治在综合防治中仍然占有极其重要的地位。

（二）农药的安全合理使用

农药的安全合理使用首先要做到对症下药，使用品种和剂量因防治对象不同应有所不同。如对不同口器的害虫选择不同的药剂；根据害虫对一些农药的抗药性合理选择药剂；考虑某些害虫对某种药剂有特殊反应选择药剂等。其次是适时、适量用药，应在害虫发育中抵抗力最弱的时间和害虫发育阶段中接触药剂最多的时间施用农药。同时，根据不同作物、不同生长期和不同药剂选择最佳施入剂量。

（三）制订农产品中的允许残留量标准

制订农药的每日容许摄入量（ADI），并根据人们取食习惯，制订出各种作物与食品中的农药最大残留允许量。根据农药在农作物上的允许残留量，制订出某一农药在某种作物收获前最后一次施药日期，使作物上的农药残留量不超过规定残留标准。最后一次使用农药到作物收获之间相隔日期，称为安全间隔期。安全间隔期的长短与农药种类、剂型、施药浓度、次数、方式、作物种类、气候等因素有关。安全间隔期的使用，可提高合理使用农药的效果。同时，收获的农产品符合国家农药残留容许量标准，对减轻食品由于受农药污染带给人体的危害、保障人类身体健康起到积极良好的作用。

（四）发展开发新农药

高效、低毒、低残留农药是农药新品种的主要发展方向。如优良的有机磷杀虫剂硫磷、氨基甲酸酯类杀虫剂呋喃丹和拟除虫菊酯等农药，可取代六六六、DDT等对土壤污染大的农药品种。

第五节　土壤化肥污染与防治

化学肥料与农药一样，是农业生产中大量使用的一种化学物质，对提高农作物产量起着重要作用。据估计，全世界粮食产量的增加，约40%依赖于化肥的使用。但是，农田使用的任何种类和形态的化肥，都不可能被作物全部吸收利用。据调查，我国化肥平均利用率，氮为30%～60%，磷为35%，钾为30%～60%。用量过大或由于自然或人为原因，都会使化肥大量流失，从而造成环境污染。化肥对土壤的污染主要表现在增加土壤重金属和有毒元素，促进土壤酸化，导致营养失调与NO_3^-积累，以及微生物活性的降低等，从而影响作物产量、品质及人畜健康。

一、化肥对土壤的污染

（一）增加土壤重金属

化肥的生产从原料开采到加工，都会给产品带进一些重金属元素或有毒元素。例如，磷肥的原料为磷矿，除了矿石中含有的主要有害元素氟和砷外，加工过程还带进其他重金属元素，特别是镉，所以许多磷肥中含有毒元素，主要是镉、汞、砷、锌。据中国农业科学院土壤肥料研究所张夫道的调查研究，我国各地使用的磷肥中含有多种重金属，从含量来看（表2-8）目前尚不至于构成危害，但其潜在危险不容忽视。

表 2-8 磷肥中重金属含量 单位：mg/kg

取样地点	肥料名称	砷	镉	铬	铜	锌	镍	铅	锶	钛	钒
山东德州	普钙	51.3	1.4	464	60.6	12.4	170.4	330	109.5	54.3	215.3
北京	普钙	22.1	0.2	129.7	50.2	10.6	41.5	245.7	103.2	31.5	345.3
北京昌平	普钙	23.5	1.8	89.7	62.9	15.1	71	315.3	170.3	21.3	276
北京通州	普钙	36.4	1.9	39.9	61.4	10.11	24.1	267	123.9	20.8	253.2
云南	磷矿粉	25	3.8	47.3	54.2	12.6	242.1	464.5	76.1	19.7	225.3
贵州	磷矿粉	13.5	5.8	49.8	83.9	16.7	876.4	486.1	99.2	29.2	330.2
湖北	磷矿粉	90.1	2.1	39.8	76.5	13.8	379.8	459.5	79.7	25.2	274.2
湖南	磷矿粉	32.4	1.6	39.8	50.2	11.1	202.8	500	65	20.6	199.7
浙江义乌	钙镁磷肥	6.2	—	1 057.2	63.2	345.6	—	414.9	208.3	104.1	169.4
湖南	铬渣磷肥	67.7	—	5 144	48	181.8	—	189.5	114.3	105.2	768.8
天津	铬渣磷肥	26.9	—	3 328	51.3	139.5	—	455	255.7	32.9	150.9
—	日本复合肥	—	4.7	79.7	36.6	10.1	—	46.8	270.1	93.6	106.8
—	罗马尼亚复合肥	15	30.4	205.3	42.3	15.6	2.6	1135	158.2	46.4	466.1

资料来源：岳永德，环境保护学，2000。

（二）促进土壤酸化

从 20 世纪 70 年代起，工业国家已经发现了氮肥使用量与土壤 pH 变化有密切关系。过量使用氮肥会造成土壤酸化。农业生产上常用的$(NH_4)_2SO_4$和 NH_4Cl 本身就是酸性肥料；在植物利用过程中还会产生生理酸性；在土壤通气良好时，铵态氮在微生物作用下转化为硝酸，所有这些都会引起土壤酸化。土壤酸化在南方中性与酸性土壤上造成的危害更为严重，它使有机质矿质化加快，导致土壤结构破坏，活性态 Al、Mg 的含量增加，从而引起盐基的淋溶，土壤酸化进一步加剧。铵态氮肥在一定条件下可以形成 NH_3 挥发损失，进入大气的 NH_3 经过氧化与水解作用转变为 HNO_3，成为酸雨的成分之一，引起土壤与环境的酸化。监测结果显示，西欧、北美等酸雨严重的地区，酸雨组成中的 HNO_3 可达 30%，我国重庆地区也曾检测到施肥季节里大气中 HNO_3 成分有所增加。

（三）土壤中营养成分比例失调与植物 NO_3^- 积累

我国农业生产中特别在蔬菜生产上施肥存在重氮轻磷少钾的现象，由于蔬菜的需钾量比氮素多，因此，造成土壤钾素含量的急剧下降，造成土壤中营养成分比例失调。

农业生产上偏施氮肥，一方面表现出土壤酸化的趋势；另一方面引起蔬菜中的硝酸盐含量明显增高，对人体健康带来了危害。

硝酸盐危害和农药污染不同，很少发生急性中毒事件。硝酸盐本身对人体毒害并不大，但进入人体内被细菌还原，毒性会提高几十倍，使血红蛋白丧失携氧能力，人体发生内窒息现象，大脑神经细胞供氧发生障碍，从而影响人的智力，这对婴儿影响特别严重。据报道，婴幼儿食用较多的硝酸盐食物还会发生皮肤发紫变色，4 个月内婴儿危害特别严重。在畜牧业中，因牛饲料中含硝酸盐过多会导致急性中毒死亡。

硝酸盐还会诱发人体产生癌症。动物研究已证明，人体的胃内很适合合成胺化合物，如亚硝胺，亚硝胺有强烈的致癌特性，是诱发人体产生食道癌、鼻咽癌、胃癌、膀胱癌的因素。此外，亚硝酸盐还具有抗甲状腺功能，可诱发甲状腺肿，干扰维生素 A 的利用，造成心动过速，其潜在的危害也是不能忽视的。世界卫生组织（WHO）规定，饮水中硝酸盐最大允许浓度不应超过 45 mg/L；蔬菜硝酸盐含量的限量标准为 432 $\times 10^{-6}$。

（四）降低土壤微生物活性

微生物个体小，但活性高，具有转化有机质和降解有毒物质的重要作用，是土壤重要的组成成分之一。研究表明，合理施用化肥，对土壤微生物活性有促进作用，过量则反而降低其活性。这一现象可能包括酸度的变化，重金属的增加以及营养成分不协调等因素。

二、化肥对土壤污染的防治措施

1. 调整化学肥料结构

肥料结构不平衡是肥效当季利用率低的主要原因之一。我国的化肥结构为 N：P_2O_5：K_2O 为 1：（0.26～0.37）：（0.059～0.16）。这种比例结构，可以认为是氮肥过多，也可以说是缺磷少钾。虽因作物和土壤肥力条件各异，但通过各地肥效试验，N：P_2O_5：K_2O 应在 1：（0.4～0.6）：（0.3～0.5）。只有提供合适的供肥结构，才能防止偏施氮肥现象。化肥的合理结构，还包含与适量的微量元素的平衡。我国土壤有区域性的微量元素缺乏症，如有 3.3×10^7 hm^2 缺硼，4.5×10^7 hm^2 缺锌，4.5×10^7 hm^2 缺钼，缺硫的面积也很大，缺微量元素也同样影响氮的吸收。

2. 普及平衡施肥技术，减少化肥用量

平衡施肥需在测土的基础上按作物需要配方，再按作物吸收的特点施肥，并不是仅靠化肥的配置结构就能奏效的。因此，它需要社会良好的技术服务，并与使用者的良好科技素质相结合才行。

3. 有机无机肥混合施用

施有机肥，不仅能改良土壤结构，提高作物的抗逆性，同时还能补充土壤的钾、磷和优质氮源，如植物可直接利用的氨基酸。

4. 科学施肥，减少化肥的损失

施肥技术不当，表现在轻视底肥，重视追肥，撒施和追肥期不当，是形成化肥损失、肥效降低的重要原因。采用深施技术是避免化肥损失的关键。据河南省测定，

深施碳酸铵，氮的利用率可提高约 15%。实践证明，化肥深施对减少化肥用量作用很大。

5．合理灌溉，减少化肥流失

灌溉技术的优劣与化肥流失关系很大。我国的灌溉技术以传统的地面漫灌为主，并在向管道灌溉、滴水灌溉等节水灌溉技术过渡，其中水的利用率与化肥的流失率很相关。地面漫灌引起土壤化肥流失的量是惊人的。

6．适当调整种植业结构，充分利用豆科作物的固氮肥源，减少化肥使用量

豆科作物固氮能力很强。据试验，一茬大豆可固氮 177～351 kg/hm^2。豆科绿肥与根瘤菌共生固氮更多。此外，绿肥可增加土壤有机质，能转化石灰性磷为有效磷，可活化和富集某些微量元素，对建立土壤养分库作用很大。我国现代农业丢失了谷豆轮作的传统，导致了绿肥面积减少，豆科作物种植面积减少，这种情况必须加以扭转。

第六节　地膜对土壤的污染与防治

一、地膜对土壤的污染

聚烯烃类农膜（简称地膜）因其质轻、透光、保温、保墒性能好，在我国广大城市近郊区和农村得到广泛使用，不仅在我国北方，而且在年均气温及湿度相对较高的南方，也被广泛应用于大田作物如早稻、棉花等地膜覆盖育秧和冬季暖棚蔬菜生产中，平均增产率在 30%～50%。地膜的使用已成为继化肥、农药之后的第三大农业生产资料。1995 年我国农田年覆盖地膜面积已达 466 万 hm^2。

但是，随着生产厂家技术的不断改进和更新，地膜越来越薄，一次性使用的占多数，许多地方出现了只覆盖不清理的现象，使大量的废膜碎片残留在土壤中。1 hm^2 菜地若覆盖 150 kg 膜，如不清理，耕作层残膜量为：第 1 年为 64.5 kg，第 2 年为 129 kg，第 3 年为 199.5 kg。如果第 3 年的废膜全部平展的话，足可以把 1 hm^2 地的上下层隔得水泄不通。地膜覆盖已开始演变为“白色灾害”。

残留在土壤中的地膜会产生许多不良影响，主要表现在：① 对于作物种子萌芽和种子幼苗生长有损害作用，由于农田残膜中含有毒性很强的聚氯乙烯；② 影响土壤的物理化学状态，地膜在土壤中抗机械破碎性强，影响土壤气、热和肥等因素的功能发挥，使土壤导水力变差，物理性能变差，养分运输困难等；③ 土壤耕性变差，大量的地膜残留在土壤中不利于土壤的耕翻；④ 不利于作物根系的伸展，由于作物根系不能穿透地膜，一旦根尖遇到废膜，前进方向受阻，只能就地盘绕和迂回伸长，改变了根系在土壤中的分布范围。最为可怕的是，废膜片入土不深，膜面与土面平行，切断了根系的纵向生长，植物因得不到足够的养料而停止生长，或出现头重脚轻根基浅，导致过早倒伏的不良后果。

据各地调查和田间大量调查试验表明，作物减产幅度随地膜使用年限和残留量的增加而增大。一般情况下，粮食作物中小麦减产7%～20%，玉米减产15%～20%，大豆减产5%～10%，蔬菜作物减产5%～40%。生育期短的蔬菜减产幅度小于生育期长的品种。

二、地膜的化学组成、毒性及微生物降解

（一）组成

地膜大多是烯烃类的高分子（分子量 10^4～10^6）聚合物，除塑料本体组分外，尚含抗氧化剂、紫外稳定剂、阻燃剂和增塑剂等多种添加剂，其中增塑剂含量及比例仅次于塑料本身。增塑剂类型及品种繁多，大多为疏水油状物（天然或再加工的植物油、有机酸酯和氧化烃类）。其中烷基链含碳数不同的各类酞酸酯（PAES）约占2/3。

（二）毒性

PAES除主要作增塑剂外，还少量用于香料、涂料、化妆品、油漆等化工生产中，因此也是环境中常见的有机污染物。许多国家和地区的空气、水体和土壤中均已检出PAES，浓度达μg/kg或mg/kg级。河流底泥中PAES浓度可高出河水中浓度的 10^2～10^3 倍。我国北京等城市和地区空气、地面水体和土壤中也检出多种PAES。人食用PAES超标的食品后，PAES转化为酞酸酯后易引起肝肿大，致畸、致突变倾向。西方国家已将其列为环境中优先控制的有机污染物。我国环境监测总站提出的58种优先控制的有毒有机物中也包括这几种酞酸酯。

（三）微生物的降解性能

地膜中的高聚分子和PAES增塑剂仅以氢键和范德华力联结而成，彼此保留各自独立的化学性质，加之环境中仍有不依附于塑料本体而存在的PAES。因此其在环境中的存在，表现性质和微生物对其降解性能均是不同的。废旧地膜在土壤中很难降解，据研究测定和推算，废膜在土壤中的寿命比在空气中要长好几倍，由于土壤中缺少分解聚烯烃类的有效微生物，一般废旧膜可在土壤中存在400年。

三、土壤中地膜污染的防治措施

废旧地膜产生的危害具有间接性和长期性。如果不加以重视，将消除其给农业生产所增加的效益。因此，在农业生产中必须采取有效措施防治白色污染的发生。

（一）清理田间残留地膜

每次覆盖地膜后必须及时清理遗落在田面上的旧膜，不但要捡回较大的地膜，而且更重要的是必须清除数量多、块形小的地膜。凡是目前已经出现污染的土壤，在各季作物的耕翻过程中，可通过人捡等措施清除地膜，集中处理，各地农户必须从长远利益出发，防止“白色污染”的出现。

（二）制定废旧地膜循环利用政策

国家要从宏观上制定政策，鼓励废旧地膜循环利用。如可从价格和经营体制上优化和改善对废旧地膜的回收与管理，建立生产粒状再生塑料的加工厂，从而有利于地膜的循环利用。

（三）研制并推广应用可降解地膜

对田间废旧地膜进行回收是污染防治和资源再生利用的上策，但因费工费时且效益太低，难以推广。因此，研制光降解、热降解（50～60℃）等地膜新品种，以代替现用高压地膜，减轻农田残留负担。

（四）尽量使用易降解的增塑剂

由于增塑剂含有毒性，对农业环境造成影响，因此在生产上要尽量使用分子量小，生物毒性低相对易降解的增塑剂。

复习与思考题

1. 土壤背景值的定义是什么？土壤环境容量的定义是什么？
2. 什么是土壤净化？土壤净化机制有哪些？
3. 土壤污染有什么特点？
4. 简述我国当前土壤污染的现状和发展趋势。
5. 重金属污染物的主要来源和途径有哪些？
6. Hg、Cd、Cr、Pb和As对土壤和植物污染的特点有哪些？
7. 如何进行土壤中重金属的消除？
8. 简述化肥对土壤的危害特点和防治措施。
9. 简述农药对土壤的危害特点和防治措施。
10. 简述塑料薄膜对土壤的危害特点和防治措施。

第三章 土壤监测

土壤是指陆地地表具有肥力并能生长植物的疏松表层。它介于大气圈、岩石圈、水圈和生物圈之间的环境中的特有组成部分，厚度一般在 2 m 左右。土壤是人类环境的重要组成部分，其质量优劣直接影响人类的生产、生活和社会发展。

土壤依靠自身的功能、组成和特性，对介入的外界物质有很大的缓冲能力和自身更新作用。但必须指出的是，土壤的自净能力是有限的，外来污染物超过土壤自净能力，即土壤的环境容量，就会影响土壤的正常功能或用途，甚至引起生态变异或生态平衡的破坏，这就造成了土壤污染。土壤污染有以下几个特点：污染后很难恢复；污染比较隐蔽；污染后果严重；污染的判定比较复杂。

土壤同水和空气一样，是生态环境系统中重要的组成部分，也日益受到人类工农业活动的影响。仅有水和空气的监测已不足以全面反映整个环境的真实状况，因此土壤监测是十分必要的。土壤污染监测的主要目的是了解土壤是否受到污染及污染程度，分析土壤污染与粮食污染、地下水污染及对其周边生物的生长尤其是对人体的危害关系。土壤监测的最终目的同其他环境要素是相同的，即真实地反映环境质量状况，为土壤污染防治和保障人类生命安全提供科学依据。土壤中所含元素的状况决定了其地球化学特征，直接影响生态系统的营养利用、有害元素的富集、植被分布和生态平衡，因而土壤污染监测具有重要的意义。

第一节 土壤污染监测的任务

土壤污染监测的主要任务是通过分析土壤中重金属、农药残留、有机污染物等项目的含量及土壤理化性质，结合土地利用类型和土壤类型，全面、系统、准确地掌握土壤环境质量状况，查明土壤污染类型、程度和原因，评估土壤污染风险，确定土壤环境安全等级，为构建适合我国国情的土壤污染防治法律法规及标准体系，提升土壤环境监管能力服务。

因此，土壤污染监测是一项发现问题和分析问题的技术服务行为。监测实质是“评价”，宗旨是“服务”。2006 年是全国土壤污染状况调查工作的启动年，吴晓青在全国土壤污染状况调查工作视频会议上，提出的五项主要任务是：一是开展全国土壤环境质量状况调查与评价。在全国范围内系统开展土壤环境现状调查，通过分析土壤中重金属、农药残留、有机污染物等项目的含量及土壤理化性质，结合土地利用类型和土壤类型，开展基于土壤环境风险的土壤环境质量评价。二是开展全国土壤背景点环境质量调查与对比分析。在“七五”全国土壤环境背景值调查的基础上，采集可对比的土壤样品，进行相同项目的测试分析，对比相关的监测结果，分析20年来我国土壤背景点环境质量变化情况。同时，完善和充实全国土壤环境背景点样品库。三是开展重点区域土壤污染风险评估与安全等级划分。把重污染企业周边、工业遗留或遗弃场地、固体废物集中处理处置场地、油田、采矿区、主要蔬菜基地、污灌区、大型交通干线两侧，以及社会关注的环境热点区域作为调查重点，按照统一的技术要求，采集土壤、农产品和地下水等样品进行系统测试分析，查明土壤污染的类型、范围、程度，以及土壤重污染区的空间分布情况，分析污染成因。在此基础上开展污染土壤风险评估，确定土壤环境安全等级，建立污染土壤档案。四是开展污染土壤修复与综合治理试点。通过自主研发、引进吸收和技术创新，筛选污染土壤修复技术，编制污染土壤修复技术指南；选择重金属污染类、农药类、石油类等典型污染场地，开展污染土壤修复与综合治理的试点示范。五是建设土壤环境质量监督管理体系。制定适合我国国情的土壤污染防治基本战略，提出国家土壤污染防治政策法规和标准体系框架；完善国家土壤环境监测网络；建立土壤污染事故应急预案，实施土壤环境安全教育行动计划。

第二节　土壤污染监测的方法

一、野外调查法

主要通过野外踏勘、观测、考察，从作物和植物长势上，结合周围污染源状况，初步判断土壤污染情况，为采取代表性样品选择适当的地点，即野外布点。首先采样点的自然景观应符合土壤环境污染研究的要求。采样点应选在被采土壤类型特征明显的地方，地形相对平坦、稳定、植被正常的地点；坡脚、洼地等具有从属景观特征的地点不设采样点；城镇、住宅、道路、沟渠、粪坑、坟墓附近等地点人为干扰大，失去土壤的代表性，不宜设采样点；不在水土流失严重或表土被破坏处设采样点；不在多种土类、多种母质母岩交错分布、面积较小的边缘地区布设采样点。

根据调查目的不同，可以分为以下几种。

1. 土壤环境质量的现状调查

主要摸清土壤中污染物的种类、含量水平以及污染物的空间分布，以考察其对人类和动植物危害的调查。

2. 区域土壤环境背景值的调查

掌握土壤的自然本底值，为环境保护、环境规划、环境影响评价及制定土壤环境质量标准等提供依据。

3. 土壤污染事故调查

废气、废水、废渣、污泥以及农药、除草剂等有毒有害化学品对土壤造成的污染事故，使土壤结构和性质发生了变化，造成了植物的危害，就必须分析土壤的主要污染物的种类、污染的来源、污染的依据。

4. 污染物土地处理的动态观测

我国已普遍开展了污水灌溉、污泥土地利用及固体废弃物的土地处理，使许多污染物残留在土壤中，其含量是否会对作物和人类造成危害，只有进行长期的跟踪监测才能了解其状况。

二、室内分析法

野外的初步调查和判断，只能给出一个感性和不确定的信息，因为肥力、水分等也会影响植物长势。要想准确知道土壤是否被污染了，被什么物质污染了，只有通过室内的精确分析才能获知。

从野外带回的土样，经过室内一系列处理（包括干燥、磨细过筛、消解）之后，即可用于室内分析。土壤与污染物种类繁多，不同的污染物在不同土壤中的样品处理方法及测定方法各异，同时要根据不同的监测要求和监测目的，选定样品处理方法。由于土壤组成的复杂性和土壤物理化学性状（pH、E_h等）差异，造成重金属及其他污染物在土壤环境中形态的复杂性和多样性。比如重金属的不同形态，其生理活性和毒性均有差异，其中以有效态和交换态的活性、毒性最大，残留态的活性、毒性最小，而其他结合态的活性、毒性居中。

土壤各类污染物测定方法详见表 3-1。

表 3-1 土壤监测项目与分析方法

监测项目	推荐方法	等效方法
砷	COL	HG-AAS、HG-AFS、XRF
镉	GF-AAS	POL、ICP-MS
钴	AAS	GF-AAS、ICP-AES、ICP-MS
铬	AAS	GF-AAS、ICP-AES、XRF、ICP-MS
铜	AAS	GF-AAS、ICP-AES、XRF、ICP-MS
氟	ISE	
汞	HG-AAS	HG-AFS
锰	AAS	ICP-AES、INAA、ICP-MS
镍	AAS	GF-AAS、XRF、ICP-AES、ICP-MS
铅	GF- AAS	ICP-MS、XRF

监测项目	推荐方法	等效方法
硒	HG- AAS	HG-AFS、DAN 荧光、GC
钒	COL	ICP-AES、XRF、INAA、ICP-MS
锌	AAS	ICP-AES、XRF、INAA、ICP-MS
硫	COL	
pH	ISE	
有机质	VOL	
PCBS、PAHS	LC、GC	
阳离子交换量	VOL	
VOC	GC、GC-MS	
SVOC	GC、GC-MS	
除草剂和杀虫剂	GC、GC-MS、LC	
POPS	GC、GC-MS、LC、LC-MS	

注：ICP-AES：等离子发射光谱法；XRF：X-荧光光谱分析法；AAS：火焰原子吸收法；GF-AAS：石墨炉原子吸收法；HG-AAS：氢化物发生原子吸收法；HG-AFS：氢化物发生原子荧光法；POL：催化极谱法；ISE：选择性离子电极法；VOL：容量法；POT：电位法；INAA：中子活化分析法；GC：气相色谱法；LC：液相色谱法；GC-MS：气相色谱-质谱联用法；COL：分光比色法；LG-MS：液相色谱-质谱联用法；ICP-MS：等离子体-质谱联用法。

三、定位监测法

如果想掌握某一土壤环境质量的变化，需要进行定点、定时的采样和监测，日复一日，年复一年地积累各类监测数据。然后，通过综合分析找出其规律，这需要花费很大的人力、物力和财力，而取得的数据也仅是瞬时有限的数据。为克服这些缺点，发展了土壤野外定位监测技术。

土壤定位监测一般用于野外定点观察、测定土壤污染或退化情况，包括生态检测和仪器监测两部分。

生态检测主要是利用土壤植被和植物，尤其是敏感植物的生长发育现象作为定点观察对象，用以间接了解土壤污染状况，一般生态检测要结合室内分析，才能更好、更及时地了解土壤污染的真实情况。

仪器监测主要用到自动连续监测技术。自动连续监测是 20 世纪 70 年代初发展起来的技术。由于土壤环境监测数据受时间、空间、环境因素的影响比较大，要取得有代表性的监测数据，最好的方法就是选择有代表性的采样点进行连续自动监测。

样品采集应用自动控制系统技术，将环境样品定时或连续送入自动化监测仪表中，对于某些指标的分析，样品进入仪表前需要进行必要的处理，如除湿、去除干扰物质、过滤等，样品进入仪表后，自动进行分析并将分析的结果通过标准接口输出到计算机中保存，整个流程由计算机控制调度，包括仪表的自动校零、标定，异常情况判断及处理，报警等，这个过程一般在自动监测子站中完成。子站产生的数据通过无线或有线的方式传输到控制中心，汇入中心服务器数据库中，引入数据分析工具对原始数据进行现状分析及变化趋势预测，形成监测成果。

野外定位监测法，多用于监测土壤水分、土壤养分流失情况、土壤侵蚀、水土流失状况等的动态变化。如张北赢等（2005）对黄土丘陵沟壑区的延安燕沟不同土地利用方式下土壤水分动态变化规律进行了系统分析。郭洪海等采用长期定位监测法和电镜等先进手段，研究了更新盐地植被对土壤生态环境质量及微结构的影响，为生物改良利用滨海盐渍土壤提供了依据。莫剑锋（2005）用定位法测定了土壤侵蚀量、土壤溅蚀量和土壤养分的动态变化。

对于水土流失，监测项目主要有水土流失因子监测、水土流失状况监测、水土流失防治效果监测等。监测内容主要有弃土、弃渣量监测、水土流失防治措施监测、施工期水土流失量监测等。

一般开发建设项目水土保持监测应采取定位监测与实地调查、巡查监测相结合的方法，有条件的大型建设项目可同时采用遥感监测方法。

四、动态监测法（“3S”技术）

我国自20世纪80年代以来，相继建立了不同类型的土壤监测体系，但随着土壤科学研究的深入，人们对土壤数据及其解释结果的可靠性的要求不断增加，必须借助自动化和信息技术的发展帮助人们摆脱以往的管理、组织和使用大量复杂的土壤信息中的众多限制。高新技术的出现和发展，为构建完整的、高效的、规范的土壤监测信息系统提供了必要的条件，将土壤监测领入新时代。

“3S”技术是指地理信息系统（Geographic Information System，GIS）、遥感（Remote Sensing，RS）和全球定位系统（Global Position System，GPS）是近年发展起来的高新技术。利用 RS 技术可以迅速获取大范围区域内的土壤、植被、水文等较为准确的基础资料，利用 GPS 技术可以为相对较小的地域（如小流域等）提供更高精度的几何定位信息，还可以实现实时纠正、校正数据库相关信息，GPS 技术和 RS 技术的结合，则可以为“3S”技术的核心——GIS 技术提供精确、定量的数字信息源，利用“3S”技术实施水土保持动态监测，可以快速、准确、全面、更新地了解区域内土壤污染情况。

采用“3S”技术，RS 技术作为获取动态数据的技术手段，在野外建立遥感解译训练区时用 GPS 技术进行定位，实地与遥感影像的地理坐标配准并更新土地利用信息和数字高程模型；GIS 技术对包括遥感解译结果的各种空间数据层面进行组合加工、分析处理与查询。

第三节 土壤污染监测技术

一、土壤污染监测项目

（一）我国土壤常规监测项目

金属化合物：镉（Cd）、铬（Cr）、铜（Cu）、汞（Hg）、铅（Pb）、锌（Zn）；

非金属无机化合物：砷（As）、氰化物、氟化物、硫化物等；

有机化合物：苯并[*a*]芘、三氯乙醛、油类、挥发酚、DDT、六六六等。

（二）优先监测污染物

第一类：汞、铅、镉、DDT及其代谢产物与分解产物，PCB（多氯联苯）；

第二类：石油产品，DDT以外的长效性有机氯、四氯化碳醋酸衍生物，氯化脂肪酸族，自然环境系统中的碳、氮、磷、硫化物中与人体健康有关的物质，砷、锌、硒、铬、钒、锰、镍，有机磷化合物以及其他生物活性物质（抗生素、激素、致畸性物质和诱变物质）。

土壤污染源不同，排放的污染物也千差万别，在具体选择监测项目时还应考虑不同污染途径引起的差别。以下是常见污染途径选择监测项目时的注意事项。

1．由农药化肥引起的土壤污染监测应注意的事项

（1）土壤性质是影响农药化肥在土壤中的迁移转化行为和在土壤中的残留量的重要因素。因此，开展此类监测时，应重点监测土壤的 pH 值、土壤质地、土壤水分、孔隙度、密度、温度、毛细管作用等性质。

（2）农药化肥在土壤中的转移转化性能有很大的差异性，其在土壤中的残留时间也不尽相同。多数结果认为，有机氯农药在土壤中残留期最长，一般有数年；其次是均二氮苯类、取代脲类和苯氧乙酸类除草剂，残留期一般在数月至一年左右，有机磷和氨基甲酸酯类杀虫剂以及一般杀菌剂的残留时间一般只有几天或几周，土壤中很少积累，但也有少数有机磷农药在土壤中残留时间很长，可达数月之久。因此，结合当地农药的使用情况选择监测项目，应重点监测有机氯农药、有机磷和氨基甲酸酯类杀虫剂、均二氮苯类等项目。

污水引起的土壤污染监测除常规项目外，还须选择氰化物、六价铬、挥发酚、烷基汞、苯并[*a*]芘、有机质、硫化物、石油类等。

2．由酸雨引起的土壤污染监测除常规项目外，还应注意的事项

（1）在自然界中，铝在土壤中是以固定状态存在的，但当土壤发生酸化时，部分固定态的矿物铝被活化成为可溶态的铝，如 Al^{3+}、$AlOH^{2+}$和聚合羟基铝等，统称为活性铝。活性铝是酸性土壤中限制植物生长的一个重要因素，被认为是一种新的毒性元素。因此监测此类问题时，应监测土壤中结合态铝的含量。

（2）酸雨能使土壤中的有害重金属离子溶出，使得重金属在植物体内积累或在土壤里积累，因此应注意监测土壤中 Ni、Al、Hg、Cd、Pb、Cu、Zn 等重金属离子的含量。

此外，还应注意监测土壤的生物学指标。土壤动物如蚯蚓数量、微生物种群、土壤酶等。

（三）放射性污染监测

有些原子核是不稳定的，能自发有规律地改变其结构而转变为另一种原子核，这种现象称为核衰变。在核衰变过程中总是放射出具有一定动能的带电或不带电的粒子，α、β、γ 射线，这种性质称为放射性。具有自发地放射出射线特征的物质统称为放射性物质。

放射性污染物质来源于天然和人工制造两方面。天然来源主要包括宇宙射线和天然放射性同位素。人工来源主要包括核试验及航天事故、核工业、工农业、医学科研等部门对放射性核素的应用；放射性矿的开采和利用等。

在环境监测中，主要监测的放射性核素有：① α 放射性核素：^{239}Pu、^{226}Ra、^{222}Rn、^{210}Po、^{222}Th、^{234}U、^{235}U 等；② β 放射性核素：^{3}H、^{90}Sr、^{89}Sr、^{134}Cs、^{137}Cs、^{131}I、^{60}Co 等。

一般土壤中测量总α和总β放射性活度。具体操作如下：选定采样范围，沿直线每隔一定距离采集 1 份土壤样品，共采集 4～5 份。采样时用取土器或小刀取 10 cm×10 cm，深 1 cm 的表土。除去土壤中的石块、草类等杂物，在实验室内晾干或烘干，移至干净的平板上压碎后，铺成 1～2 cm 厚的方块，用四分法反复缩分，直到 200～300 g 土样，再于 500℃灼烧，待冷却后研细，过筛备用。

称取适量制备好的土样放于测量盘内，铺成均匀的样品层，用相应的探测器分别测量α和β比放射性活度（测β放射性的样品层要厚于α样品）。其值分别用式 3-1，式 3-2 计算：

$$Q_{\alpha}=\frac{n_{\alpha}-n_{b}}{60\varepsilon SlF}\times 10^{6} \qquad (3-1)$$

$$Q_{\beta}=\frac{1.48n_{\beta}}{n_{KCl}}\times 10^{4} \qquad (3-2)$$

式中：Q_{α}——α比放射性活度，Bq/kg 干土；

Q_{β}——β比放射性活度，Bq/kg 干土；

n_{α}——样品α放射性总计数率，计数/min；

n_b——本底计数率，计数/min；

ε——检测器计数效率，计数/（Bq·min）；

S——样品面积/cm^2；

l——样品厚度，mg/cm^2；

F——自吸收校正因子，对较厚的样品一般取 0.5；

n_β——样品β放射性总计数率，计数/min；

n_{KCl}——氯化钾标准源的计数率，计数/min；

1.48×10^4——1 kg 氯化钾所含 40 K 的β放射性的贝克数。

二、土壤样品的采集

（一）土壤采样特点

土壤是固、液、气三相的混合物，主体是固体，污染物质进入土壤后不易得到混合，所以样品往往有很大的局限性。在一般的土壤监测中，采样误差对结果的影响往往大于分析误差，结果的分析值之间相差 10%～20%是不奇怪的，有时还会相差数倍。所以，在进行土壤样品采集时，要格外注意样品的代表性，最好能在采样前通过一定的调查研究，选择出一定量的采样单元，合理布设采样点。

（二）采样原则

（1）所采样品的各种性质应能最大限度地反映其所代表的区域或田块的实际情况，即所采样品具有代表性。因为土壤性质有空间和时间变异性，在空间上有水平和垂直方向上的变异，在时间上有季节性和年际间的变异，所以在布点时最好能事先了解采样区的变异可能，尽可能在有变异的区块布设采样点。

（2）一个样品只能代表一种土壤条件。两个差异极大的土样混合而成的混合样品，不能代表两种土壤性质的“平均值”。

（三）样品类型

单点样品——每个样品只采一个点。剖面样多采用。

混合样品——每个样品是由若干个相邻的样点的样品混合而成。耕作层分析样多采用。

污染土壤样品——受人为活动影响较大且出现不良反应土壤的样品。

土壤背景值样品——未受人为活动影响土壤的样品，代表某一区域背景水平。

（四）采样工具及采样方法

采样工具多用小土铲、管形土钻、普通土钻。

小土铲：任何情况下都可以使用，在切割的土面上根据采土深度用土铲采取上下一致的一薄片。

用竹片刮去表层土（小于 1 cm），然后用铁铲挖成如图 3-1 所示形状，再使用竹片刮去 *AB*、*BC* 表层土后，在 *BC* 面上取足量土样。土样应除去杂草、树根、砾石、砖块等杂物。

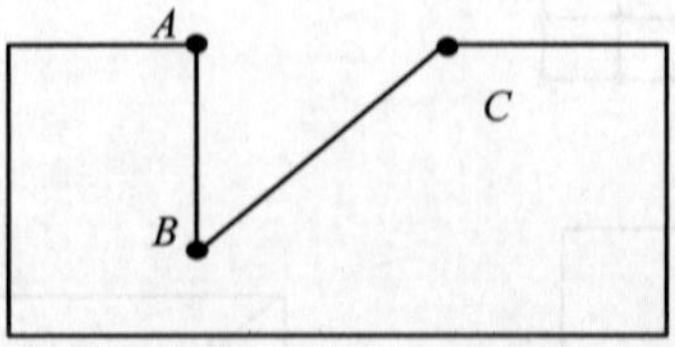

图 3-1　小土铲采样示意

茶园和果园土壤采样因采样深度较深，可使用土钻。

管形土钻：适用于大面积多点混合样品的采集，不适用于很砂性的土壤或很干硬的黏重土壤。根据工作需要可选择不同管径的管形土钻。

普通土钻：适用于分层采样，而且只适用于湿润土壤，不适用于砂土或干的土壤。

（五）采样点布设方法及原则

选定了采样区后为使所采土样尽可能地能代表该区域的实际情况，常用以下方法布点取多个样品，混合均匀后用四分法取适量土壤进行后续处理，以供测定所需。每个单元的样点数一般为 5～10 个或 10～20 个，具体视土壤差异和面积大小而定，但不宜少于 5 点。

1．采样点布设方法

（1）对角线布点法　适用于面积小，地势平坦的污水灌溉或受废水污染的地形端正的田块。由田块的进水口向对角引一直线，将对角线划分为若干等份（一般 3～5 等份），在每等份的中点处采样。

（2）梅花形布点法　适用于面积较小，地势平坦，土壤较均匀的田块。中心点设在两对角线相交处，一般设 5～10 个采样点。

（3）棋盘式布点法（方格布点法）　间隔 15～30 m，适用于中等面积，地势平坦，地形完整开阔但土壤较不均匀的田块。一般采样点在 10 个以上。也适用于受固体废物污染的土壤，设 20 个以上的采样点。

（4）蛇形布点法（S 形布点法）　适用于面积较大，地形不平坦，土壤不均匀的田块。布设采样点数目较多。

（5）随机布点法　适合于土壤性质比较均匀和地形地貌一致的区块。

各方法具体操作如图 3-2 所示。

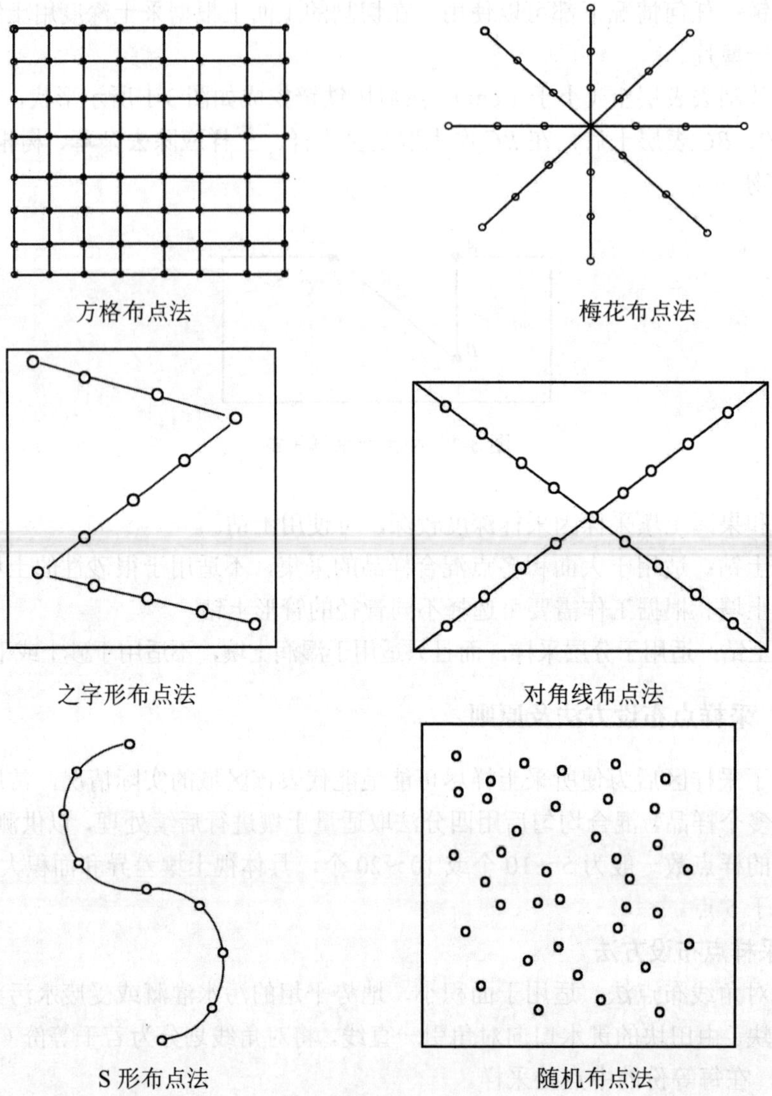

图 3-2 土壤采样点布设示意

2. 采样点布设原则

（1）污染土壤样品采样点布设原则

① 不同土壤类型都要布点。

② 在一定区域面积内，要有一个采样点。污染较重的地区布点要密些。通常要根据土壤污染发生的原因来考虑布点的多少。

对大气污染物引起的土壤污染，采样点布设应以污染源为中心，并根据当地风向、风速及污染强度等因素来确定；由城市污水或被污染的河水灌溉农田引起的土壤污染，采样点应根据水流的路径和距离来考虑；如果是由于化肥、农药引起的土壤污染，它的特点是分布比较均匀广泛。

③ 要在非污染区的同类土壤中布设一个或几个对照采样点。

总之，采样点的布设既应尽量照顾到土壤的全面情况，又要视污染情况和监测目的而定，尽可能做到与生长作物监测同步进行布点、采样、监测，以利于对比和分析。

（2）土壤背景值样品采样点布设原则

土壤中有害物质背景值是环境保护和环境科学的基本资料，是环境质量评价的重要依据。对这类样品采集时，首先要摸清当地的土壤类型和分布规律，遵循以下原则。

① 避开局地污染影响。采样点应距主导风向上风向烟囱高度 15 倍以上距离。采样点不能受污水排放直接影响。

② 采样点不应设在田边、路边、灌水口、堆肥附近，一般应距田边 2 m 以上。同时还要符合以下要求：

- 采样点的选择应能反映开发建设项目所在区域土壤及环境条件的实际情况，能代表区域土壤总的特征并远离污染源，同一类型土壤应有 3～5 个采样点，以便检验本底值的可靠性；
- 土壤背景值采样要特别注意成土母质的作用，因为不同土壤母质常使土壤的组成和含量发生很大的差异；
- 与污染土壤采样不同之处是同一样点并不强调采集多点混合样，而是选取植物发育典型、代表性强的土壤采样；
- 采样深度为 1 m 以内的表土（0～20 cm）和心土（20～40 cm），对于植物发育完好的典型土壤，尤其应按层分别采样，以研究各元素在土壤中的分布。

（六）采样深度

剖面分析样：按发生层次采，一般不跨越土壤发生层次。在层内中间位置采单点样。

剖面原状样：要将整个剖面按原土壤层次整层取出并按上下顺序放于标样盒内，土块的大小略小于标样盒，以方便放入、不挤压土层为宜。

耕作层分析样：在采样单元内按对角线法或 S 形法多点取样混匀，然后用四分法取 2 000 g 留作分析用。

污染土壤样：视监测目的而定。如果只是一般了解土壤污染状况，只需取 0～15 cm 或 0～20 cm 表层（或耕层）土壤；如果是为了解土壤污染对植物或农作物的影响，采样深度通常在耕层地表以下 15～30 cm 处；对于根深的作物，也可取 50 cm

深度处的土壤样品；若要了解污染物质在土壤中的垂直分布，则应沿土壤剖面层次分层取样。

用于重金属项目分析的土样，应将和金属采样器接触部分弃去。

（七）采样量及容器

由于测定所需的土样是多点混合而成的，取样量往往较大，而实际供分析的土样不需太多，一般鲜重不少于 2 000 g。因此对所得混合样可反复按四分法弃取，最后留下所需的土量（图 3-3）。

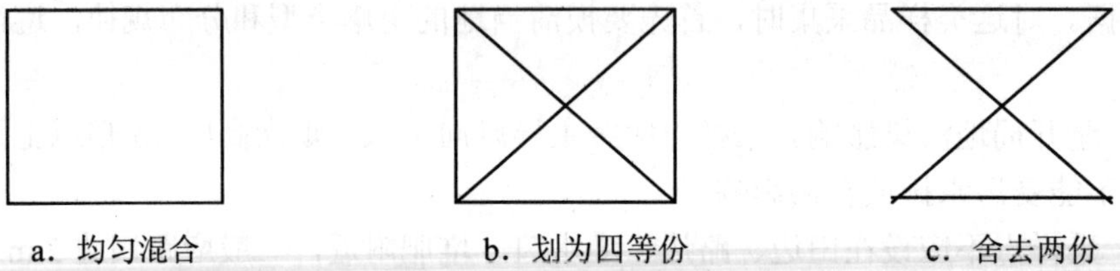

图 3-3 四分法示意

野外湿土装于布袋或塑料袋内，写好标签，一式两份，一份放于袋内，一份放于袋外。标签上注明采样编号及深度等，并同时在预先制定好的表格内做好记录。

（八）采样时间

为了解土壤污染状况，可随时采集样品进行测定。如需同时掌握在土壤上生长的作物受污染状况，可依季节变化或作物收获期采集。一年中在同一地点采样两次进行对照。

（九）样品的记录

采样地点：包括省、县、村及地物特征，最好用 GPS 定位，同时编号。

采样地基本情况：利用情况，地形，坡度等。

采样时间：年月日。

采样方法：包括样点布置方法，样点间距，样点数，采样深度。

采样人员：两人以上签名。

（十）不同土壤采样要求

对于不同利用方式和监测目的的土壤，其采样点数量和深度要求不尽相同。

1. 农田采集混合样的采集点数量和采样深度

一般农田土壤环境监测采集耕作层土样，种植一般农作物采 0～20 cm，种植果林类农作物采 0～60 cm。为了保证样品的代表性，减少监测费用，采取采集混合样的方案。每个土壤单元设 3～7 个采样区，单个采样区可以是自然分割的一个田块，也可以由多个田块所构成，其范围以 200 m×200 m 左右为宜。每个采样区的样品为农田土壤混合样。

2. 建设项目土壤监测的采样点数量和采样深度

建设项目土壤监测时，每 100 hm^2 占地不少于 5 个且总数不少于 5 个采样点。其中小型建设项目设 1 个柱状样采样点，大中型建设项目不少于 3 个柱状样采样点，特大型建设项目或对土壤环境影响敏感的建设项目不少于 5 个柱状样采样点。采样深度确定原则如下述。

（1）非机械干扰土　如果建设工程或生产没有翻动土层，表层土受污染的可能性最大，但不排除对中下层土壤的影响。生产或者将要生产导致的污染物，以工艺烟雾（尘）、污水、固体废物等形式污染周围土壤环境，采样点应以污染源为中心放射状布设为主，在主导风向和地表水的径流方向适当增加采样点（离污染源的距离远于其他点）；以水污染型为主的土壤按水流方向带状布点，采样点自纳污口起由密渐疏；综合污染型土壤监测布点采用综合放射状、均匀、带状布点法。此类监测不采混合样，混合样虽然能降低监测费用，但损失了污染物空间分布的信息，不利于掌握工程及生产对土壤影响状况。

表层土样取样深度为 0～20 cm；每个柱状样取样深度都为 100 cm，分取 3 个土样：表层样（0～20 cm），中层样（20～60 cm），深层样（60～100 cm）。

（2）机械干扰土　由于建设工程或生产中，土层受到翻动影响，污染物在土壤纵向分布不同于非机械干扰土。采样点布设同非机械干扰土采样点布设方法。采样总深度由实际情况而定，一般同剖面样的采样深度，可用随机深度采样、分层随机深度采样、规定深度采样等方法确定采样深度。

3. 城市土壤的采样点数量和采样深度

城市土壤是城市生态的重要组成部分，虽然城市土壤不用于农业生产，但其环境质量对城市生态系统影响极大。城区内大部分土壤被道路和建筑物覆盖，只有小部分土壤栽植草木，城市土壤主要是指后者，由于其复杂性可分两层采样，上层（0～30 cm）可能是回填土或受人为影响大的部分，下层（30～60 cm）为人为影响相对较小部分。两层分别取样监测。

城市土壤监测点以网距 2 km 的网络布设为主，功能区布点为辅，每个网络设一个采样点。对于专项研究和调查的采样点可适当加密。

4. 土壤污染事故的采样点数量和采样深度

污染事故不可预料，接到举报后应立即组织采样。现场调查和观察，取证土壤被污染时间，根据污染物及其对土壤的影响确定监测项目，尤其是污染事故的特征污染物是监测的重点。根据污染物的颜色、印渍和气味，以及结合考虑地势、风向等因素初步界定污染事故对土壤的污染范围。

如果是固体污染物抛洒污染型，应打扫后采集表层 5 cm 土样，采样点数不少于 3 个。如果是液体倾翻污染型，污染物向低洼处流动的同时向深度方向渗透并向两侧横向方向扩散，每个点分层采样，事故发生点样品较密，采样深度较深，离事故发生点相对远处样品点较疏，采样深度较浅，采样点不少于 5 个。

如果是爆炸污染型，以放射性同心圆方式布点，采样点不少于 5 个，爆炸中心采分层样，周围采表层土（0～20 cm）。

事故土壤监测要设定 2～3 个背景对照点，各点（层）取 1 kg 土样装入样品袋，有腐蚀性或要测定挥发性化合物，改用广口瓶装样。含易分解有机物的待测定样品，采集后置于低温（冰箱）中，直至运送、移交到分析室。

三、土壤样品的制备与保存

Fe^{2+}、NH_3-N、NO_3-N、S^{2-}、挥发酚等易变成分需用鲜样，样品采集后直接用于分析。大多成分测定需要用风干或烘干样品。干燥后的样品容易混合均匀，分析结果的重复性、准确性都比较好。

（一）干燥

干燥分为风干和烘干两种。

（1）风干　从野外采集的土壤样品运到实验室后，为避免发霉变质，应立即将全部样品倒在洗刷干净、干燥的塑料薄膜上或瓷盘内进行自然风干。瓷盘要根据土样编号，并将一个带编号的不怕水湿的塑料标签放于土中。此标签在随后的磨碎时必须取出。当达到半干状态时用有机玻璃棒把土块压碎，剔除碎石、残根等杂物后铺成薄层，在室温下经常翻动，充分风干。干燥期间必须注意防尘，避免直接暴晒。

（2）烘干　将风干后的土样放在一定温度（一般为 105℃）的烘箱内将土壤中水分进一步干燥的方法。所用器皿一般为烧杯或瓷托盘，纸或标签不宜放入，编号应写于相应的容器上。

（二）磨碎和过筛

野外采回的土壤经干燥后需磨碎处理。磨碎前要把岩屑、侵入体及粗有机物捡除，并把岩屑部分称重。细土部分需进一步磨细过 2 mm 筛，用做土壤物理和化学分析。不同的分析项目要求用通过不同孔径的筛，一般物理性质和速效养分多用通过 2 mm（10 号筛）或 1 mm（18 号筛）的土样，而全量分析则多用通过 0.149 mm（100 号筛）的土样，具体细度视分析方法要求而定。需进一步磨细的土可分取已通过 2 mm 的土样进行，但分取时必须用四分法或多点取样法分取，并使全部通过需磨细的筛孔，不得随意弃去不能通过的部分。进行微量元素分析的样品不能使用铜筛或铁筛，应使用塑料或尼龙筛，以防污染。

（三）保存

经过以上干燥和磨细处理的土样在进行分析之前这段时间需要相应的贮存。烘干后的土样一般可贮于玻璃、聚烯类容器内（广口瓶、袋）。瓶上标明土壤名称、编号和细度，采样深度、采样地点及采样时间等。此外，在瓶内必须另加一张有相同内容的塑料标签，以防瓶上标签丢失或无法辨认。

在常温、阴凉、干燥、避阳光、密封（石蜡涂封）条件下保存 30 个月是可行的。

四、土壤样品的前处理

在土壤样品监测分析中，根据分析项目的不同，首先要经过样品的预处理工作，然后才能进行待测组分含量的测定。常用的预处理方法有全量分析、有效态分析和形态分析。

（一）全量分析法

全量分析有分解法和提取法，前者用于元素的测定，后者用于有机污染物和不稳定组分的测定。主要方法有以下几种。

1. 湿法消化法

又称湿法氧化。它是将土壤样品与一种或两种以上的强酸（如硫酸、硝酸、高氯酸等）共同加热浓缩至一定体积，使有机物分解成 CO_2 和 H_2O 除去。为了加快氧化速度，可加入过氧化氢、高锰酸钾、过硫酸钾和五氧化二钒等氧化剂和催化剂。

该法具体操作如下：准确称取 0.5 g（准确到 0.1 mg，以下都与此相同）风干土样于聚四氟乙烯坩埚中，用几滴水润湿后，加入 10 mL HCl（ρ=1.19 g/mL），于电热板上低温加热，蒸发至约剩 5 mL 时加入 15 mL HNO_3（ρ=1.42 g/mL），继续加热蒸至近黏稠状，加入 10 mL HF（ρ=1.15 g/mL）并继续加热，为了达到良好的除硅效果应经常摇动坩埚。最后加入 5 mL $HClO_4$（ρ=1.67 g/mL），并加热至白烟冒尽。对于含有机质较多的土样应在加入 $HClO_4$ 之后加盖消解，土壤分解物应呈白色或淡黄色（含铁较高的土壤），倾斜坩埚时呈不流动的黏稠状。用稀酸溶液冲洗内壁及坩埚盖，温热溶解残渣，冷却后，定容至 100 mL 或 50 mL，最终体积以待测成分的含量而定。

2. 干法灰化法

又称燃烧法或高温分解法。根据待测组分的性质，选用铂、石英、镍或瓷坩埚盛放样品，将其置于高温电炉中加热，控制温度 450～550℃，使其灰化完全，将残渣溶解供分析用。

对于易挥发的元素，如汞、砷等，为避免高温灰化损失，可用氧瓶燃烧法进行灰化。此法是将样品包在无灰滤纸中，滤纸包钩在磨口塞的铂丝上，瓶中预先充入氧气和吸收液，将滤纸引燃后，迅速盖紧瓶塞，让其燃烧灰化，摇动瓶子让燃烧产物溶解于吸收液中，溶液供分析用。

3. 溶剂提取法

用溶剂将待测组分从土壤样品中提取出来，提取液供分析用。主要用于对有机污染物的提取和分析。常用的提取方法有振荡提取法、索式提取法、超声波提取等。

（1）振荡提取法　准确称取一定量的土样（新鲜土样加1～2倍量的无水Na_2SO_4或$MgSO_4 \cdot H_2O$搅匀，放置15～30 min，固化后研成细末），转入标准口三角瓶中加入约2倍体积的提取剂振荡30 min，静置分层或抽滤、离心分出提取液，样品再分别用1倍体积提取液提取2次，分出提取液，合并，待净化。

（2）超声波提取法　准确称取一定量的土样（或取30.0 g新鲜土样加30～60 g无水Na_2SO_4混匀）置于400 mL烧杯中，加入60～100 mL提取剂，超声振荡3～5 min，真空过滤或离心分出提取液，固体物再用提取剂提取2次，分出提取液合并，待净化。

（3）索氏提取法　本法适用于从土壤中提取非挥发及半挥发有机污染物。

准确称取一定量土样或取新鲜土样20.0 g加入等量无水Na_2SO_4研磨均匀，转入滤纸筒中，再将滤纸筒置于索氏提取器中。在有1～2粒干净沸石的150 mL圆底烧瓶中加100 mL提取剂，连接索氏提取器，加热回流16～24 h即可。

（4）其他方法　近年来，浸泡回流法（用于一些与土壤作用不大且不易挥发的有机物的提取）、吹扫蒸馏法（用于提取易挥发性有机物）、超临界提取法（SFE）、柱层析法都发展很快。尤其是SFE法由于其快速、高效、安全性（不需任何有机溶剂），因而是具有很好发展前途的提取法。

（5）提取液的净化　使待测组分与干扰物分离的过程为净化。当用有机溶剂提取样品时，一些干扰杂质可能与待测物一起被提取出，这些杂质若不除掉将会影响检测结果，甚至使定性定量无法进行，严重时还可使气相色谱的柱效减低、检测器沾污，因而提取液必须经过净化处理。净化的原则是尽量完全除去干扰物，而使待测物尽量少损失。常用的净化方法为以下三种。

① 液—液分配法。液—液分配的基本原理是在一组互不相溶的溶剂中对溶解某一溶质成分，该溶质以一定的比例分配（溶解）在溶剂的两相中。通常把溶质在两相溶剂中的分配比称为分配系数。在同一组溶剂对中，不同的物质有不同的分配系数；在不同的溶剂对中，同一物质也有着不同的分配系数。利用物质和溶剂对之间存在的分配关系，选用适当的溶剂通过反复多次分配，便可使不同的物质分离，从而达到净化的目的，这就是液—液分配净化法。采用此法进行净化时一般可得到较好的回收率，不过分配的次数须是多次方可完成。液—液分配过程中若出现乳化现象，可采用如下方法进行破乳：a. 加入饱和硫酸钠水溶液，以其盐析作用而破乳；b. 加入硫酸（1+1），加入量从10 mL逐步增加，直到消除乳化层，此法只适于对酸稳定的化合物；c. 离心机离心分离。液—液分配中常用的溶剂对有：乙腈-正己烷；

N,N-二甲基甲酰胺（DMF）-正己烷；二甲亚砜-正己烷等。通常情况下正己烷可用廉价的石油醚（60～90℃）代替。

② 化学处理法。用化学处理法净化能有效地去除脂肪、色素等杂质。常用的化学处理法有酸处理法和碱处理法。

● 酸处理法

用浓硫酸或硫酸（1+1）：发烟硫酸直接与提取液（酸与提取液体积比1∶10）在分液漏斗中振荡进行磺化，以除掉脂肪、色素等杂质。其净化原理是脂肪、色素中含有碳—碳双键，如脂肪中不饱和脂肪酸和叶绿素中含一双键的叶绿醇等，这些双键与浓硫酸作用时产生加成反应，所得的磺化产物溶于硫酸，这样便使杂质与待测物分离。这种方法常用于强酸条件下稳定的有机物如有机氯农药的净化，而对于易分解的有机磷、氨基甲酸酯农药则不可使用。

● 碱处理法

一些耐碱的有机物如农药艾氏剂、狄氏剂、异狄氏剂可采用氢氧化钾—助滤剂柱代替皂化法。提取液经浓缩后通过柱净化，用石油醚洗脱，有很好的回收率。

③ 吸附柱层析法。主要有氧化铝柱、弗罗里硅土柱、活性炭柱等。

4．碱熔法

用 NaOH 和碳酸钠作为碱溶剂与土壤试样在高温下熔融，然后加水溶解，一般用于土壤中氟化物的测定。因该法添加了大量可溶性的碱溶剂，易引进污染物质。另外，有些重金属如 Cd、Cr 等在高温熔融时易损失。

碳酸钠熔融法具体操作如下（适合测定氟、钼、钨）：

称取0.500 0～1.000 0 g风干土样放入预先用少量碳酸钠或氢氧化钠垫底的高铝坩埚中（以充满坩埚底部为宜，以防止熔融物粘底），分次加入1.5～3.0 g碳酸钠，并用圆头玻璃棒小心搅拌，使与土样充分混匀，再放入0.5～1.0 g碳酸钠，使之平铺在混合物表面，盖好坩埚盖。移入马福炉中，于900～920℃熔融0.5 h。自然冷却至500℃左右时，可稍打开炉门（不可开缝过大，否则高铝坩埚骤然冷却会开裂）以加速冷却，冷却至60～80℃用水冲洗坩埚底部，然后放入250 mL烧杯中，加入100 mL水，在电热板上加热浸提熔融物，用水及HCl（1+1）将坩埚及坩埚盖洗净取出，并小心用HCl（1+1）中和、酸化（注意盖好表面皿，以免大量CO_2冒泡引起试样的溅失），待大量盐类溶解后，用中速滤纸过滤，用水及5% HCl洗净滤纸及其中的不溶物，定容待测。

5．微波炉加热分解法

微波炉加热分解法是以被分解的土样及酸的混合液放入聚四氟乙烯容器中，在微波炉内加热使试样受到分解的方法。这种方法以聚四氟乙烯密闭容器做内筒，以能透过微波的材料如高强度聚合物树脂或聚丙烯树脂做外筒，在该密封系统内分解试样能达到良好的分解效果。在分解试样时不用观察及特殊操作，由于压力高，所以分解试样很快，不会受外筒金属的污染（因为用树脂做外筒）；可同时分解大批量试样。其缺点是需要专门的分解器具，不能分解量大的试样，如果疏忽会有发生爆炸的危险。

6. 高压密闭分解法

该方法是将加少许水润湿、加入混合酸摇匀后的土样放入密闭的聚四氟乙烯坩埚中，将坩埚放入耐压的不锈钢套筒中，放在烘箱中（一般不超过180℃）分解的方法。它具有用酸量少、易挥发元素损失少、可同时进行批量试样分解等特点。其缺点是看不到分解反应过程，只能在试样冷却后开封才能看到试样分解是否完全；在分解有机质较多的土壤时（特别是在用高氯酸的情况下），有发生爆炸的危险，可先在80～90℃将有机物充分分解。

具体操作如下：称取0.5 g风干土样于内套聚四氟乙烯坩埚中，加入少许水润湿试样，再加入HNO_3（ρ=1.42 g/mL）、$HClO_4$（ρ=1.67 g/mL）各5 mL，摇匀后将坩埚放入不锈钢套筒中，拧紧。放在180℃的烘箱中分解2 h。取出，冷却至室温后，取出坩埚，用水冲洗坩埚盖的内壁，加入3 mL HF（ρ=1.15 g/mL），置于电热板上，在100～120℃加热除硅，待坩埚内剩下2～3 mL溶液时，调高温度至150℃，蒸至冒浓白烟后再缓缓蒸至近干，按1同样操作定容后进行测定。

（二）有效态分析法

1. DTPA 浸提

DTPA（二乙三胺五乙酸）浸提液可测定有效态Cu、Zn、Fe等。浸提液的配制：其成分为0.005 mol/L DTPA、0.01 mol/L $CaCl_2$、0.1 mol/L TEA（三乙醇胺）。称取1.967 g DTPA溶于14.92 g TEA和少量水中；再将1.47 g $CaCl_2 \cdot 2H_2O$溶于水，一并转入1 000 mL容量瓶中，加水至约950 mL，用6 mol/L HCl调节pH至7.30（每升浸提液约需加6 mol/L HCl 8.5 mL），最后用水定容。贮存于塑料瓶中，几个月内不会变质。浸提方法：称取25.00 g风干过20目筛的土样放入150 mL 硬质玻璃三角瓶中，加入50.0 mL DTPA浸提剂，在25℃用水平振荡机振荡提取2 h，干滤纸过滤，滤液用于分析。DTPA浸提剂适用于石灰性土壤和中性土壤。

2. 0.1 mol/L HCl 浸提

称取10.00 g风干过20目筛的土样放入150 mL硬质玻璃三角瓶中，加入50.0 mL 1 mol/L HCl浸提液，用水平振荡器振荡1.5 h，干滤纸过滤，滤液用于分析。酸性土壤适合用0.1 mol/L HCl浸提。

3. 水溶液浸提

关于有效态金属元素的浸提方法较多，例如，有效态Mn用1 mol/L乙酸铵-对苯二酚溶液浸提。有效态Mo用草酸-草酸铵（24.9 g草酸铵与12.6 g草酸溶解于1 000 mL水中）溶液浸提，固液比为1∶10。酸性土壤中有效硫用H_3PO_4-HAc溶液浸提，中性或石灰性土壤中有效硫用0.5 mol/L $NaHCO_3$ 溶液（pH=8.5）浸提。用1 mol/L NH_4Ac 浸提土壤中有效钙、镁、钾、钠以及用0.03 mol/L NH_4F、0.025 mol/L HCl或0.5 mol/L $NaHCO_3$浸提土壤中有效态磷等。

（三）形态分析法

1．可交换态

浸提方法是在1 g试样中加入8 mL $MgCl_2$溶液（1 mol/L $MgCl_2$，pH=7.0）或者乙酸钠溶液（1 mol/L NaAc，pH=8.2），室温下振荡1 h。

2．碳酸盐结合态

经1处理后的残余物在室温下用8 mL 1 mol/L NaAc 浸提，在浸提前用乙酸把pH调至5.0，连续振荡，直到估计所有提取的物质全部被浸出为止（一般用8 h左右）。

3．铁锰氧化物结合态

浸提过程是在经2处理后的残余物中，加入20 mL 0.3 mol/L $Na_2S_2O_3$ 0.175 mol/L柠檬酸钠0.025 mol/L柠檬酸混合液，或者用0.04 mol/L $NH_2OH{\cdot}HCl$ 在20%乙酸中浸提。浸提温度为96℃±3℃，时间可自行估计，到完全浸提为止，一般在4 h以内。

4．有机结合态

在经3处理后的残余物中，加入3 mL 0.02 mol/L HNO_3、5 mL 30% H_2O_2，然后用HNO_3调至pH＝2，将混合物加热至85℃±2℃，保温2 h，并在加热中间振荡几次。再加入3 mL 30% H_2O_2，用HNO_3调至pH＝2，再将混合物在85℃±2℃加热3 h，并间断地振荡。冷却后，加入5 mL 3.2 mol/L乙酸铵20%HNO_3溶液，稀释至20 mL，振荡30 min。

5．残余态

经4提取之后，残余物中将包括原生及次生的矿物，它们除了主要组成元素之外，也会在其晶格内夹杂、包藏一些痕量元素，在天然条件下，这些元素不会在短期内溶出。残余态主要用HF-$HClO_4$分解，主要处理过程参见土壤全分解方法之湿法消化法。上述各形态的浸提都在50 mL聚乙烯离心试管中进行，以减少固态物质的损失。在互相衔接的操作之间，用10 000 r/min（12 000 *g*）离心处理30 min，用注射器吸出清液，分析痕量元素。残留物用8 mL去离子水洗涤，再离心30 min，弃去洗涤液，洗涤水要尽量少用，以防止损失可溶性物质，特别是有机物的损失。离心效果对分离影响较大，要切实注意。

（四）放射性样品预处理

对放射性样品进行预处理的目的是将样品的欲测核素转变成适于测量的形态并进行浓集，以及去除干扰核素。预处理方法有以下几种。

（1）衰变法　采样后，将其放置一段时间，让样品中一些寿命短的非待测核素衰变除去，然后再进行放射性测量。

（2）共沉淀法　用一般化学沉淀法分离环境样品中的放射性核素，因核素含量很低，达不到溶度积，故不能达到分离目的，但如果加入毫克数量级与欲分离放射性核素性质相近的非放射性元素载体，则由于二者之间同晶共沉淀或吸附共沉淀作用，载体将放射性核素载带下来，达到分离和富集的目的。例如，用电 ^{59}Co 作载体，则与 ^{60}Co 发生同晶共沉淀。这种富集分离方法具有简便，实验条件易满足等优点。

（3）灰化法　对蒸干的水样或固体样品，可在瓷坩埚内于 500℃马福炉中灰化，冷却后称重，再转入测量盘中铺成薄层检测其放射性。

（4）电化学法　该方法是通过电解将放射性核素沉积在阴极上（如 Ag^{+}、Bi^{2+}、Pb^{2+}等），或以氧化物形式沉积在阳极上（如 Pb^{2+}、Co^{2+}等）。其优点是分离核素的纯度高。如果将放射性核素沉积在惰性金属片电极上，可直接进行放射性测量；如将其沉积在惰性金属丝电极上，可先将沉积物溶出，再制备成样品源。

（5）其他预处理方法　如蒸馏法、有机溶剂溶解法、溶剂萃取法、离子交换法等，其原理和操作与非放射性物质无本质区别。

五、土壤现代分析测试技术

（一）原子光谱分析法

1．电感耦合等离子体发射光谱法（ICP-AES）

等离子体是一种电离度大于 0.1%的电离气体，由电子、离子、原子和分子所组成，其中电子数目和离子数目基本相等，整体呈现中性。

最常用的等离子体光源是直流等离子焰（DCP）、感耦高频等离子炬（ICP）、容耦微波等离子炬（CMP）和微波诱导等离子体（MIP）等。其中电感耦合等离子体炬（简称 ICP）在发射光谱分析中引用的最为广泛。以电感耦合等离子体为光源的原子发射光谱法简称为 ICP-AES。

（1）发射光谱（ES）的基本原理

原子发射光谱分析，简称为发射光谱。它是利用物质发射的光谱而判断物质组成的一门分析技术。因为在光谱分析中所使用的激发源是火焰、电弧、电火花、高频电感等离子体焰炬，被分析物质在激发光源作用下一般都离解为原子或离子，因此，被激发后的光谱是线状光谱。这种线状光谱只反映原子或离子的性质，而与原子或离子来源的分子状态无关。所以，光谱分析只能确定试样物质的元素组成与含量，而不能给出试样物质分子的结构信息。为了解它的基本原理必须知道原子结构，特征谱线和谱线强度。

发射光谱分析法就基于不同的元素（原子）能产生不同的特征光谱。各元素（原子）之所以会有不同的特征光谱，与它们的原子结构密切相关。

基态原子在外界能源（光、热、电等）作用下，获得能量而使其外层电子从低能级跃迁到较高的能级上去。使原子具有较高的能量，呈激发态。激发态的原子是不稳定的，约经过 10^{-8} s，电子又从最高能级将多余的能量以光的形式放出，跃迁回到最低能级，即原子由激发态回到基态。这个过程可以一步实现，也可以分步实现。原子发射光谱法是根据处于激发态的待测元素原子回到基态时发射的特征谱线对待测元素进行分析的方法。从这一点而言，它与原子吸收光谱分析法都基于一共同的基础——原子外层电子的跃迁。但是两者是相反的过程。

由于待测元素原子的能级结构不同，因此发射谱线的特征不同，据此可对样品进行定性分析；而根据待测元素原子的浓度不同，因此发射强度不同，可实现元素的定量测定。

（2）用等离子体发射光谱（ICP）测定的项目

土壤的组成很复杂，利用发射光谱分析手段，可监测土壤矿物质及其无机成分。如汞、镉、砷、六价铬、铅、镍、铜、锌、锰、钠、银、钡、铍、硼及其他无机污染成分。

（3）特点

优点：

- 检出限低；
- 稳定性好，精密度、准确度高；
- 自吸效应、基体效应小；
- 选择合适的观测高度光谱背景小。

ICP 的局限性：对非金属测定灵敏度低，仪器价格昂贵，维持费用较高。

2. 原子吸收光谱法（AAS）

原子吸收光谱法是 20 世纪 50 年代中期出现，并在以后逐渐发展起来的一种新型的仪器分析方法，这种方法根据蒸气相中被测元素的基态原子对其原子共振辐射的吸收强度来测定试样中被测元素的含量。它在地质、冶金、机械、化工、农业、食品、轻工、生物医药、环境保护、材料科学等各个领域有广泛的应用。

（1）基本原理

当有辐射通过自由原子蒸气，且入射辐射的频率等于原子中的电子由基态跃迁到较高能态（一般情况下都是第一激发态）所需要的能量频率时，原子就要从辐射场中吸收能量，产生共振吸收，电子由基态跃迁到激发态，同时伴随着原子吸收光谱的产生。

由于原子能级是量子化的，因此在所有的情况下，原子对辐射的吸收都是有选择性的。由于各元素的原子结构和外层电子的排布不同，元素从基态跃迁至第一激发态时吸收的能量不同，因而各元素的共振吸收线具有不同的特征。

$$\Delta E = E_1 - E_0 = h\nu = h\frac{c}{\lambda} \tag{3-3}$$

原子吸收光谱位于光谱的紫外区和可见区。

（2）测定项目同发射光谱法

（3）AAS 特点

优点：

- 灵敏度高：火焰原子法，ppm 级，有时可达 ppb 级；石墨炉可达 10^{-14}～10^{-10} g（ppt 级或更低）。
- 准确度高：火焰原子吸收法测定中等和高含量元素的相对标准差可小于 1%，其准确度已接近于经典化学方法。石墨炉原子吸收法的分析精度一般为 3%～5%。
- 干扰小，选择性极好。
- 测定范围广，可测 70 种元素。
- 仪器比较简单，操作方便。
- 分析速度快。原子吸收光谱仪在 35 min 内，能连续测定 50 个试样中的 6 种元素。

缺点：

- 多元素同时测定有困难；
- 对非金属及难熔元素的测定尚有困难；
- 对复杂样品分析干扰也较严重；
- 石墨炉原子吸收分析的重现性较差。

近年来，使用连续光源和中阶梯光栅，结合使用光导摄像管、二极管阵列多元素分析检测器，设计出了微机控制的原子吸收分光光度计，为解决多元素同时测定开辟了新的前景。微机控制的原子吸收光谱系统简化了仪器结构，提高了仪器的自动化程度，改善了测定准确度，使原子吸收光谱法的面貌发生了重大的变化。联用技术（色谱-原子吸收联用、流动注射-原子吸收联用）日益受到人们的重视。色谱-原子吸收联用，不仅在解决元素的化学形态分析方面，而且在测定有机化合物的复杂混合物方面，都有着重要的用途，是一个很有前途的发展方向。

（二）色谱分析法

色谱法又称色层法或层析法，是一种物理化学分析方法，它利用不同溶质（样品）与固定相和流动相之间的作用力（分配、吸附、离子交换等）的差别，当两相做相对移动时，各溶质在两相间进行多次平衡，使各溶质达到相互分离。

色谱法的分类方法很多，通常是根据流动相的状态将色谱法分成四大类（表 3-2）。

表 3-2 色谱法按流动相种类的分类

色谱类型	流动相	主要分析对象
气相色谱法	气体	挥发性有机物
液相色谱法	液体	可以溶于水或有机溶剂的各种物质
超临界流体色谱法	超临界流体	各种有机化合物
电色谱法	缓冲溶液、电场	离子和各种有机化合物

1. 基本原理

色谱法，又称层析法。根据其分离原理，有吸附色谱、分配色谱、离子交换色谱与排阻色谱等方法。

吸附色谱是利用吸附剂对被分离物质的吸附能力不同，用溶剂或气体洗脱，以使组分分离。常用的吸附剂有氧化铝、硅胶、聚酰胺等有吸附活性的物质。

分配色谱是利用溶液中被分离物质在两相中分配系数不同，以使组分分离。其中一相为液体，涂布或使之键合在固体载体上，称固定相；另一相为液体或气体，称流动相。常用的载体有硅胶、硅藻土、硅镁型吸附剂与纤维素粉等。

离子交换色谱是利用被分离物质在离子交换树脂上的离子交换势不同而使组分分离。常用的有不同强度的阳离子与阴离子交换树脂，流动相一般为水或含有有机溶剂的缓冲液。

排阻色谱又称凝胶色谱或凝胶渗透色谱，是利用被分离物质分子量大小的不同和在填料上渗透程度的不同，以使组分分离。常用的填料有分子筛、葡聚糖凝胶、微孔聚合物、微孔硅胶或玻璃珠等，可根据载体和试样的性质，选用水或有机溶剂为流动相。

色谱所用溶剂应与试样不起化学反应，并应用纯度较高的溶剂。色谱时的温度，除气相色谱法或另有规定外，是指在室温下操作。

分离后各成分的检出，应采用各单体中规定的方法。通常用柱色谱、纸色谱或薄层色谱分离有色物质时，可根据其色带进行区分，对有些无色物质，可在 245～365 nm 的紫外灯下检视。纸色谱或薄层色谱也可喷显色剂使之显色。薄层色谱还可用加有荧光物质的薄层硅胶，采用荧光熄灭法检视。用纸色谱进行定量测定时，可将色谱斑点部分剪下或挖取，用溶剂溶出该成分，再用分光光度法或比色法测定；也可用色谱扫描仪直接在纸或薄层板上测出。柱色谱、气相色谱和高效液相色谱可用接于色谱柱出口处的各种检测器检测。柱色谱还可分部收集流出液后用适宜方法测定。柱色谱法所用色谱管为内径均匀、下端缩口的硬质玻璃管，下端用棉花或玻璃纤维塞住，管内装有吸附剂。色谱柱的大小，吸附剂的品种和用量，以及洗脱时的流速，均按各单体中的规定。吸附剂的颗粒应尽可能保持大小均匀，以保证良好的分离效果，除另有规定外通常多采用直径为 0.07～0.15 mm 的颗粒。吸附剂的活性或吸附力对分离效果有影响，应予注意。

2. 高效液相色谱分析法与气相色谱法的区别

高效液相色谱分析法（HPLC），它的基本概念及理论基础（如保留值、塔板理论、速率理论、容量因子、分离度等），与气相色谱是一致的，但又有不同之处：高效液相色谱与气相色谱的主要区别可归结为以下几点。

（1）进样方式的不同，高效液相色谱只要将样品制成溶液，而气相色谱需加热气化或裂解。

（2）流动相的不同，在被测组分与流动相之间、流动相与固定相之间都存在着一定的相互作用力。

（3）由于液体的黏度较气体大两个数量级，使被测组分在液体流动相中的扩散系数比在气体流动相中小 4～5 个数量级。

（4）由于流动相的化学成分可进行广泛选择，并可配置成二元或多元体系，满足梯度洗脱的需要，因而提高了高效液相色谱的分辨率（柱效能）。

（5）高效液相色谱采用 5～10 Lm 细颗粒固定相，使流动相在色谱柱上渗透性大大缩小，流动阻力增大，必须借助高压泵输送流动相。

（6）高效液相色谱是在液相中进行，对被测组分的检测，通常采用灵敏的湿法光度检测器，例如，紫外光度检测器、示差折光检测器、荧光光度检测器等。

（7）液相色谱与气相色谱相比较，高效液相色谱同样具有高灵敏度、高效能和高速度的特点。

高效液相色谱的定性和定量分析，与气相色谱分析相似，在定性分析中，采用保留值定性或与其他定性能力强的仪器分析法连用；在定量分析中，采用测量峰面积的归一化法、内标法或外标法等，但高效液相色谱在分离复杂组分式样时，有些组分常不能出峰，因此归一化法定量受到限制，而内标法定量则被广泛使用。

气相色谱不能由色谱图直接给出未知物的定性结果，而必须由已知标准作对照定性。当无纯物质对照时，定性鉴定就很困难，这时需借助质谱、红外和化学法等配合。另外大多数金属盐类和热稳定性差的物质还不能分析。此缺点可由高效液相色谱法来克服。在经典液相色谱的基础上，引入了气相色谱的理论与技术，在 20 世纪 70 年代初建立了高效液相色谱分析法（以 HPLC 表示）。在常压下操作的液相色谱，分离一个样品往往长达几个小时至几十个小时，因此工作效率很低。人们曾对这种经典液相色谱法试用了柱前加压或柱后减压的办法来提高流速，以缩短分离的时间，但是结果失败了。根据液相色谱理论，因为随着载液（流动相）流速的提高，板高则增大，所以柱效会显著降低。随着生产技术的提高，人们制成了细小（小于 10 μm）而高效的填充物，从而使柱效大大提高。但是随着填充物粒度的减小，柱压降显著增大，为了得到合理的载液流速，使用了高压输液泵，使流速达到 1～10 mL/min。从而使分析一个多组分样品只需几分钟到几十分钟时间。随着高效固定相、高压泵和高灵敏度检测器以及电子技术和计算机技术的应用，20 世纪 70 年代以后逐步实现了液相色谱分析的高效、高速、高灵敏和自动化操作。因此人们常称它为高效液相色谱或现代液相色谱，以区别于经典液相色谱。高效液相色谱法的分类与经典液相色谱法一致。按固定相的聚集状态不同分为液固色谱法和液液色谱法。按分离原理不同分为吸附色谱、分配色谱、离子交换色谱和凝胶色谱法四类。

3．色谱法的特点

优点：

（1）分离效率高。几十种甚至上百种性质类似的化合物可在同一根色谱柱上得到分离，能解决许多其他分析方法无能为力的复杂样品分析。

（2）分析速度快。一般而言，色谱法可在几分钟至几十分钟的时间内完成一个复杂样品的分析。

（3）检测灵敏度高。随着信号处理和检测器制作技术的进步，不经过预浓缩可以直接检测 10^{-9} g 级的微量物质。如采用预浓缩技术，检测下限可以达到 10^{-12} g 数量级。

（4）样品用量少。一次分析通常只需数纳升至数微升的溶液样品。

（5）选择性好。通过选择合适的分离模式和检测方法，可以只分离或检测感兴趣的部分物质。

（6）多组分同时分析。在很短的时间内（20 min 左右），可以实现几十种成分的同时分离与定量。

（7）易于自动化。现在的色谱仪器已经可以实现从进样到数据处理的全自动化操作。

缺点：

定性能力较差。为克服这一缺点，已经发展起来了色谱法与其他多种具有定性能力的分析技术的联用。

（三）紫外-可见光分光光度法

紫外-可见光分光光度法是测量微量半微量物质的最常用方法之一，属于光学分析法范畴。在现代仪器设计中，紫外光分光光度计和可见光光度计的工作原理、仪器组成等方面十分相似，可以设计在同一台仪器中，在紫外光和可见光的波长范围内选取某一特定波长测定。这种仪器被称为紫外-可见光分光光度计，所以对应的方法称其为紫外-可见光分光光度法。

1．基本原理

紫外-可见光分光光度法是基于物质对光的选择性吸收来定量测定物质组分的含量。基本方法：使用单色器，从光源中选择性取出某一确定波长的单色光，并保证单色光顺利通过试样，以试样中被测组分的浓度 c 与吸光（程）度 A 之间所呈现的对比关系，来对试样中被测组分进行定量分析。

吸光度 A 产生的原因，是由于在紫外和可见光区的分子吸收光谱的结果。而吸收光谱主要产生于价电子在能级间的跃迁，所以又可以说：紫外-可见光分光光度计是研究物质电子光谱的分析方法。

2．特点

（1）紫外-可见光分光光度法的优点

① 灵敏度高，检出限较低。由于胶束增溶分光光度法、双波长分光光度法、导数分光光度法、动力学分光光度法和光声吸收光谱法等技术的发展，使得分光光度法的灵敏度有了进一步的提高。一般绝对检出限为 10^{-6}～10^{-5}；如果创造良好的分析条件，绝对检出限可达 10^{-7}，甚至更低，相对检出限可达 10^{-8}，所以很适合微量组分的测定。

② 准确度较高。一般分光光度法测量的相对误差为 2%～5%，控制测定精度可以达到相对误差为 1%～2%。就分析的准确度而言，与化学分析法接近，可以满足微量组分测定对准确度的要求。

③ 操作简便、快速，仪器设备不复杂。

④ 应用范围广。紫外-可见光分光光度法在环境分析监测中，几乎可以直接或间接地测定所有的无机物和有机物。同时，它还可用于研究物质的组成，推测有机化合物的结构，研究反应的动力学。

⑤ 可以同时测定多种组分。在一定的条件下，选取某种波长的单色光，利用吸光度的加和性，可同时测定两种或多种组分。

（2）紫外-可见光分光光度法的局限性

① 由于谱线重叠而引起的光谱干扰比较严重，所以选择性有时较差。

② 必须用化学的方法将分析组分转化为吸光物质。该操作往往比较麻烦，有时也会带来相应的干扰或误差。

（四）电化学分析方法

电化学是利用电子学的方法来研究化学变化，以及电能和化学能之间的联系和转换过程的科学。而电化学分析则是依据物质的电学及电化学性质而建立起来的分析方法。它通常是建立在电化学基础上的，使待分析的样品试液构成一个化学电池，然后根据所组成电池的某些物理量与其化学量之间的内在联系进行定量分析，使用专门仪器进行精密的测量，具有简便、快速、灵敏等特点。

根据电极上是否发生了反应，电化学分析法可归纳为两大类：

（1）无电极反应。如电导，电泳分析法。一般使用惰性金属铂电极。

（2）电极上有氧化还原反应发生。如库仑分析法、伏安分析法。

电化学分析法的灵敏度和准确度都很高，在环境分析监测中应用很广。由于在测定过程中得到的是一个电学信号，因而易于实现自动化和连续分析，在环境分析中以电位分析法、电导分析法、伏安分析法和极谱分析法等较为普遍应用。

1. 电化学分析的基本知识

（1）化学电池与电化学分析装置（图 3-4）

化学电池：原电池和电解电池。

电化学基本装置：两支电极、电源、放大与显示记录装置。

（2）电位及电化学参数测量

电位分析原理：

$$\Delta E = E_{+} - E_{-} + E_{L} \tag{3-4}$$

电位测量：

$E_{外} = E_{测}$：外电位随两支电极间电位变化。

$I=0$：测定过程中并没有电流流过电极。

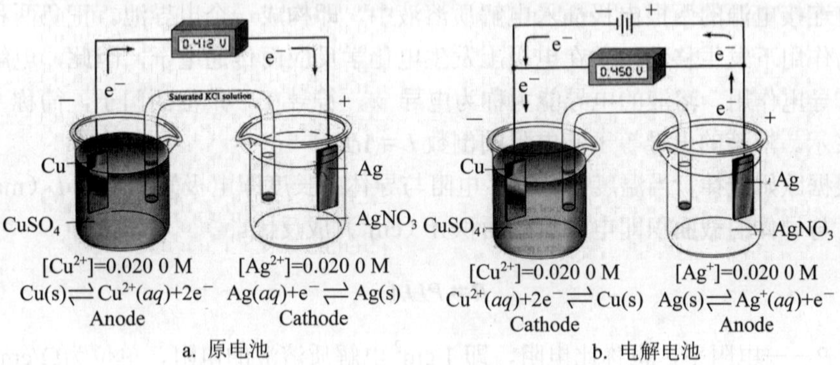

图 3-4　电化学电池

电极：

参比电极：电极电位不随测定溶液和浓度变化而变化的电极。

指示电极：电极电位则随测量溶液和浓度不同而变化。

由电池电动势的大小可以确定待测溶液的活度（常用浓度代替）大小。

液体接界电位：在两种不同离子的溶液或两种不同浓度的溶液接触界面上，存在着微小的电位差，称为液体接界电位。液体接界电位产生的原因是由各种离子具有不同的迁移速率而引起。液体接界电位的产生如图 3-5 所示。

2. 电位滴定法基本原理

电位滴定法则是在用标准溶液滴定待测离子过程中，用指示电极的电位变化代替指示剂的颜色变化指示滴定终点的到达，是把电位测定与滴定分析互相结合起来的一种测试方法。它虽然没有指示剂确定终点那样方便，但它可以用在浑浊、有色溶液，以及找不到合适的指示剂的滴定分析中。另外，电位滴定的一个很大用途是可以连续滴定和自动滴定。

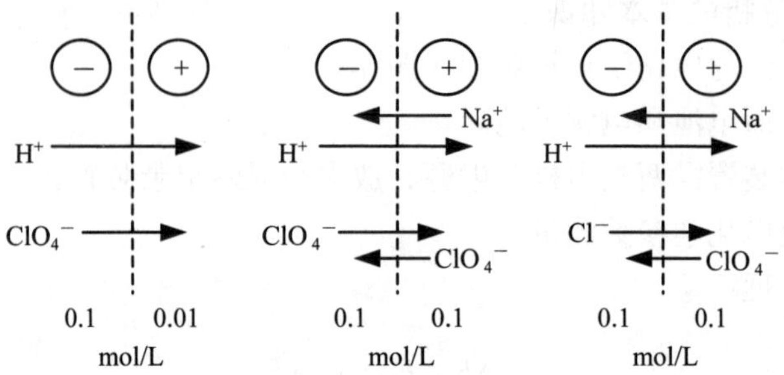

图 3-5 液接电位

3. 电导分析法

将连接电源的两根电极插入电解质溶液中，即构成一个电导池。正负两种离子在电场作用下发生移动，并在电极上发生电化学反应而传递电子，因此，电解质溶液具有导电作用。溶液的电导能力称为电导 *w*，符号 L，单位西门子，简称“西”用 S 表示。溶液的电导等于其电阻的倒数 $L=1/R$。

根据欧姆定律，当温度一定时，电阻与导体的长度即电极间的距离 L（mm）成正比，与导体的截面积即电极大截面积 A（cm^2）成反比。

$$R=PL/A \quad (3\text{-}5)$$

式中：P——电阻率，也称比电阻，即 1 cm^2 电解质溶液的电阻，单位为Ω/cm^2。

对于一个固定的电极而言，L 和 A 都是固定不变的，所以，L/A 为常数，称为电极常数，用 O 表示。

因此，

$$L=1/R=1/PO \quad (3\text{-}6)$$

式中的 $1/P$ 称为电导率，也称比电导，用 K 表示，单位为 S/cm，即是 1 cm^3 电解质溶液的电导，它与溶液的组成和浓度有关。

$$K=LO \qquad 电导率=电导\times电极常数 \quad (3\text{-}7)$$

电导率既然是单位体积溶液的电导，因而溶液越浓，电导率就越大。但当浓度很大时，离子间的电引力就增大，因而电导率反而稍有减小，像纯硫酸，电导率是很低的。

为了比较各种电解质的导电能力，考虑到因溶液的浓度和离子的价数不同而引起的影响，人们引入了当量电导的概念。当量电导是表征含有 1 克当量电解质溶液的导电能力。假设有两个互相平行的大面积电极，电极间距离为 1 cm，在这两个电极之间放入 1 克当量电解质的整个溶液，这个体积的电导称为当量电导，用“λ”表示。若1 000 mL溶液中含有N克当量电解质，则含1克当量电解质溶液的体积V(mL)为V=1 000/N。因此，当量电导等于电导率乘以电解质溶液的体积。

$$\lambda = KV = K \cdot 1\ 000/N \tag{3-8}$$

由于电解质离子彼此间相互吸引，当量电导也和溶液的浓度有关。溶液越稀，离子彼此间的影响就越小，在无限稀释时，当量电导达到最大值，电解质的当量电导最大值λ^0等于正负离子当量电导之总和。

$$\lambda^0 = \lambda_-^0 + \lambda_+^0 \tag{3-9}$$

4．极谱与伏安分析法

伏安法是用小面积的电极为工作电极来测量电解过程中电流—电压（时间）曲线为基础，以确定被测成分含量的电化学分析法，是一种特殊条件下的电解分析法。其特殊条件为：① 小面积极化电极和大面积的去极化电极；② 静止电解；③ 稀溶液—极化条件下电解。

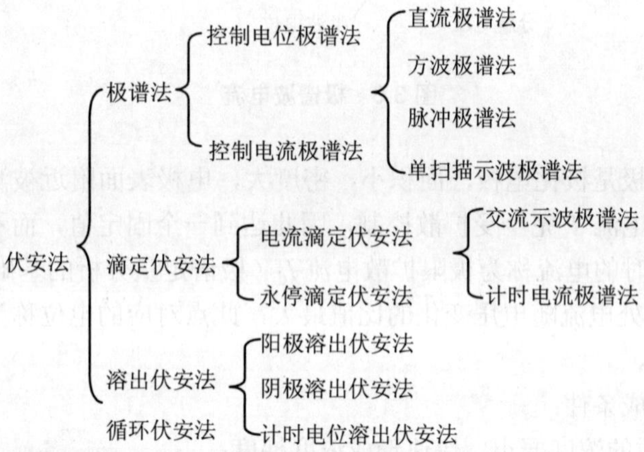

伏安法分类如下：

以滴汞电极为工作电极的伏安法叫极谱法。

（1）极谱分析的基本原理及应用

极谱分析是一种特殊条件下的电解分析。

特殊性：① 使用了一支极化电极和另一支去极化电极作为工作电极；② 在溶液静止的情况下进行的非完全的电解过程。

极化电极与去极化电极：如果一支电极通过无限小的电流，便引起电极电位发生很大变化，这样的电极称为极化电极，如滴汞电极；反之电极电位不随电流变化的电极叫做理想的去极化电极，如甘汞电极或大面积汞层。

极谱分析过程和极谱波：电压被施于极谱仪的滴汞电极和甘汞电极上，外加电压由小逐渐增加，绘制电流—电压曲线（图3-6）。

当外加电压尚未达到被测电活性物质的分解电压时，被测物质不在滴汞电极上还原，没有还原电流通过电解池，此时记录的是背景电流，称为残余电流，如图 3-6 中①～②段所示。

当外加电压到达被测物质的析出电位时，被测物质开始在滴汞电极上迅速反应，此时出现极谱电流 I，如图 3-6 中②～④段所示。

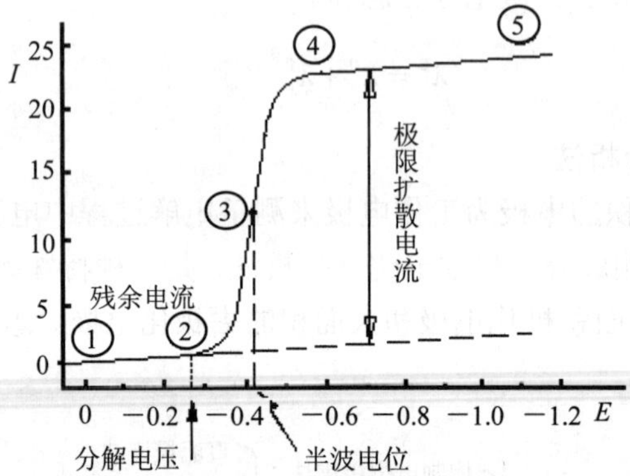

图 3-6 极谱波电流

由于滴汞电极是极化电极，面积小，密度大，电极表面附近被测物质浓度很快降低为零，极谱电流 I 完全受扩散控制，因此达到一个固定值，而不再随外加电压增大而增大，此时的电流称为极限扩散电流 I_d（极谱定量分析的基础）。

图 3-6 中③处电流随电压变化的比值最大，此点对应的电位称为半波电位，是极谱定性的依据。

极谱曲线形成条件：

① 待测物质的浓度要小，快速形成浓度梯度；

② 溶液保持静止，使扩散层厚度稳定，待测物质仅依靠扩散到达电极表面；

③ 电解液中含有较大量的惰性电解质，使待测离子在电场作用力下的迁移运动降至最小；

④ 使用两支不同性能的电极，极化电极的电位随外加电压变化而变化，保证在电极表面形成浓差极化。

滴汞电极的特点：

① 易形成浓差极化；

② 使电极表面不断更新，重复性好；

③ 汞滴面积的变化使电流呈快速锯齿性变化；

④ 有毒。

（2）扩散电流理论和极谱波方程式

极限扩散电流与待测物质的浓度成正比，根据扩散电流理论，当反应体系是可逆体系时，电极表面的反应粒子浓度迅速降低，极谱电流达到极限扩散电流。该电流满足 Ilkovic 方程：

$$(I_d)_{最大} = 706\, n D^{1/2} m^{2/3} t^{1/6} c \qquad (3\text{-}10)$$

式中：n——电极反应中电子转移数；

D——待测物质在溶液中的扩散系数，cm^2/s；

m——汞滴流速，mg/s；

t——滴汞周期，s；

$(I_d)_{最大}$——极限扩散电流，μA；

c——被测物浓度，mol/cm^3。

（3）极谱波方程式

当考虑的是平均极限电流时，则每滴汞从开始到滴落一个周期内扩散电流的平均值 $(I_d)_{平均}$ 与待测物质浓度（c）之间的定量关系为：

$$(I_d)_{平均} = 607\, n D^{1/2} m^{2/3} t^{1/6} c \qquad (3\text{-}11)$$

令扩散电流常数 $I = 607nD^{1/2}$（n 和 D 取决于待测物质的性质）

毛细管特性常数 $K = m^{2/3} t^{1/6}$（m 与 t 取决于滴汞电极的毛细管特性）

则，极限扩散电流可表示为：

$$(I_d)_{平均} = I \cdot K \cdot c \qquad (3\text{-}12)$$

（五）分析仪器的基本组成

分析仪器的基本组成部分如下：

（1）取样装置　作用是把待分析的样品引入仪器。对于某些仪器来说，取样装置就是进样器。进样器有手动和自动两种，通常为针筒注射进样器。对于工艺流程用的分析仪器，取样装置就要复杂得多。对于气体样品，取样时必须考虑系统是正压还是负压。

（2）预处理系统　仪器分析的任务不应限于静态分析，还应包括工艺流程中的分析检验。预处理系统主要是针对工艺流程分析仪器而言的，它的任务是将从现实过程中取出的样品加以处理，以满足检测系统对样品状态的要求，有时还需要进一步除去机械杂质及水蒸气，以及样品中对待测组分有干扰的组分，以保证仪器测量的精度。

（3）分离装置　“分离”在这里是广义的，在各种能同时分析多种组分的分析仪器里，都有分离装置。它既包括对样品本身各组分的分离，也包括能量的分离，如光学式分析仪器中的分光系统（或称单色器、色散器等），色谱仪中的色谱柱。

（4）检测器　检测器是分析仪器的核心部分，根据试样中待分析组分的含量，检测器发出相应的信号，这种信号多数是以电参数输出的。仪器的技术性能（特别是单组分分析仪器）主要取决于检测器。

（5）测量系统及信号处理系统　从检测器输出的信号是各式各样的，常见的有电阻的变化、电容的变化、电流的变化、电压的变化、频率的变化、温度的变化和压力的变化等，其中以电参数的变化尤为普遍。测出这些参数的变化，就能间接地确定组分含量的变化。测量这些变化的线路或装置统称为测量系统。

（6）显示装置　把分析结果显示出来的装置称为显示装置。其显示方式通常有两种：模拟显示和数字显示。模拟显示是在刻度盘上由指针模拟信号的变化，连续地指示出测量结果或同时由记录笔记录的变化曲线。数字显示是把信号经过处理后，直接用数字显示其含量数值。

（7）补偿装置　补偿装置对于某些分析仪器是必不可少的，否则会降低仪器的精度和可靠程度。补偿装置的作用是消除或降低客观条件或样品的状态对测量结果的影响，其中主要是样品的温度与压力、环境的温度与压力的波动对测量的影响。这类装置大多是在测量系统或信号处理系统中引入一个与上述条件波动成比例的负反馈来实现的。

（8）保证操作条件的辅助装置　有些仪器如果不能用上述的办法进行补偿时，为了保证测量精度，必须采取相应的措施，附加某些辅助装置，如流体稳压阀、恒温器、稳压电源、电磁隔绝装置等，使操作条件适应测定的需要。

（六）放射性检测仪器

放射性检测仪器种类很多，需根据监测目的、试样形态、射线类型、强度及能量等因素进行选择。放射性测量仪器的基本原理基于射线与物质间相互作用所产生的各种效应，包括电离、发光、热效应、化学效应和能产生次级粒子的核反应等。最常用的检测器有三类，即电离型检测器、闪烁检测器和半导体检测器。表 3-3 列举了不同类型的常用放射性检测器。

表 3-3　常用放射性检测器

射线种类	检测器	特　点
α	闪烁检测器	检测灵敏度低，探测面积大
	正比计数管	检测效率高，技术要求高
	半导体检测器	本底小，灵敏度高，探测面积小
β	电流电离室	检测较大放射性活度
	正比计数管	检测效率较高，装置体积较大
	盖革计数管	检测效率较高，装置体积较大
	半导体检测器	检测面积小，装置体积小
	闪烁检测器	检测效率低，本底小

射线种类	检测器	特　　点
γ	半导体检测器	能量分辨能力强，装置体积小
	闪烁检测器	检测效率高，能量分辨能力强

第四节　土壤污染物监测

一、分析质量控制

测定样品中精密度可用平行样控制，允许的最大相对偏差见表 3-4；测定中的准确度可用中国土壤标样（如 GSS 系列）进行控制，其测定范围一般控制在 $X \pm 1S$ 内，不超过 $X \pm 2S$。

表 3-4　平行双样允许最大相对偏差的控制

元素质量范围/（mg/kg）	允许最大相对偏差/%
＞100	5
100～10	10
10～1	20
1～0.1	25
＜0.1	30

二、土壤含水量的测定

土壤含水量测定有烘干法、红外线法、酒精燃烧法三种，一般多用烘干法。

用 1%精度的天平称取土样 20～30 g，置于铝盒中，在 105℃下烘 4～5 h，取出，放入干燥器中冷却，称重，重复几次直至恒重。按式 3-13 计算水分重量占烘干土重的百分数：

$$H_2O\% = （风干土重－烘干土重）\times 100/烘干土重 \qquad (3\text{-}13)$$

三、土壤重金属的测定

土壤中重金属污染常规测定的项目主要有 Cd，Cu，Pb，Zn，Cr，Hg 等。其测定方法有原子吸收分光光度法（包括火焰及石墨原子化两种）、冷原子吸收法、可见光分光光度法等。表 3-5 列出土壤中金属的测定和消化方法，具体操作可参看大气、水质分析。这里简要介绍最常用的 AAS 法。

（1）标准溶液的制备　制备各种重金属标准溶液推荐使用光谱纯试剂，用于溶解土样的各种酸皆选用高纯或光谱纯级，稀释用水为蒸馏去离子水。使用浓度低于 0.1 mg/mL 的标准溶液时，应于临用前配制或稀释。

表 3-5 土壤中金属的测定、消化方法

元　素	测定方法及最低检出限	消化方法	所用仪器
Cd	双硫腙分光光度法光程 2 cm 时为 0.5 μg	H_2SO_4—HNO_3—$HClO_4$	原子吸收分光光度计
Cd，Cu，Pb，Zn	1.火焰原子吸收分光光度法最低检出限 Cd 为 0.1 g/kg；Pb、Zn、Cu 分别为 1 mg/kg 2.石墨炉无火焰原子吸收分光光度法	王水 （1+3 的 $HCl+HNO_3$）	原子吸收分光光度计
Cu	1．原子吸收光分光光度法 2．二乙基二硫代氨基甲酸钠—四氯化碳萃取分光光度法 0.002 mg	王水	可见光分光光度计（440 nm）
Pb	1．原子吸收分光光度法 2．双硫腙分光光度法	HNO_3—HCl—$HClO_4$	可见光分光光度计（510 nm）
Zn	1．原子吸收分光光度法 2．双硫腙分光光度法 1 μg	王水	可见光分光光度计（538 nm）
Hg	冷原子吸收分光光度法 硫酸—高锰酸钾法 0.007 mg/kg 硝酸—硫酸—五氧化二矾法 0.002 mg/kg 硝酸—硫酸—亚硝酸钠 加热挥发法	H_2SO_4—$KMnO_4$ V_2O_5—HNO_3—H_2SO_4 $NaNO_2$—HNO_3—H_2SO_4 850～900℃ 分解后吸收汞	测汞仪（汞蒸气吸收 253.7 nm 的紫外光）
	双硫腙分光光度法 0.25 μg，具体方法与冷原子吸收分光光度法中的（1）、（2）、（3）、（4）相同	试样消解可用冷原子吸收光光度法中的任一种	测汞仪（汞蒸气吸收 253.7 nm 的紫外光）

（2）土样预处理　称取 0.5～1.0 g 土样于聚四氟乙烯坩埚中，润湿，加入 HCl 在电热板上加热消化，加入 HNO_3 继续加热，再加入 HF 加热分解 SiO_2 及胶态硅酸盐，最后加入 $HClO_4$ 加热至近干，冷却，用稀 HNO_3 浸取残渣、定容。同时作全程序空白实验。

（3）锌、铜、镉标准系列混合溶液的配制　各元素标准工作溶液是通过逐次稀释其标准储备液而得。

（4）测定法　采用 AAS 法测定锌、铜、镉。

（5）结果计算：镉或铜、锌（mg/kg）＝M/W。

四、土壤中非金属无机化合物测定

土壤中非金属无机化合物的测定测定包括有砷化物、氰化物、氟化物、硫化物等。含砷的农药，硫酸，氮肥，锰铁合金冶炼及焦化等工厂排除的废水中均含有砷的化合物，含砷的废水灌溉农田后使土壤被砷污染。被砷污染的土壤可引起农作物产量大幅度下降。同时砷有剧毒，长期食用砷污染的粮食，食品可引起慢性中毒。

氰化物属剧毒物质，0.1 g 对人即有致死作用。土壤中氰的污染主要来自氰化电镀、炼焦、有色金属冶炼及选矿的废水灌溉。

适量的氟对人体有好处，过量的氟则对人体有危害。含氟废水污染农田土壤后，会使氟在农作物体内积累。含氟废水主要来源于生产聚四氟乙烯、磷肥、钢铁冶炼、铝制品等工业排放的废水中。

土壤中非金属无机化合物测定的方法及式样的消化方法汇总于表 3-6，具体操作步骤可参照大气、水质分析。

表 3-6　土壤中非金属无机物的测定消化方法

项目	测定方法及最低检出限	消化方法	所用仪器
As	1. 二乙基二硫代氨基甲酸银分光光度法 0.5 μg 2. 原子吸收光分光光度法 （1）火焰原子吸收光分光光度法 （2）无火焰原子吸收法 0.2 μg	0.5 g 试样 HNO_3-H_2SO_4 硝酸—高氯酸法，HNO_3+$HClO_4$ 浓 HCl 浸泡法，浓 HCl 中放置 24 h 4+1+0.5 的 HNO_3+$HClO_4$+H_2SO_4	可见光分光光度计（530 nm） 原子吸收分光光度计
CN^-	异烟酸—吡唑啉酮分光光度法 0.05 μg	10 g 试样在 ZnAc 及酒石酸溶液中蒸馏，NaOH 吸收	可见光分光光度计（638 nm）
F	1. 氟试剂分光光度法，0.5 μg 2. 茜素磺酸锆目视比色或分光光度法，5 μg 3. 离子选择电极法，0.1 mg/kg	0.050 0～0.500 0 g 试样 H_2SO_4-H_3PO_4 0.5 g 试样（100 目） H_2SO_4（165℃蒸馏）馏出液再加 $HClO_4$，Ag_2SO_4 在 135℃±5℃再蒸馏 约 0.5 g（100 目）NaOH、600℃熔融 30 min，浓 HCl 调 pH 为 8～9	可见光分光光度计（620 nm） 光电比色计（绿色滤光片） 离子活度计或精密酸度计 F^- 离子选择电极
S	对氨基二甲苯胺分光度法，2 μg 间接碘量法，0.016 mg	5～20 g（同时测定水分）湿土样 HCl，10 g 试样 H_2SO_4	分光光度计（670 nm） 滴定分析

五、土壤有机污染物的测定

土壤中有机物包括苯并芘、甲基汞、三氯乙醛、油、挥发酚、农药六六六及 DDT 等。将其测定方法、试样处理及使用仪器等列于表 3-7，具体操作步骤可参照大气、水质分析。

表 3-7　土壤中有机化合物的测定及试样处理方法

项目	测定方法及最低检出限	试样处理方法	所用仪器
苯并芘	1. 乙酰化滤纸层析—荧光分光光度法 2. 液相色谱法	5～10 g 试样（40 目）乙酰化层析纸分离	荧光分光光度计 液相色谱仪
三酰乙醛	气相色谱法 0.05 mg/kg	50 g（20 g 测水分）新鲜土样，用水浸提后，以石油醚—乙醚萃取	气相色谱仪（带电子捕获检测器）
油	1. 紫外线分光光度法（256 nm）测芳烃 2. 非分散红外光度法（3.4 μm）测烷烃	25 g（40 目筛孔）试样 氯仿提取后再分离	紫外分光光度计 非分散红外测油仪

项目	测定方法及最低检出限	试样处理方法	所用仪器
挥发酚	4-氨基安替比林分光光度法（氯仿萃取 460 nm） 0.5 μg	50 g 新鲜土样加 $HgCl_2$ 固定（另取土样测水分） 1．加酸蒸馏法 2．水提取法	可见分光光度计
有机氯农药	气相色谱法 六六六 5～15 μg/kg DDT 15 ～ 40 μg/kg	20 g（60 目）土样（同时另取 20 g 测定水分）有机溶剂提取，浓 H_2SO_4 纯化	气相色谱仪（带电子捕获检测器）
有机磷农药	气相色谱法 0.04 mg/kg	三氯甲烷萃取分离法	气相色谱仪（氮、磷检测器）

复习与思考题

1. 土壤污染监测的意义和目的是什么？
2. 土壤污染监测方法有哪几类？
3. 土壤背景值样品的采集应注意哪些事项？
4. 土壤预处理的方法有哪些？
5. 土壤样品室内处理有哪些步骤？
6. 土壤污染监测主要监测哪几类污染物？各类污染物主要包含哪些物质？
7. 土壤现代测试分析技术主要有哪些？其测定原理分别是怎样的？

第四章　土壤环境污染评价

第一节　土壤环境质量标准

为贯彻《中华人民共和国环境保护法》，防止土壤污染，保护生态环境，保障农林生产，维护人体健康，国家制定了《土壤环境质量标准》（GB 15618—1995）。本标准按土壤应用功能、保护目标和土壤主要性质，规定了土壤中污染物的最高允许浓度指标值及相应的监测方法。该标准适用于农田、蔬菜地、茶园、果园、牧场、林地、自然保护区等地的土壤。

一、土壤环境质量分类和标准分级

（一）土壤环境质量分类

根据土壤应用功能和保护目标，划分为三类：

Ⅰ类主要适用于国家规定的自然保护区（原有背景重金属含量高的除外）、集中式生活饮用水源地、茶园、牧场和其他保护地区的土壤，土壤质量基本上保持自然背景水平。

Ⅱ类主要适用于一般农田、蔬菜地、茶园、果园、牧场等土壤，土壤质量基本上对植物和环境不造成危害和污染。

Ⅲ类主要适用于林地土壤及污染物容量较大的高背景值土壤和矿产附近等地的农田土壤（蔬菜地除外）。土壤质量基本上对植物和环境不造成危害和污染。

（二）标准分级

一级标准为保护区域自然生态，维持自然背景的土壤环境质量的限制值。

二级标准为保障农业生产，维护人体健康的土壤限制值。

三级标准为保障农林业生产和植物正常生长的土壤临界值。

（三）各类土壤环境质量执行标准的级别规定

Ⅰ类土壤环境质量执行一级标准；

Ⅱ类土壤环境质量执行二级标准；

Ⅲ类土壤环境质量执行三级标准。

二、标准值

本标准规定的三级标准值，见表 4-1。

表 4-1 土壤环境质量标准值 单位：mg/kg

级别 / 土壤 pH 值 / 项目	一级	二级			三级
	自然背景	<6.5	6.5~7.5	>7.5	>6.5
镉 ≤	0.20	0.30	0.30	0.60	1.0
汞 ≤	0.15	0.30	0.50	1.0	1.5
砷 水田 ≤	15	30	25	20	30
旱地 ≤	15	40	30	25	40
铜 农田等 ≤	35	50	100	100	400
果园 ≤	—	150	200	200	400
铅 ≤	35	250	300	350	500
铬 水田 ≤	90	250	300	350	400
旱地 ≤	90	150	200	250	300
锌 ≤	100	200	250	300	500
镍 ≤	40	40	50	60	200
六六六 ≤	0.05		0.50		1.0
滴滴涕 ≤	0.05		0.50		1.0

注：① 重金属（铬主要是三价）和砷均按元素量计，适用于阳离子交换量＞5 cmol（+）/kg 的土壤，若≤5 cmol（+）/kg，其标准值为表内数值的半数；

② 六六六为四种异构体总量，滴滴涕为四种衍生物总量；

③ 水旱轮作地的土壤环境质量标准，砷采用水田值，铬采用旱地值。

三、土壤环境质量标准选配分析方法

（一）采样方法：土壤监测方法参照国家环保局的《环境监测分析方法》、《土壤元素的近代分析方法》（中国环境监测总站编）有关章节进行。国家有关方法标准颁布后，按国家标准执行。

（二）分析方法按表 4-2 执行。

表 4-2 土壤环境质量标准选配分析方法

序号	项目	测定方法	检测范围/(mg/kg)	注释	分析方法来源
1	镉	土样经盐酸-硝酸-高氯酸（或盐酸-硝酸-氢氟酸-高氯酸）消解后， （1）萃取-火焰原子吸收法测定 （2）石墨炉原子吸收光分光光度法测定	 0.025 以上 0.005 以上	土壤 总镉	①、②
2	汞	土样经硝酸-硫酸-五氧化二钒或硫、硝酸高锰酸钾消解后，冷原子吸收法测定	0.004 以上	土壤 总汞	①、②
3	砷	（1）土样经硫酸-硝酸-高氯酸消解后，二乙基二硫代氨基甲酸银分光光度法测定 （2）土样经硝酸-盐酸-高氯酸消解后，硼氢化钾-硝酸银分光光度法测定	0.5 以上 0.1 以上	土壤 总砷	①、② ②
4	铜	土样经盐酸-硝酸-高氯酸（或盐酸-硝酸-氢氟酸-高氯酸）消解后，火焰原子吸收分光光度法测定	1.0 以上	土壤 总铜	①、②
5	铅	土样经盐酸-硝酸-氢氟酸-高氯酸消解后， （1）萃取-火焰原子吸收法测定 （2）石墨炉原子吸收分光光度法测定	 0.4 以上 0.06 以上	土壤 总铅	②
6	铬	土样经硫酸-硝酸-氢氟酸消解后， （1）高锰酸钾氧化，二苯碳酰二肼光度法测定 （2）加氯化铵液，火焰原子吸收光分光光度法测定	1.0 以上 2.5 以上	土壤 总铬	①
7	锌	土样经盐酸-硝酸-高氯酸（或盐酸-硝酸-氢氟酸-高氯酸）消解后，火焰原子吸收光分光光度法测定	0.5 以上	土壤 总锌	①、②
8	镍	土样经盐酸-硝酸-高氯酸（或盐酸-硝酸-氢氟酸-高氯酸）消解后，火焰原子吸收光分光光度法测定	2.5 以上	土壤 总镍	②
9	六六六滴滴涕	丙酮-石油醚提取，浓硫酸净化，用带电子捕获检测器的气相色谱仪测定	0.005 以上	—	GB/T 14550—93
10	pH	玻璃电极法（土：水＝1.0：2.5）	—	—	②
11	阳离子交换量	乙酸铵法等	—	—	③

注：分析方法除土壤六六六和滴滴涕有国标外，其他项目待国家方法标准发布后执行，现暂采用下列方法：

①《环境监测分析方法》，1983，城乡建设环境保护部环境保护局；

② 中国环境监测总站编：土壤元素的近代分析方法，北京：中国环境科学出版社，1992;

③ 中国科学院南京土壤研究所编：土壤理化分析，上海：上海科学技术出版社，1978。

四、我国其他行业已制定的有关土壤质量的标准

我国其他行业已制定的有关土壤质量的标准见表4-3。

表4-3 我国其他行业已制定的有关土壤质量的标准

国际编号	名 称
GB 11728—89	土壤中铜的卫生标准
GB 8915—88	土壤中砷的卫生标准
DZ/T 0145—94	土壤地球化学测量规范
GB 7830—87	森林土壤样品的采集和制备农业环境监测技术规范（土壤部分）
GB 7172—87	土壤水分测定法
GB 7833—87	森林土壤含水量的测定
GB 7845—87	森林土壤颗粒物（机械组成）的测定
GB 7859—87	森林土壤pH值的测定
GB 7860—87	森林土壤交换性酸的测定
GB 7861—87	森林土壤水解性总酸的测定
GB 7863—87	森林土壤阳离子交换量的测定
GB 7864—87	森林土壤交换性盐基总量的测定
GB 7867—87	森林土壤盐基饱和度的测定
GB 7873—87	森林土壤矿物质全量（SiO_2、Fe、Al、Ti、Mn、P）分析方法
GB 9834—88	土壤有机质的测定法
HJ/T 25—1999	工业企业土壤环境质量风险评价基准

第二节 土壤污染源调查与评价

一、土壤污染源的调查

污染源排放的污染物质的种类、数量、排放方式、途径及污染源的类型和位置，直接关系其影响的对象、范围和程度。污染源调查就是要了解、掌握上述情况及其他相关问题。通过对土壤污染源的调查，找出建设项目和所在区域内现有的主要污染源和主要污染物，作为评价的基础。

对污染源进行调查时，必须遵循以下原则。

（1）明确目的要求。

（2）要把污染源、环境、生态和人体健康作为一个系统考虑，在调查时不仅要注意污染物的排放量，还要重视污染物的物理特性和化学特性，进入环境的途径，

以及对人体健康的影响等。

（3）重视污染源所处的位置及周围的环境状况。

（4）必须采用同一基础、同一标准、同一尺度，以便把各种污染源所排放的污染物进行比较。

（一）调查内容

土壤污染源调查一般包括工业污染源、生活污染源、农业污染源和交通污染源。

工业污染源调查的内容主要包括企业和项目概况，工艺调查，能源、水源、原辅材料情况，生产布局调查，管理调查，污染物治理调查，污染物排放情况调查，污染危害调查，发展规划调查九个方面。

生活污染源主要指住宅、学校、医院、商业及其他公共设施，其排放的主要污染物包括污水、粪便、垃圾、污泥、废气等。生活污染源调查内容主要包括城市居民人口调查，城市居民用水和排水调查，民用燃料调查，城市垃圾及处置方法调查等。

农业常常是环境污染的主要受害者，由于农业活动中施用农药、化肥，如果使用不合理时也会产生环境污染。农业污染源调查一般包括农药使用情况、化肥使用情况、农业废弃物、农业机械使用情况的调查等。

交通污染源主要是指公路、铁路、飞机、船舶等运输工具。其造成土壤污染的原因有两个：一是运输有毒有害物质的泄漏或清扫车体和船体时的扬尘或废水；二是汽油、柴油等燃料燃烧时排出的废气。一般调查车船的种类、数量、用油量、排气量、燃油构成、排放浓度、人均用水量和垃圾排放量等。

除上述污染源调查外，根据实际情况，可能还有放射性污染源调查，电磁辐射污染源调查等。

在进行一个地区的污染源调查或某一单项污染源调查时，都应同时进行自然环境背景调查和社会环境背景调查。根据调查的目的不同、项目不同，调查内容可以有所侧重。自然背景调查包括地质、地貌、气象、水文、土壤、生物；社会背景调查包括居民区、水源区、风景区、名胜古迹、工业区、农业区、林业区。

（二）污染源调查程序

要防治污染，必须先了解污染源的状况，通过调查，掌握污染源的类型、数目及其分布；各种类型的污染源排放的污染物的种类、数量及其随时间变化状况；各类污染源的排放方式、排放规律等。

根据污染源调查的目的要求，先制订调查工作计划、程序、步骤、方法。一般污染源调查可分为三个阶段：准备阶段、调查阶段、总结阶段。各阶段包括的内容见表 4-4。

表 4-4　污染源调查各阶段基本内容

<table>
<tr><td rowspan="8">准备阶段</td><td>明确调查目的</td><td colspan="2"></td></tr>
<tr><td>制订调查计划</td><td colspan="2"></td></tr>
<tr><td rowspan="4">做好调查准备</td><td>组织准备</td><td></td></tr>
<tr><td>资料搜集</td><td></td></tr>
<tr><td>分析准备</td><td></td></tr>
<tr><td>工具准备</td><td></td></tr>
<tr><td rowspan="2">搞好调查试点</td><td>普查试点</td><td></td></tr>
<tr><td>详查试点</td><td></td></tr>
<tr><td rowspan="10">调查阶段</td><td>生产管理调查</td><td colspan="2" rowspan="2"></td></tr>
<tr><td>污染物治理调查</td></tr>
<tr><td rowspan="6">污染物排放情况调查</td><td colspan="2">种类</td></tr>
<tr><td rowspan="3">排放量</td><td>物料衡算法</td></tr>
<tr><td>排放系数法</td></tr>
<tr><td>现场监测法</td></tr>
<tr><td>排放方式</td><td></td></tr>
<tr><td>排放规律</td><td></td></tr>
<tr><td>污染物危害调查</td><td colspan="2" rowspan="2"></td></tr>
<tr><td>生产发展调查</td></tr>
<tr><td rowspan="5">总结阶段</td><td>数据处理</td><td colspan="2" rowspan="5"></td></tr>
<tr><td>建立档案</td></tr>
<tr><td>评价</td></tr>
<tr><td>文字报告</td></tr>
<tr><td>污染源分布图</td></tr>
</table>

（三）污染源调查方法

为搞好污染源调查，可采用点面结合的方法，分为普查和详查两种。

普查是首先从有关部门查清区域或流域内的工矿、交通运输等企、事业单位名单，采用发放调查表的方法对各单位的规模、性质和排污情况作概略调查。对于农业污染源和生活污染源也可到主管部门调查农业、渔业和禽畜饲养业的基础资料、人口统计资料、供排水和生活垃圾排放等方面资料，通过分析和推算得出本区域和流域内污染物排放的基本情况。在普查的基础上筛选出重点污染源，再进行详查。

详查是对重点污染源进行调查。各类污染源都应有自己的侧重点，同类污染源中，应选择污染物排放量大、影响范围广泛、危害程度大的污染源作为重点污染源，进行详查。对详查单位应派调查小组蹲点进行调查。详查的工作内容从广度和深度上，都超过普查。

二、污染源评价方法

1. 等标污染负荷法

对水和大气污染物及其污染源的评价主要采用等标污染负荷法。

（1）废气中某污染物的等标负荷（P_i）定义为：

$$P_i = \frac{C_i}{C_{0i}} \times Q_i \times 10^{-9} \tag{4-1}$$

式中：P_i——某污染物的等标污染负荷，t/a；

C_i——某污染物的实测浓度，mg/m^3；

C_{0i}——某污染物的工业排放标准与 C_i 同单位的数值，无量纲；

Q_i——含某种污染物的废气流量，m^3/a。

废水中某污染物的为某污染物的等标负荷（P_i）定义为：

$$P_i = \frac{C_i}{C_{0i}} \times Q_i \times 10^{-6} \tag{4-2}$$

式中：P_i——某污染物的等标污染负荷，t/a；

C_i——某污染物的实测浓度，mg/L；

C_{0i}——某污染物的工业排放标准与 C_i 同单位的数值，无量纲；

Q_i——含某种污染物的废水排放量，m^3/a。

（2）污染源污染物等标污染负荷等于所排各种污染物的等标污染负荷之和：

$$P_n = \sum_{i=1}^{j} P_i \quad (i=1，2，3，\cdots，j) \tag{4-3}$$

（3）某区域（或流域）的等标污染负荷（P_m）为该区域或流域内其所有污染源的等标污染负荷之和：

$$P_m = \sum_{n=1}^{k} P_n \quad (n=1，2，3，\cdots，k) \tag{4-4}$$

（4）全区域内的等标污染负荷（P）为：

$$P = \sum_{m=1}^{n} P_m \quad (m=1，2，3，\cdots，n) \tag{4-5}$$

（5）某污染物的等标污染负荷（P_i）占该厂等标污染负荷的百分比，称为污染负荷比（K_i）：

$$K_i = \frac{P_i}{P_n} \times 100\% \tag{4-6}$$

某污染源在区域中的污染负荷比为（K_n）：

$$K_n = \frac{P_n}{P_m} \times 100\% \tag{4-7}$$

将调查区域内污染物等标污染（P）大小排序并分别计算百分比及累计百分比，若累计百分比大于 80%，所包含的污染物就确定为该区域的主要污染物；若调查区域内污染源等标污染负荷（P_n）按大小排序的累计百分比大于 80%，所包含的污染源就确定为该区域的主要污染源。

2．排毒系数法

有些污染物排放量小，但毒性大，容易在环境中造成积累，而对这些污染物用等标负荷法评价易造成遗漏，但对这些污染物的控制是非常必要的。因此，可以采用排毒系数法评价污染源。污染物的排毒系数（F_i）定义为：

$$F_i = \frac{m_i}{d_i} \tag{4-8}$$

式中：m_i——污染物排放量，mg/d；

d_i——能导致一个人出现毒性作用反应的污染物最小摄入量，mg/人。

某污染源、某区域、全区域的排毒系数和排毒系数比也有类似式 4-3～式 4-8 的表达式，可采用同样方式判断。

第三节　土壤环境质量现状评价

土壤环境质量现状评价是在全面掌握土壤及其环境特征、主要污染源和污染物、土壤背景值等基础资料之后，选择适当的评价参数和评价标准，建立评价模式和指数系统，再进行研究分析，评定土壤的污染级别，即对土壤环境污染的现状（包括污染程度、范围和污染物的分布等）作出定量或半定量的评价。

土壤环境质量现状评价是在土壤环境质量现状调查的基础上进行的，土壤环境质量现状调查方法包括资料收集法和现场实测法两种。

资料收集内容包括：自然环境特征，如气象、地貌、水文和植被等；土壤特性，包括成土母质、土壤类型、组成、特性；土地利用状况，包括城镇、工矿、交通用地面积等；水土侵蚀类型、面积及分布和侵蚀模数；土壤元素背景值资料；评价区内植物种类、分布及生长状况；污染源情况。

现场实测包括布点、采样、分析等过程。

一、评价参数的选取

一般根据监测调查掌握的土壤现有污染物和拟建项目将要排放的主要污染物、评价的目的要求和评价区域的主要污染物，选择适当的评价参数。土壤污染物可供选择的参数有以下几类。

（1）重金属及其他无机污染物：汞、镉、砷、铅、铬、铜、锌、镍、硒、氟和氰化物等。

（2）有机污染物：酚、石油、苯并芘、滴滴涕、六六六、三氯乙醛、多氯联苯及其他农药。

（3）有害微生物：肠细菌、寄生虫卵、破伤风菌、结核菌等。

（4）放射性元素：^{317}Cs、^{90}S 等。

此外，对土壤污染物累积、迁移、转化影响较大的土壤理化性质，如土壤 pH、有机质、质地、CEC、E_h、全氮量、硝态氮和水溶性磷等，也应加以考虑。特别是在评价土壤重金属污染时，单纯以重金属在土壤中的含量来衡量和比较其污染水平，较难真实反映它们对作物和生态环境的影响，故此应对上述土壤理化性质特别加以注意。

二、评价标准的确定

由于土壤污染物不像大气和水污染那样，可以直接进入人体，危害健康，土壤中的污染物是通过食物链，主要通过粮食、蔬菜、水果、奶、蛋、肉进入人体。土壤和人体之间的物质平衡关系比较复杂，制定土壤污染的环境质量标准难度很大，限制了土壤环境质量标准的制定工作的开展。除《土壤环境质量标准》规定的标准值外，对于其他污染指标多选用具有不同含义的土壤环境背景值作为评价标准。

（1）以国家土壤环境质量标准为评价标准。

（2）以区域土壤环境背景值作为标准。

区域土壤环境背景值是指一定区域内，远离工矿、城镇和道路（公路和铁路），无明显“三废”污染，也无群众反映有过“三废”影响的土壤中有毒物质的含量。

（3）以土壤本底值为评价标准。

土壤本底值是指未受人为污染的土壤中某一物质的平均含量，在到处开发的今天，真正意义上的土壤本底值是很难找到的。

（4）以区域性土壤自然含量为评价标准。

区域性土壤自然含量，是指在清水灌区内，选用与污灌区的自然条件、耕作栽培措施大致相同，土壤类型相同，土壤中有毒物质的含量。

（5）以土壤对照点含量为评价标准。

土壤对照点一般选在与污染区的自然条件、土壤类型和利用方式大致相同，而又未受污染的地区内。对照点可选一个或几个，以对照点的有毒物质平均含量作为评价标准。

（6）以土壤和作物中污染物质的相关含量为评价标准。

土壤中某种污染物质的含量和作物中该种物质积累之间有一定的相关关系。农牧业产品的卫生标准和污染分级是可以制定的。以这种卫生标准和污染分级推断土壤中该种污染物的相关含量和污染分级，把这种相关含量作为评价标准。这种方法是通过食物链把土壤中的污染物与人体健康联系起来制定评价标准的，它反映了土壤污染物危害人体健康的实际途径，是一种较好的方法。

（7）以国外相应标准为评价标准。

一些国内没有，而国外已颁布标准的物质，可参考国外标准进行评价。在选用时要注意适用条件。

上述不同含义的评价标准，在具体选择时，应根据评价地区土壤的实际情况、评价要求、评价范围、评价时间等因素确定。

三、评价方法

（一）单因子评价

单因子评价即对土壤中的某一污染物的污染程度进行评价。评价的依据是该污染物的单项污染指数。

（1）以土壤污染物实测值和评价标准相比，计算土壤污染物的污染分指数。

$$P_i = \frac{C_i}{S} \tag{4-9}$$

式中：P_i——单项污染指数；

C_i——实测浓度，mg/L；

S——土壤评价标准。

$P_i<1$，表示未污染；$P_i>1$，表示污染；P_i越大，污染越严重。

农业部环境保护科研监测所在评价农田环境质量时，采用如下的四级评价方法：

0 级：无污染，$P_i=C_i/X_{ai}<1$（X_{ai}为污染物的土壤积累起始值），即土壤中 i 污染物实测值小于它的土壤积累起始值；

1 级：轻度污染，污染物在土壤中有积累，$P_i=C_i/X_{ai}\geqslant 1$，但是 C_i 粮（菜）＜ X_i 粮（菜）[X_i 粮（菜）为污染物的粮、菜积累起始值]；

2 级：中度污染，土壤受到明显污染或污染物在农产品食用部分中开始有积累，$P_i=C_i$ 粮（菜）/X_i 粮（菜）$\geqslant 1$，但是 C_i 粮（菜）＜（食品卫生标准）i；

3 级：重度污染，土壤受到重度污染，污染物在粮菜等农产品中的含量超过食品卫生标准，或者污染物明显影响农作物生长发育，或导致减产 10%以上，$P_i=C_i$ 粮（菜）/（食品卫生标准）$i\geqslant 1$。

这种评价方法的优点，在于把土壤监测与粮菜监测结合起来对农田环境质量进行评价、分级，在定量上有较充分的依据。

（2）根据土壤和作物中污染物积累的相关含量，计算土壤污染物的污染指数。

为了应用这个方法，首先要确定各级污染起始值。

土壤污染显著积累起始值：一般是指土壤中污染物的背景值，以 X_a 表示；

土壤轻度污染起始值：当作物中污染物含量超过其背景值，即作物开始遭受污染时，土壤中污染物的含量，以 X_c 表示；

土壤重度污染起始值：当作物中污染含量达到食品卫生标准时，土壤中污染物的含量以 X_p 表示。

根据上述 X_a，X_c，X_p 等数值，确定污染等级和相应的污染指数范围。以 C_i 表示土壤中污染物 i 的实测值，P_i 表示污染物指数，则污染指数范围如下：

非污染：$C_i \leqslant X_a$　　$P_i \leqslant 1$

轻污染：$X_a < C_i \leqslant X_c$　　$1 \leqslant P_i \leqslant 2$

中污染：$X_c < C_i < X_p$　　$2 < P_i < 3$

重污染：$C_i \geqslant X_p$　　$P \geqslant 3$

具体计算如下：

当 $C_i \leqslant X_a$ 时，

$$P_i = \frac{C_i}{X_a} \tag{4-10}$$

当 $X_a < C_i \leqslant X_c$ 时，

$$P_i = 1 + \frac{C_i - X_a}{X_c - X_a} \tag{4-11}$$

当 $X_c < C_i < X_p$ 时，

$$P_i = 2 + \frac{C_i - X_c}{X_p - X_c} \tag{4-12}$$

当 $C_i \geqslant X_p$ 时，

$$P_i = 3 + \frac{C_i - X_c}{X_p - X_c} \tag{4-13}$$

（二）多因子评价

在实际情况中，常出现多种污染物同时污染某一区域土壤的现象，单因子评价难以表示它们的整体污染水平，因此需要一种同时考虑土壤中多种污染物综合污染水平的多因子评价方法。多因子评价方法有土壤污染叠加指数法、均方根污染指数法、加权污染综合指数法、内梅罗污染综合指数法等。这里推荐常用的内梅罗污染指数法和加权指数法。

1. 内梅罗（N L Nemerow）污染综合指数法

该法的计算公式如下：

$$P_N = \sqrt{\frac{1}{2}[(1/n\sum_{i=1}^{n} p_i)^2 + {p_{i(\max)}}^2]} \tag{4-14}$$

式中：P_N——内梅罗污染指数；

P_i——各污染物污染指数；

$P_{i(\max)}$——各污染物中最大的污染指数。

这种方法的计算结果不仅考虑各种污染物的平均污染水平，也反映了污染最严重的污染物给环境造成的危害。

2．加权污染综合指数法

该法以土壤中各污染物的污染指数和表征污染危害程度的权重相结合进行计算，计算式为：

$$P_w = \sum P_i W_i \qquad (\sum W_i = 1) \tag{4-15}$$

式中：P_w——带有权重的污染指数；

W_i——污染物 i 的权重，其符号同前。

本计算方法根据各污染物对土壤污染的贡献大小进行加权，能较好地反映土壤污染水平。土壤各污染物权重的确定，可根据现有的文献资料和工作经验，对毒性大、污染程度高的污染物给予较大的权重。

3．均方根综合指数法

$$P = \sqrt{\frac{1}{n}\sum_{i=1}^{n} P_i^2} \tag{4-16}$$

注：此式中所有符号同前。

4．联合污染综合指数法

根据每个点的土壤重金属综合污染指数 $P_{土}$和农作物的重金属综合污染指数 $P_{作}$，按式 4-17 求出土壤和农作物的重金属联合污染指数 $P_{联}$。

$$P_{联} = \sqrt{\frac{{P_{土}}^2 + {P_{作}}^2}{2}} \tag{4-17}$$

这种方法可以较明确地反映出重金属对土壤、农作物的污染程度。实践证明，这种方法在一定程度上可以如实反映调查区各个地段污染程度的差异。

（三）土壤环境综合评价及质量分级

一个区域的环境是由相互联系的多个环境要素组成的，因此要全面评价一个区域的环境质量，就需要考虑多种环境要素，给予综合的评价。综合评价是在各环境要素单因子或多因子评价的基础上进行的，可采用带有权重的叠加指数法进行：

$$P_{综} = \sum W_j P_j \ (\sum W_i = 1) \tag{4-18}$$

式中：$P_{综}$——环境质量总指数；

P_j——环境要素 j 的污染指数或污染综合指数；

W_j——环境要素 j 的权重。

土壤环境质量评价一般以单项污染指数为主，但当区域内土壤质量作为一个整体与外区域土壤质量比较时，或者一个区域内土壤质量指标在不同历史阶段比较时，应用综合污染指数评价。综合污染指数全面反映了各污染物对土壤的不同作用，同时又突出了高浓度污染物对土壤环境质量的影响，适于用来评价土壤环境质量的污染等级，表 4-5 为《农田土壤环境质量监测规范》划定的土壤污染分级标准。

表 4-5　土壤污染分级指标

土壤级别	综合污染指数（$P_{综}$）	污染等级	污染水平
1	$P_{综} \leqslant 0.7$	安全	清洁
2	$0.7 < P_{综} \leqslant 1.0$	警戒限	尚清洁
3	$1.0 < P_{综} \leqslant 2.0$	轻污染	土壤污染超过污染值，作物开始污染
4	$2.0 < P_{综} \leqslant 3.0$	中污染	土壤，作物均受到中度污染
5	$P_{综} > 3.0$	重污染	土壤，作物受污染已相当严重

若以《土壤环境质量标准》（GB 15618—1995）为土壤环境质量现状的评价标准，综合评价分级标准宜采用：$P_{综} \leqslant 0.85$，非污染；$0.85 < P_{综} \leqslant 1.71$，轻污染；$1.71 < P_{综} \leqslant 2.56$，中度污染；$P_{综} > 2.56$，重度污染。

（四）超标评价分类法

质量指数法将多种评价参数综合为一个数值，掩盖了引起土壤质量变化的主要因素。为了弥补这种缺点，可采用超标评价分类法。首先求出测点实测值与标准值的比值，比值大于 1 者为超标比值。按比值和超标比值进行分类，分为无污染，一种污染物超标，两种污染物超标，三种污染物超标……类型。然后按照超标污染物划分亚类，命名按超标比值大小顺序排列。

Ⅰ 无污染类型

Ⅱ 一种污染物超标类型

Ⅱ 1 铅污染亚类

Ⅱ 2 铬污染亚类

Ⅲ 两种污染物超标类型

Ⅲ 1 铬-铅污染亚类

Ⅲ 2 铅-锌污染亚类

Ⅳ 三种污染物超标类型

Ⅳ 1 汞-铬-铅污染亚类

这种分类，简单明确，易于掌握，便于对策。

（五）生物法

生物法分为以下六个方面。

（1）植物反应。常根据植物叶片、长势和产量，来衡量土壤污染状况。例如，砷污染的土壤，其上面生长的植物首先表现在“新功能叶”萎蔫，继而阻止植物根部和顶部生长。水稻受砷毒害，叶卷曲，使组织呈紫红色或淡红色，最后变为淡黄色。

（2）土壤动物变化。土壤中蚯蚓的分布、个体数量、生物以及体内重金属富集量，可在一定程度上反映土壤重金属污染程度。

（3）累积和残留量。利用植物或作物中重金属累积量（C_p）和农药残留量（R_p）；或者分别用它们与土壤中重金属累积量（C_s）和农药残留量（R_s）之比，即为C_p/C_s或R_p/R_s；农作物对重金属或农药的吸收率（吸收能力）作为土壤质量评价指标。评定不同土壤污染程度，需采用同一作物，同一部位重金属累积量和农药残留量进行比较。

（4）杀菌度（B）。土壤重金属和农药对土壤微生物有杀伤作用。根据杀菌度（B）可评定土壤污染程度。

$$B = K\sum_{o}^{t} C\Delta t \quad (4\text{-}19)$$

式中：C——在临界生境的有害物质的浓度；

t——接触有害物质的时间；

K——土壤系数，视不同土壤而定。

（5）土壤微生物菌种变化。农药对土壤中硝化菌、根瘤菌和根际生物有较大影响。根据土壤微生物的变化，可鉴别土壤污染状况。

（6）利用土壤酶来评价土壤环境质量。过氧化氢酶、脲酶、碱性磷酸酶或转化酶常用来评价土壤重金属污染程度。

第四节　土壤环境影响评价

一、土壤环境影响评价概述

1．概念

土壤环境影响评价是从预防性环境保护的目的出发，依据建设项目的特征与开发区域土壤环境条件，通过监测调查了解情况，识别各种污染和破坏因素对土壤可能产生的影响；预测影响的范围、程度及变化趋势，然后评价影响的含义和重大性；提出避免、消除和减轻土壤侵蚀与污染的对策，为行动方案的优化决策提供依据。

土壤环境影响评价的目的是预测和评价不同建设项目对土壤环境质量的影响，为项目的合理布局和环境对策、环保措施的设计与实施提供依据。

2．类型

土壤环境影响评价按照不同的依据可划分为不同的类型。

按照影响结果划分，可划分为以下三种类型：

（1）土壤污染型影响　指建设项目在开发建设和投产使用过程中，或建设项目服务期满后排出和残留有害有毒物质，对土壤环境产生化学性、物理性或者生物性危害。一般工业建设项目大部分都属于这种类型。

（2）土壤退化型影响　指由于人类活动导致的土壤中各组分之间或土壤与其他环境要素（大气、水体、生物）之间的正常的自然物质和能量循环过程遭到破坏，而引起土壤肥力、土壤质量和承载力的下降。

（3）土壤资源破坏型影响　指建设项目对土壤环境施加的主要影响不是污染，而是项目本身固有特性和对条件的改变，如土壤被占用、淹没、破坏，还包括土壤过度侵蚀或重金属污染使土壤完全丧失原有功能而被废弃的情况。一般水利工程、交通工程、森林开采、矿产资源开发对土壤环境的影响都属于这种类型。

按建设项目时序可以划分为：建设阶段影响、运行阶段影响、服务期满后影响。

按照影响方式可以划分为：直接影响、间接影响。

按照影响性质可以划分为：可逆影响、不可逆影响、累积影响、协同影响。

3．主要研究内容

（1）收集和分析拟建项目工程分析的成果，以及土壤侵蚀和污染有关的地表水、地下水、大气和生物等专题评价资料；

（2）监测拟建项目所在地区土壤环境资料，包括土壤类型、形态，土壤中污染物的背景和基线值，以及土壤利用现状，植物的产量及生长状况；

（3）调查评价区内现有土壤污染源排污情况；

（4）描述土壤环境现状，进行土壤环境现状评价；

（5）根据污染物进入土壤的种类、数量、方式、区域环境特点、土壤理化性质，以及污染物在土壤环境中的迁移、转化和累积规律，分析污染物累积趋势，预测土壤环境质量的变化；

（6）运用土壤侵蚀和沉积模型预测项目可能造成的侵蚀和沉积；

（7）评价拟建项目对土壤环境影响的重大性，并提出消除和减轻负面影响的对策措施及监测计划；

（8）如果由于时间限制或特殊原因，不可能详细、准确地收集到评价区土壤的背景和基准值，以及植物体内污染物含量等资料，可以采用类比调查；必要时应做盆栽、小区乃至田间试验，确定植物体内的污染物含量或者开展污染物在土壤中累积过程的模拟试验，以确定各种系数值。

4．评价范围

一般地说，土壤影响评价范围比拟建项目占地面积大，应考虑以下两方面。

（1）项目建设期可能破坏原有的植被和地貌范围；可能受项目排放的废水污染的区域；项目排放到大气中的气态和颗粒态有毒污染物由于干、湿沉降作用而受较重污染的区域。

（2）项目排放的固体废弃物，特别是危险性废物堆放和填埋场周围的土地。

二、土壤环境影响识别

环境影响识别是通过系统地检查拟建项目的各项“活动”与各环境要素之间的关系，识别可能的环境影响，包括环境影响因子、影响对象、环境影响方式和影响程度等。

（一）环境影响识别的方法

环境影响识别的方法主要有以下几种。

1. 类比调查分析法

类比分析法是一种比较常用的定性和半定量评价法。

类比分析是根据已有的开发建设活动对生态环境产生的影响来分析或预测拟进行的开发建设活动可能产生的生态环境影响。选择好类比对象是进行类比分析或预测评价的基础，也是该法成败的关键。

类比对象的选择条件是：工程性质、工艺和规模基本相当，生态环境条件（地理、地质、气候、生物因素等）基本相似，产生的影响已基本全部显现。

类比对象确定后，则需选择和确定类比因子及指标，并对类比对象开展调查与评价，再分析拟建项目与类比对象的差异。根据类比对象与拟建项目的比较，做出类比分析结论。

2. 列表清单法

列表清单法是将拟实施的开发建设活动的影响与可能受影响的环境因子分别列在同一张表格中，逐项进行分析，并以正负号、数字、其他符号表示影响的性质、强度、相对大小等，由此分析开发建设活动的生态环境影响。

3. 矩阵法

该法类似于一个环境影响总清单，把各种作用因子和生态相互之间的复杂关系包容在一个矩阵中，为项目计划者、设计者和环境管理人员提供一份系统、直观、简明的资料，有助于从复杂的矛盾中看出重要的起主导作用的因素。

矩阵法是在矩阵水平方向列出生态系统的生物与物理因子，垂直方向列出拟实施的开发建设活动，矩阵小网格中分别列出两项内容：一项是开发建设活动对某一特定的环境因子产生影响的幅度，即影响的大小；另一项是每种影响的重要性，即权系数。右侧纵行给出各个生态因子受影响的大小和相对重要性，矩阵下方给出各个活动作用因子对生态系统影响的大小及影响的重要程度。

影响的大小可以用 1～10 的数字来表示，对于已经取得的影响的绝对值，可将其化为 1～10 的无量纲值，数值越大，表示影响的幅度亦越大；所产生影响的有利性或无利性可以分别用正负号表示。权系数的大小同样可以在 1～10 做出选择，最重要的给 10 分。

环境影响矩阵包括 m 行 n 列，每一列代表一种开发建设活动对各种环境因素的影响；每一行则代表每一个环境因素受到各个开发建设活动的影响。其结构如表 4-6 所示。P_{ij} 表示第 i 种环境因素受到第 j 种活动的影响幅度；W_{ij} 则代表相应的权系数。

表 4-6　环境影响矩阵的结构

项　目	活动 1	活动 2	…	活动 n	因子总影响
环境因子	P_{11}（W_{11}）	P_{12}（W_{12}）	…	P_{1n}（W_{1n}）	I_i
环境因子	P_{21}（W_{21}）	P_{22}（W_{22}）	…	P_{2n}（W_{2n}）	
…	…	…	…	…	
环境因子	P_{m1}（W_{m1}）	P_{m2}（W_{m2}）	…	P_{mn}（W_{mn}）	
活动的总影响	I_j				I

其中，第 i 种环境因素所受到的总影响为：

$$I_i = \sum_{j=1}^{n} W_{ij} P_{ij} \tag{4-20}$$

第 j 项活动对各环境因素的总影响为：

$$I_i = \sum_{i=1}^{m} W_{ij} P_{ij} \tag{4-21}$$

所有活动对所有环境因素的综合影响为：

$$I = \sum_{i=1}^{m} \sum_{j=1}^{n} W_{ij} P_{ij} \tag{4-22}$$

（二）土壤环境影响识别内容

土壤环境影响识别，主要是分析各项建设活动本身及其排放的废物可能对土壤环境及其生态系统产生的影响，具体内容详见表 4-7。

表 4-7　土壤环境影响识别主要内容

活动内容	影响属性
地下水过量开采，石油或天然气资源开发，露天或地下采掘活动	地面下沉
工程施工	当地和供材地区由于开采砂、石会引起地表水的水力条件和土壤的侵蚀样式改变
不适当开挖	滑坡、塌方
火力发电厂、核电厂、化工厂、废物处理设施和大型的油品与溶剂贮槽、生活垃圾、污泥、疏浚淤泥堆放场和填埋场、农药、化肥的使用	土壤污染

活动内容	影响属性
沿海岸开发	海岸线侵蚀
水利工程项目的建设	土壤生态功能改变
管道施工	土壤侵蚀，导致土壤肥力损失、收纳水体悬浮物浓度提高和底泥沉积量增加

三、土壤环境污染预测

（一）土壤环境质量预测

土壤环境质量预测评价是环境质量影响评价中重要组成部分。土壤环境质量预测评价是根据污染物在土壤中的迁移转化规律、土壤的自净化能力和土壤环境质量标准，建立土壤污染物积累的计算模式，预测在一定条件下的土壤环境质量变化趋势，从而提出控制污染和消除污染的有效措施。

预测基本思路如下：

（1）根据污染源现状调查结果和拟建项目工程中分析大气、地面水有关资料核算输入土壤的污染物。

（2）根据土壤侵蚀模数，农作物吸收、淋溶流失，污染物降解、转化，计算土壤污染物输出量。

（3）计算土壤污染物残留率（一般是通过与评价区土壤侵蚀、作物吸收、淋溶与降解等条件相似的模拟求得）。

（4）根据土壤中污染物输出量和输入量的比较或土壤污染物输入量和残留率的乘积说明其污染程度和趋势。

1. 污染物在土壤中积累和污染的趋势预测

如不考虑土壤自净能力，则 n 年后土壤中污染物的浓度为：

$$W_n = B_i + nR \tag{4-23}$$

式中：W_n——第 n 年土壤中污染物的残留量，mg/kg；

R——土壤污染物平均年输入量，mg/kg；

B_i——污染物 i 的现有浓度，mg/kg。

若土壤有一定的自净能力，即污染物在土壤中残留率小于 1，则污染物在土壤中第 n 年土壤中污染物的残留量（mg/kg）为：

$$W_n = BK^n + RK^n + RK^{n-1} + \cdots + RK = BK^n + RK（1 - K^n）/1 - K \tag{4-24}$$

式中：K——污染物年平均残留率；

R——污染物平均年输入量，mg/kg。

2. 土壤中农药残留污染预测模式

$$R = Ce^{-Kt} \tag{4-25}$$

式中：R —— 农药残留量，mg/kg；

C —— 农药施用量；

K —— 常数；

t —— 时间。

如果一次施用时，土壤中农药浓度 C_0，一年后的残留量为 C，则农药残留率 f 可用式 4-26 表示：

$$f = C/C_0 \tag{4-26}$$

如果每年一次连续施用，则数年后土壤中农药残留总量可用式 4-27 计算：

$$R_n = (1+f+f^2+f^3+\cdots+f^{n+1}) \tag{4-27}$$

式中：f —— 残留率，%；

C_0 —— 一次施用农药在土壤中的浓度，mg/L；

n —— 连续施用年数。

当 $n \to \infty$ 时，则

$$R_n = \left(\frac{1}{1+f}\right)C_0 \tag{4-28}$$

用此式可计算农药在土壤中达到平衡时的残留量。

3. 污染土壤中有害金属等污染物累积模式

$$W_i = K_i(B_i + R_i) \tag{4-29}$$

式中：W_i —— 污染物 i 在土壤中的年积累量，mg/kg；

B_i —— 区域土壤背景值，mg/kg；

R_i —— 污染物 i 的年输入量，mg/kg；

K_i —— 污染物 i 在土壤中的残留量率，%。

若污染物年限为 n，每年的 K_i 和 R_i 不变，则污染物 i 在土壤中 n 年内的累积量为：

$$W_{in} = B_i K_i^n + R_i K_i \frac{1-K_i^n}{1-K_i} \tag{4-30}$$

4. 污水灌溉的土壤影响预测

当利用拟建项目排放各种污染物的废（污）水灌溉时，污染物在土层中被土壤吸附，被微生物分解和被植物吸收，同时还可能发生一系列化学变化；此外，地表

径流及渗透也将使之迁移。土壤灌溉几年后，污染物 i 在土壤中的累积残留量 W_i（mg/kg）有式（4-31）的关系。

$$W_i=\phi_i+X_iK_i\frac{1-K_i^n}{1-K_i} \tag{4-31}$$

式中：ϕ_i——灌溉前污染物 i（mg/kg）在土壤中的背景值；

X_i——单位重量被土壤每年接纳污染物的量，mg/（kg·a）；

K_i——污染物 i 在被灌溉土壤中的年残留率；

n——污灌年限。

$$X_i=\frac{Q}{M}C_i \tag{4-32}$$

式中：Q——污染水量，m^3/（a·hm^2）；

M——每公顷地耕作层土壤重，kg/hm^2；

C_i——灌溉水中污染物 i 的浓度，mg/L。

5．土壤环境容量计算模式

土壤环境容量指土壤接纳污染物而不会产生明显不良生态效应的最大数量，计算公式如下：

$$Q=(C_R-B)\times 2\,250 \tag{4-33}$$

式中：Q——土壤环境容量，g/hm^2；

C_R——土壤临界含量，g/t 指使作物污染物含量达到食品卫生标准或使作物生育受障碍时的土壤污染物含量，此值通过栽培试验获得，mg/kg；

B——区域土壤背景值，g/t。

2 250——每公顷地表土的计算质量，t/hm^2。

根据土壤环境容量计算结果可以估测评价区土壤的标准容量（按土壤环境标准计算土壤能够容纳的重金属总量）、允许容量（标准容量减去本底总量）、现存容量（允许容量减去现有重金属总量）、警戒容量（设定70%的容许容量为警戒容量）。

（二）土壤退化趋势预测

土壤不是封闭的孤立物体，在现阶段它的演变原因、过程、影响已凸显出它与环境的相互关系这一更广阔的视野内，而土壤退化过程对环境质量的影响是一个直接关系人类生存环境和可持续发展的重要课题。作为物质的表现形式，土壤的运动是绝对的，它处于不断变化之中，退化也是一种土壤变化，但这种变化通常是人为影响下的加速过程，对土壤质量和功能发挥产生负面影响。一般来讲，土壤退化更多是指人为过程导致的土壤功能快速丧失的过程（也可以广泛地指人为引起的土壤质量降低过程）。从土地利用类型上看，它包括农业引起的土壤退化（物理的、化学的、生物的）、城市化过程引起的土壤退化（污染、压实、侵蚀）、工业化过程引起的土壤退化（污染、酸雨）。在全球范围内普遍存在的主要退化过程包括土壤侵蚀（水蚀、风蚀）、土地荒漠化、土壤酸化、土壤盐渍化等，这些退化过程有自然背景的影响，如气候、植被、地形、地貌、地下水状况等，但毫无疑问人为作用的影响往往是决定性的，如植被破坏引起的加速侵蚀和荒漠化过程、不合理灌溉导致的土壤次生盐渍化、施肥不当引起的土壤酸化等。现代化工业和城市化导致的土壤退化主要体现在大量有害物质进入土壤中，超过了土壤对污染物的容纳和降解能力。土壤退化对土壤本身的影响是多方面的，包括丧失土壤资源基础、降低土壤肥力、增加耕作难度等，最终综合表现为降低土壤的生产力，构成对全球和地区粮食安全的威胁。

土壤退化预测主要预测建设项目开发引起土壤酸化、土壤沙化、土壤盐渍化、土壤沼泽化、土壤侵蚀等土壤退化现象的发生和程序、发展速率及其危害，预测方法一般用类比分析或建立预测模型估算。

1．土壤侵蚀量预测

侵蚀是土壤及母质在水力、风力、冻融、重力等外营力作用下，被破坏、剥蚀、搬运和沉积的过程。水力和风力所造成的土壤侵蚀也相应的简称为水蚀和风蚀。

土壤水蚀是由降雨和水流所决定的过程，但自然地貌类型、地表状况、土壤特征对侵蚀过程都有显著影响。

土壤水蚀量的计算是定量评价土壤侵蚀水平的依据，也是确定影响侵蚀的关键因子的重要方法，这对于提出合理的土壤管理措施，从而降低和治理侵蚀也是非常必要的。侵蚀量计算的另一个重要作用是确定泥沙产量和养分输出，它是了解和评估侵蚀的环境影响的重要基础。

目前，国内外提出的土壤侵蚀模型很多，但应用最广泛的模型是由 Wischmeier 和 Smith 提出的通用土壤侵蚀方程（Universal Soil Loss Equation，USLE），它是建立在土壤侵蚀理论和大量实地观测数据统计分析基础上的一个经验模型。

通用土壤侵蚀方程表达式为：

$$A = R \cdot K \cdot LS \cdot C \cdot P \tag{4-34}$$

式中：A —— 土壤侵蚀量，t/（$hm^2 \cdot a$）；

R —— 降雨侵蚀力指标；

K —— 土壤可侵蚀系数，t/（$hm^2 \cdot a$）；

LS——地形因子（坡长、坡度）；

C —— 植被覆盖因子；

P —— 土壤管理措施因素。

式 4-34 中各因子的数值可以从各地有关资料中查得。本法适应于坡度小于 25% 的场合；公路陡坡较难用；黄土高原不太适宜；有流域模式者可用流域模式。

通用土壤流失方程是在特定的自然背景和土地利用条件下发展起来的土壤侵蚀

预测模型，它以标准侵蚀小区的侵蚀量为计算基础。标准侵蚀小区是长度为 22.13 m，坡度为 9%，无植被覆盖的休耕地。理论上在其他任何条件下，所有参数都必须根据实际情况测定，才有可能计算土壤侵蚀量。实际上，方程中的一些参数可以根据其他容易获得的数据转换得到。

（1）*R* 因子

根据 Wischmeier 等（1978），估计降雨侵蚀指数的最佳方法是每年中降雨事件的最大 30 min 雨强（EI_{30}），然后计算前 22 年的平均值。但即使如此，每次降雨事件的详细记录仍然不容易得到，通常比较容易获得的是月平均数据。Bergsma（1981）和 Lal（1990）综述了应用这些粗略数据计算降雨侵蚀指数的经验公式。Bols 提出了如下模型（van den Berg，1992）：

$$R_{\mathrm{bols},i}=\mathrm{a}P_i^{\,b}D_i^{\,c}P^{d}_{\mathrm{max},i} \tag{4-35}$$

式中：$R_{\mathrm{bols},i}$——估计的各月 *R* 因子；

P_i——各月平均降雨；

D_i——各月降雨数；

$P_{\mathrm{max},i}$——各月最大 24 h 雨量；*a*，*b*，*c*，*d* 是适合各地的经验常数。该经验公式是在热带地区建立起来的，适合热带、亚热带地区的应用。

当然还有其他很多经验公式，但这些计算实际上都是一种近似估计，只能在降雨观测数据缺乏时用来简单地估算。SWEAP（van den Berg，1992）就是利用这些经验公式来估计降雨侵蚀因子，进而计算区域土壤侵蚀量的。

（2）*K* 因子

K 是表征土壤自身抵御侵蚀能力的一个因子，它与土壤结构的种类、强度、土壤孔隙状况等密切相关。前已述及，土壤可蚀性因子也并非常数，它的测定通常是在标准侵蚀小区上通过观测泥沙总量计算得到，单位是 t/（hm^2·a·ru）（ru 为标准单元）。

同样因为测定上的困难，*K* 因子的获得通常也是在研究土壤属性与可侵蚀性关系的基础上进行经验估算。Wischmeier 等（1978）提供了一个查找土壤可侵蚀性“诺莫图”（nomograph），其计算公式为：

$$100\,K=2.24[2.1\cdot10^{-4}\cdot(SIL+VFSA)^{1.4}\cdot(12-OM)+3.25\cdot(b-2)+2.5(c-3)] \tag{4-36}$$

式中：（*SIL+VFSA*）——土壤粉粒与极细砂粒含量之和；

OM——土壤有机质含量；

b——土壤结构类型代码；

c——剖面参透性等级。

在地表存在砾石、岩石或其他较粗成分时，由于这些物质的保护效果对土壤侵蚀产生影响，上述方法所得到的 K 值可能需要进一步的校正（Soil Conservation Service，1980）。

（3）*LS* 因子

LS 因子是土壤所处位置的坡度和坡长复合因子，目前有多个关于因子的估计方法，它们之间的差别不大，只有在坡度极缓（＜1%）或者极陡（＞20%）时才有明显不同的结果。Wischmeier 等（1978）所提供的计算公式为：

$$LS = (L/22.1)(65.41\sin^2 q + 4.56\sin q + 0.065) \tag{4-37}$$

式中：L——坡长；

q——坡度（百分比）。

改良的通用流失方程（RUSLE）作了一些修正，将坡度在 9%以上或者以下的情况分别计算（Renard 等，1991）：

$$LS = (L/22.1)(10.8\sin q + 0.03) \quad q < 9\% \tag{4-38}$$

$$LS = (L/22.1)(16.8\sin q - 0.50) \quad q > 9\% \tag{4-39}$$

（4）*C* 因子

C 因子与土地利用状况密切相关，不同的植被类型和覆盖程度的 *C* 值有很大的差别。标准情况下（无覆盖）*C* 值为 1，所以实际条件下一般 *C* 值小于 1，在完全土壤保护的情况下 *C* 值为 0，此时不认为有侵蚀产生。在一年生作物生长过程中，因为叶面积在不断变化，所以 *C* 值也是变化的。在具有植物残体覆盖的情况下，地表覆盖度的大小也直接影响 *C* 值的高低。SWEAP（van den Berg，1992）提供了不同作物类型和生长期情况下 *C* 值的参照表，作为侵蚀量计算的估计值。

（5）*P* 因子

根据不同的侵蚀控制措施取值，在没有耕作的休闲坡地 *P* 值为 1，在条带耕作、梯田等情况下，*P* 值不同程度地降低。Wischmeier 等（1978）提供了不同管理措施条件下 *P* 值的经验数值，可用于侵蚀的估计。

在 USLE 中的所有变量被计算以后，可以利用它计算特定条件下泥沙的产量，也可以进一步计算所携带的养分和其他污染物负荷。基于通用流失方程的比较研究还可以确定不同条件下侵蚀因子的贡献，从而了解不同条件下侵蚀产生的主要因子，为降低侵蚀，实现可持续的土壤（土地）管理提供明确的方向。

除 USLE 以外，其他土壤侵蚀量的估计模型，如 WEPP（Water Erosion Prediction Project）（Laflen 等，1991），也是一个重要的侵蚀估计模型，它可以计算每次降雨事件的土壤侵蚀量：

$$D_i = K_i V I S_j A_{dj} \tag{4-40}$$

式中：D_i——沟间剥离速率，kg/（$m^2 \cdot s$）；

V——径流速率，m/s；

I——降雨强度，m/s；

S_j——坡度调节因子（Liebenow 等，1990），可按式（4-41）进行计算；

A_{dj}—— 所有其他因子的调节项。

$$S_j = 1.05 - 0.85\mathrm{e}(-4\sin a) \tag{4-41}$$

式中：a—— 坡度角。

2. 土壤酸化预测

土壤酸化是指在自然或人为条件下土壤 pH 下降的过程，土壤的自然酸化过程，即盐基阳离子淋失，使土壤交换性阳离子变成以 Al^{3+}和 H^{+}为主的过程，是相对缓慢的。然而，人为活动的影响改变了自然酸化过程影响的范围和速度，由于近代工业的迅猛发展，大量化石燃料燃烧排出 SO_4 和 NO_x，它们与大气中的水汽发生化学反应生成无机酸，使降水低至以 4.0 下，大量的干、湿酸沉降进入土壤，无机酸替代 CO_2 成为土壤酸化的主要因子，因此大大增加土壤的酸化速率和铝的溶出。土壤酸化过程直接影响土壤本身性质，使土壤和保持土壤养分的能力降低，铝的相对含量和活动性增加，导致大量被活化的铝进入环境之中，产生不良的环境影响。土壤酸化对土壤影响的程度取决于质子输入的量和土壤的缓冲能力。在低 pH 的酸性土壤中，多数农作物的生长会受到影响，在 pH＜5.0 时，甚至产生铝中毒的现象。

对土壤酸化趋势进行预测，首先要弄清拟建项目引起土壤酸化的因子与途径，如排放酸性废水的种类、数量；酸性气态化合物的类型、浓度、影响范围；固体废气物在堆存工程中自然风化及降水作用过程中产生的酸性废水等。结合评价区土壤 pH 值和缓冲性能进行土壤酸化的模拟试验，以取得必要数据，再开展影响预测。

3. 灌溉土壤次生盐渍化预测

土壤盐渍化包括盐化和碱化。土壤盐化是指可溶性盐类在土壤中的累积，特别是在土壤表层累积的过程；碱化则是指土壤胶体被钠离子饱和的过程，也常称为钠质化过程（sodication）。水溶性盐分在土壤中的积累是影响盐渍土形成过程和性质的一个决定性因子。不同盐分组成所形成的盐渍土在特性上也区别。在盐度达到一定阈值以后，土壤性质产生变化，这种变化对土壤的生产能力和环境功能而言是有害的，它包括支持生物生长能力和生物多样性的下降等。

土壤的盐化和碱化是全球农业生产和土壤资源可持续利用中存在的严重问题。灌溉地区的土壤次生盐渍化引起的土壤退化则更为突出。据估计，世界上灌溉土壤中有一半遭受次生盐渍化的威胁。由于灌溉不当，每年有 1.0×10^{7} hm^2 灌溉土壤因为次生盐渍化而被抛弃（Szabolcs，1985）。盐渍化是土壤退化的一种主要类型，虽然很多人认为它是一个化学退化过程，实际上其环境影响亦如土壤化学污染那样得非常重要。

一般情况下，土壤次生盐渍化预测可以根据拟建项目排水数量，盐碱种类与浓度，工程特征参数，影响区域地质条件，地下水位与矿化度，土壤的质地、层次构型、盐渍度，以及本地区或相近地区的观测资料，用类比法分析评价区土壤水盐运动规律，预测拟建项目对土壤盐渍化影响程度。山东复合肥料厂环境影响报告书预测废水灌溉对土壤盐分累积的影响，按包气层厚的 1/2 考虑，无地表径流的假设，按式 4-42 计算土壤盐分累积量：

$$W_n = B + nR \tag{4-42}$$

式中：W_n —— n 年土壤积盐量，kg/m^3；

n —— 预测年限，a；

B —— 土壤含盐量背景值，取潮褐土为 0.75 kg/m^3，砂浆黑土为 0.84 kg/m^3；

R —— 单位土体的年盐分增量，取 0.11 kg/m^3。

4．土壤荒漠化预测

“荒漠化”是指干旱、半干旱半湿润地区在自然和人为活动影响下造成的土地退化。荒漠化是一个复杂的土地退化过程，不单纯是土壤的变化，正如“土地”退化所指：荒漠化包括土壤退化，也包括土壤生态与环境的退化，前者包括侵蚀、盐碱化、肥力衰减等土壤演变过程，后者包括植被覆盖降低、生物量减少和生物多样性下降等生态系统变化过程。

日益严重的荒漠化，不仅造成生态系统失衡，而且给工农业生产和人民生活带来严重影响。这一现实将成为制约中国中西部地区，特别是西北部地区经济和社会协调发展的重要因素。中国已经成为受荒漠化危害最为严重的国家之一，目前全国四分之一以上的国土荒漠化，每年因荒漠化造成的直接经济损失达 540 亿元。荒漠化不仅使地区或国家，甚至全球丧失大片土地，直接威胁人类的生存基础，它还产生严重的环境影响，其影响是广泛而强烈的，其中最为明显的是形成沙尘，严重影响了大气环境质量。

荒漠化的产生与特定的干旱、半干旱环境有关，主要因子在于水分严重短缺导致植被生长困难，有机质不足而且分解较快，土壤结构破坏等相互关联的自然背景和过程。但是，人为活动的影响是荒漠化加速的直接因子。

一般来说，荒漠化是难以预测的，因为有多种驱动力量相互作用，情况复杂而且具有长期的性质。但为研究的需要，不少学者仍希望通过一定模式来预测荒漠化趋势。如马尔柯夫荒漠化预测模型（刘湘南等，2004）、非线性回归模型和灰色理论 GM（1.1）模型（徐当会等，2002）和基于GIS和元胞自动机的荒漠化演化预测模型（陈建平等，2004）等。

5．土壤资源破坏和损失预测

土壤资源破坏和损失是指随着开发建设项目的实施，不可避免地占据、破坏或淹没一部分土壤。特别是在生态脆弱地区，建设项目可引起极度的土壤侵蚀，从而有可能造成一些土壤功能丧失和破坏。

土壤资源破坏和损失的预测一般采用类比法，其步骤分为两步。

（1）对土地利用类型进行现状调查，并将结果绘成土地利用类型图。

（2）对建设项目造成的土地利用类型的变化和损失进行预测，预测内容包括：占用、淹没、破坏土地资源的面积；因表层土壤过度侵蚀造成的土地废弃面积；地貌改变而损失和破坏的面积，包括地表塌陷、沟谷堆填、坡度变化等；因严重污染而废弃或改为他用的耕地面积。

四、土壤环境影响评价

（一）评价拟建项目对土壤影响的重大性和可接受性

1．将影响预测的结果与法规和标准进行比较

（1）由拟建项目造成的土壤侵蚀或水土流失明显违反了国家的有关法规。例如，建设矿山造成水土流失十分严重，但水土保持方案不足以显著防治土壤流失，则该项目的负面影响是重大的，在环境保护方面是不可行的。

（2）将影响预测值加上背景值后与《土壤环境质量标准》作比较。例如，一个拟建化工厂排放有毒废水使土壤中的重金属含量超过《土壤环境质量标准》，则可判断该废水的影响是重大的。

（3）用分级型土壤指数对土壤的基准值与预测拟建项目影响后算得的指数值进行比较。如果土质级别降低（例如，基准值为轻度污染，受影响后为中度污染），则表明该项目的影响是重大的；如果仍维持轻度污染，则表示影响不显著。

2．与当地历史上已有污染源和土壤侵蚀源进行比较

请专家判断拟建项目所造成新的污染和增加侵蚀程度的影响的重大性。例如，土壤专家一般认为在现有的土壤侵蚀条件下，如果一个大型工程的兴建将使侵蚀率提高的值不大于 11/（$hm^2 \cdot a$）则是允许的。但在做这类判断时，必须考虑区域内多个项目的累积效应。

3．拟建项目环境可行性的确定

根据土壤环境影响预测与影响重大性的分析，指出工程在建设过程和投产后可能遭到污染或破坏的土壤面积和经济损失状况。通过费用-效益分析和环境整体性考虑，判断土壤环境影响的可接受性，由此确定该拟建项目的环境可行性。

（二）避免、消除和减轻负面影响的对策

1．提出拟建工程应采用的控制土壤污染源的措施

（1）工业建设项目应首先通过清洁生产或废物最少化措施减少或消除“三废”

的排放量，同时生产中不用或少用在土壤中易累积的化学原料；其次是采取排污管终端治理方法，控制废水和废气中污染物的浓度，保证不造成土壤中的重金属和持久性的危险有机化学品的累积。

（2）危险性废物堆放场和城市垃圾等固体废物填埋场应有严格的隔水层设计、施工时确保工程质量，使渗漏液的影响减少至最小。同时做好渗漏液收集和处理工程，防止土壤和地下水污染。

（3）提出针对受污染影响的土壤的监测方案，作为受拟建工程影响的土壤环境管理的依据。

2. 提出防止和控制土壤侵蚀的对策

（1）对于在施工期破坏植被、造成裸土的地块应及时覆盖砂、石和种植速生草种，并进行经常性管理，以减少土壤侵蚀。

（2）对于农副业建设项目，应通过休耕、轮作以减少土壤侵蚀；对于牧区建设，应降低放牧，保持草场的可持续利用。

（3）在施工中开挖出的弃土应堆置在安全的场地上，防止侵蚀和流失；如果弃土中含有污染物，应防止流失、污染下层土壤和附近的水域；在工程完工后，这些弃土应尽可能运回原地。

（4）加强土壤与作物或植物的监测和管理。加快建设项目周围地区森林和植被的生长。

（三）方案选址

任何开发行动或拟建项目必须有多个选址方案，应从整体布局上进行比较，从中选择出对土壤环境负面影响较小的方案。

五、土壤环境风险评价

土壤环境风险主要涉及以下四个方面：① 土壤污染物向下渗漏造成地下水污染；② 随灌水进入地表水体，造成地表水污染；③ 部分挥发性污染物在一定气象条件下还会进入大气环境，造成大气环境污染；④ 残留土壤，毒害土壤生物，破坏土壤生态平衡。这些环境风险无论哪一种方式，污染物终将通过食物链，进入生态系统，危害动植物生长发育和人体健康。所以土壤环境风险评价，实则是土壤生态风险评价。

早期的土壤生态风险评价主要是针对人类健康而言的，也就是人类健康风险评价。20 世纪 90 年代初，美国科学家 Joshna Lipton 等提出土壤生态风险的最终受体不仅为人类自己，而且包括土壤系统（个体、种群、群落、生态系统和景观），并且考虑了生物之间的互相作用，以及不同组成水平的生态风险之间的相互关系（风险级联）。1992 年，美国国家环保局认为，土壤生态风险评价是为了分析和预测土壤生态系统对于外界胁迫的响应。这种胁迫可以是这些能对个体、种群、群落和土壤生态系统导致不利影响的化学的、物理的及生物的反应。在此后十年中，陆续又有一些学者对（土壤）生态风险评价给出了一些定义。这些定义虽不尽相同，但都认为土壤生态风险评价至少包括两方面内容，即保护人类免受土壤中化学暴露和外来物质的威胁，而进行的人类健康评估和土壤中外来物质对土壤生态系统或其中某些组分产生有害影响的生态健康评价。

土壤生态风险评价一般包含风险因素识别、风险度量、风险表征和风险决策管理四部分。

（一）风险因素识别

风险因素识别是污染土壤生态风险评价的第一步，是对人类活动产生的生态效应提出假设、进行评估的过程，是生态风险评价的基础。这一步工作的主要目的是结合所有理论上的可能性对污染土壤潜在的暴露终点及关键暴露途径进行识别，识别的主要对象如表 4-8 所示。

表 4-8　污染土壤不良生态效应识别对象

对　象	关　键　信　息
污染的第一环境要素	污染源是否继续存在，以及污染方式
污染的第二环境要素	有关环境迁移行为及形态转化的内在性质
识别相关的生态终点	对不同物种的毒性以及对地下水污染的潜在威胁

（二）风险度量

环境风险度量是对环境风险的大小以及事件的后果进行量测。土壤环境风险度量主要是研究污染物剂量与生态效应的关系。一般通过试验研究，归纳出生态暴露以及胁迫与生态效应的关系。这些结果是土壤生态系统风险表征阶段风险结论的基础。本阶段开始时评价者应清楚研究焦点是哪些生态胁迫和生态效应（可能有次生暴露和次生效应）。

剂量—效应关系是指采用各种数学方程加以描述：在一定的暴露时间内，试验生物对环境毒物或污染物的反应，或环境毒物对生物体的作用与环境毒物或污染物剂量之间的关系。剂量—效应关系的利用与风险因素识别中所确定的生态风险评价范围和性质有关，剂量的概念较为广泛，可以是暴露的强度、时间和空间等。一般地，化学物质强度（如浓度）比较常用，暴露时间在化学污染物的剂量—效应关系中也常用，而暴露的空间尺度通常用在物理性风险的情况下。效应是指环境毒物对生物体的作用而引起的生物学改变，包括量效应和质效应两个方面。量效应是指各种有程度差别的生物学效应；质效应是指效应的程度没有明显的差别但效应性质不同。

（三）风险表征（风险评价）

风险表征是土壤生态风险评价的最后阶段，是风险因素识别、风险分析评价结果的综合分析。风险表征的目的是通过阐述土壤污染物与污染生态效应之间的关系得出结论，评估土壤污染物对目标生态终点产生的危害，解释风险评价，报告结果。它应该给出明确的信息，供风险管理人员做出环境决策。

（四）风险决策管理

根据风险分析、评估的结果，结合风险事件的承受能力，确定风险是否可以接收，并根据具体情况采取减小风险的措施和行动，如土壤生物修复工程技术措施等。

复习与思考题

1. 土壤环境质量现状评价、土壤环境影响评价、土壤环境风险评价的定义分别是什么？
2. 土壤环境影响评价主要包括哪几方面？
3. 《土壤环境质量标准》将土壤分为几级、几类？其含义是什么？
4. 土壤环境评价的目的是什么？
5. 土壤环境影响预测包括哪些内容？
6. 土壤环境质量评价的方法有哪些？

第五章　固体废物概述

随着生产的发展和人民生活水平的提高，固体废物的排放量与日剧增。一方面，由于有害废物处理、处置不当，造成对大气、水体和土壤的污染；另一方面，由于自然资源的逐渐减少，迫使人们重视固体废物的再生利用。因此，固体废物的监测、处理和处置，已成为环境保护中亟待解决的问题。

第一节　固体废物的定义和来源

一、固体废物的定义和特性

固体废物是指在生产建设、日常生活和其他活动中产生的，在一定时间和地点无法利用而被丢弃的污染环境的固态、半固态废物质。

固体废物一词中的“废”具有鲜明的时间和空间特征。因此，固体废物的概念具有时间和空间特征。从时间方面讲，它仅仅相对于目前的科学技术和经济条件，随着科学技术的飞速发展，矿物资源的日趋枯竭，生物资源滞后于人类需求，昨天的废物势必又将成为明天的资源。从空间方面看，废物仅仅相对于某一过程或某一方面没有使用价值，而并非在一切过程或一切方面都没有使用价值，一种过程的废物随着时空条件的变化，往往可以成为另一种过程的原料。我国目前已建立了许多废物回收利用工厂，如用粉煤灰制砖、用煤矸石发电、用高炉渣生产水泥、从电镀污染泥中回收贵重金属等。所以固体废物又有“放错地方的资源”之称。

固体废物一般具有如下特性：① 无主性，即被丢弃后，不再属于谁，因而找不到具体负责者，特别是城市固体废物；② 分散性，丢弃、分散在各处，需要收集；③ 危害性，对人们的生产和生活产生不便，危害人体健康；④ 错位性，一个时空领域的废物在另一个时空领域是宝贵的资源。

固体废物对环境的危害与所涉及的固体废物的性质与数量有关。任何固体废物，只要不超过一定数量，就不会对环境产生危害，数量的多少与固体废物的种类和性质有关。长期以来，世界各地的农村用有机废物进行沤肥，并没有产生任何环境问题。但当固体废物的量达到一定程度时，就可能对环境造成污染。如城市生活垃圾集中堆放到一定数量时，就会对堆放场周围的环境造成污染。除了数量的因素外，固体废物的性质也决定了固体废物的危害性。建筑垃圾属于无毒无害废物，量再大，也不会造成严重环境污染。废电池、废日光灯等，数量可能不大，但任意丢弃在环境中，就会造成严重污染和危害。因此，在进行固体废物处理时，必须准确掌握处理的量和度。

二、固体废物的来源与分类

固体废物主要来源于人类的生产和消费活动。生产过程中所产生的废物（不包括废水和废气），称为生产废物；产品进入市场后在流动过程中或使用消费后产生的固体废物，称生活废物。人们在资源开发和产品制造过程中，必然有废物产生，任何产品经过使用和消费后，都会变成废物。

固体废物有很多种分类方法。按其化学组成可分为有机废物和无机废物；按其危害性可分为一般固体废物和危险性固体废物；按其形状可分为固体废物（粉状、粒状、块状）和泥状废物（污泥）。通常为了便于管理，按其来源可分为矿业废物、工业废物、城市垃圾、农业废物和放射性废物五类（表5-1）。

表 5-1　固体废物的分类、来源和主要组成

分类	来源	主要组成物
矿业废物	矿山、选冶	废矿石、尾矿、金属、废木、砖瓦灰石等
工业废物	冶金、交通、机械、金属结构等	金属、矿渣、砂石、模型、芯、陶瓷、边角料、涂料、管道、绝热和绝缘材料、废木、塑料、橡胶、烟尘等
	煤炭	矿石、木料、金属
	食品加工	肉类、谷类、果类、蔬菜、烟草
	橡胶、皮革、塑料等	橡胶、皮革、塑料、布、纤维、燃料、金属等
	造纸、木材、印刷等	刨花、锯末、碎木、化学药剂、金属填料、塑料、木质素
	石油、化工	化学药剂、金属、塑料、橡胶、陶瓷、沥青、油毡、石棉、涂料
	电器、仪器、仪表等	金属、玻璃、木材、橡胶、塑料、化学药剂、研磨料、陶瓷、绝缘材料
	纺织服装业	布头、纤维、橡胶、塑料、金属
	建筑材料	金属、水泥、陶瓷、石膏、石棉、砂石、纸、纤维
	电力	炉渣、精煤灰、烟尘
城市垃圾	居民生活	食物垃圾、纸屑、布料、木料、庭院植物修剪、金属、玻璃、塑料、陶瓷、燃料灰渣、碎砖瓦、废器具、粪便、杂品
	商业、机关	管道、碎砌体、沥青及其他建筑材料、废汽车、废电器、废器具、含有易爆易燃腐蚀性 放射性的废物，以及类似居民生活栏内的各种废物
	市政维护、管理部门	碎砖瓦、树叶、死禽畜、金属锅炉、灰渣、污泥、脏土等

分类	来源	主要组成物
农业废物	农林	稻草、秸秆、蔬菜、水果、果树枝条、落叶、废塑料、人畜粪便、禽类、农药
	水产	腥臭死禽畜、腐烂鱼虾贝壳、水产加工污水、污泥
放射性废物	核工业、核电站、放射性医疗单位、科研单位	金属、含放射性废渣、粉尘、污泥、器具、劳保用品、建筑材料

工业废物是工业部门在生产、加工过程及流通中所产生的废渣、粉尘、废屑、污泥等，主要包括冶金、煤炭、电力、化工、交通、食品、轻工、石油等行业。例如，冶金工业中的高炉渣、钢渣、铁合金渣、铜渣、铅渣等；电力工业中的粉煤灰、炉渣、烟道灰；石油工业中的油泥、焦油、页岩渣；化学工业中产生的硫铁矿烧渣、铁渣、碱渣、电石渣、磷石膏等；食品工业排弃的谷屑、下脚料、渣滓；其他工业产生的碎屑、边角料等。矿业废物主要指来自矿业开采和矿石洗选过程中所产生的废物，主要包括煤矸石、采矿废石和尾矿。城市垃圾是指在城市日常生活中或者为城市日常生活提供服务的活动中产生的固体废物，以及法律、行政法规规定视为城市垃圾的固体废物，如生活垃圾、建筑垃圾、废纸、废家具、废塑料等。农业废物主要指农林生产和禽畜饲养过程所产生的废物，包括植物秸秆、人和牲畜的粪便等。放射性废物包括核燃料生产、加工产生的废物，以及同位素应用、核研究机构、医疗单位、放射性废物处理设施产生的废物，如尾矿、污染的废旧设备、仪器、防护用品、废树脂等。

固体废物中凡具有急性毒性、易燃性、腐蚀性、反应性、传染性、放射性的废物又被称为危险废物。1998年1月4日国家环保总局、国家经贸委、对外贸易经济合作部和公安部联合颁布、1998年7月1日实施的《国家危险废物名录》（以下简称《名录》）（表5-2），将我国危险废物分为47类，同时制定了《危险废物鉴别标准》。国家规定："凡《名录》所列废物类别高于鉴别标准的属危险废物，列入国家危险废物管理范围；低于鉴别标准的，不列入国家危险废物管理。"目前我国已制定的《危险废物鉴别标准》中包括浸出毒性、急性毒性初筛和腐蚀性三类，其中浸出毒性主要为无机有毒物质鉴别标准，而有机有毒物质的浸出毒性鉴别标准，以及反应性、易燃性和传染性鉴别标准尚未制定。表5-3为浸出毒性、急性毒性初筛和腐蚀性的鉴别标准。

表 5-2 我国国家危险废物名录

编 号	废物类型	编 号	废物类型
HW01	医院临床废物	HW05	木材防腐剂废物
HW02	医药废物	HW06	有机溶剂废物
HW03	废药物、药品	HW07	热处理含氰废物
HW04	农药废物	HW08	废矿物油

编　号	废物类型	编　号	废物类型
HW09	废乳化油	HW29	含汞废物
HW10	含多氯联苯废物	HW30	含铊废物
HW11	精（蒸）馏残留	HW31	含铅废物
HW12	废染料涂料	HW32	无机氟化物废物
HW13	有机树脂类废物	HW33	无机氰化物废物
HW14	新化学品废物	HW34	废酸
HW15	易爆炸性废物	HW35	废碱
HW16	感光材料废物	HW36	石棉废物
HW17	表面处理废物	HW37	有机磷化合物废物
HW18	焚烧处置残渣	HW38	有机氰化物废物
HW19	含金属羰基化合物废物	HW39	含酚废物
HW20	含铍废物	HW40	含醚类废物
HW21	含硒废物	HW41	废卤化有机溶剂
HW22	含铜废物	HW42	有机溶剂废物
HW23	含锌废物	HW43	含多氯苯并呋喃类废物
HW24	含砷废物	HW44	含多氯苯并二噁英类废物
HW25	含硒废物	HW45	含有机卤化物废物
HW26	含镉废物	HW46	含镍废物
HW27	含锑废物	HW47	含钡废物
HW28	含碲废物		

表 5-3　我国危险废物鉴别标准

危险特性	项　目		危险废物鉴别值
腐蚀性	浸出液 pH 值		≥12.5 或≤2.0
急性毒性初筛	小白鼠（或大白鼠）经口灌胃半致死量		1∶1 配制浸出液，灌胃量小白鼠不超过 0.4 mL/20 g 体重，大白鼠不超过 1.0 mL/100 g 体重
浸出毒性	浸出液危害成分浓度/（mg/L）	有机汞	不得检出
		汞及其化合物（以总汞计）	0.05
		铅（以总铅计）	3
		镉（以总镉计）	0.3
		总铬	10
		六价铬	1.5
		铜及其化合物（以总铜计）	50
		锌及其化合物（以总锌计）	50
		铍及其化合物（以总铍计）	0.1
		钡及其化合物（以总钡计）	100
		镍及其化合物（以总镍计）	10
		砷及其化合物（以总砷计）	1.5
		无机氟化物（不包括氟化钙）	50
		氰化物（以 CN^- 计）	1

三、固体废物的国内外现状

全世界固体废物的排放量十分惊人。目前，一些工业化国家的工业废物排放量，每年平均以2%～4%的速度增长。据有关资料统计，全世界工业每年产生约21亿t固体废物和3.4亿t危险废物。美国每年产生约4亿t固体废物，日本每年产生约3亿t固体废物，其中放射性废物的产生量亦在逐年上升。

近年来，随着工业化国家的城市化和居民消费水平的提高，城市垃圾的增长也十分迅速。发达国家垃圾增长率为3.2%～4.5%，发展中国家垃圾增长率为2%～3%。美国1970—1978年因经济萧条，垃圾增长不快，仅为2%。1978年后，随着经济复苏，垃圾增长率达4%以上，目前达到5%。欧盟国家垃圾平均增长率为3%，德国为4%，瑞典为2%，韩国近几年经济发展较快，垃圾增长率达11%。全球年产垃圾超过100亿t，其中美国达30亿t，日本最近10年平均每日垃圾抛弃量增加一倍，英国城市垃圾量15年增加了一倍。

随着工业化的迅速发展以及人民生活水平的不断提高，我国每年生产的固体废物数量巨大、种类繁多、性质复杂。据不完全统计，我国每年工业固体废物产量达6亿多t，其中危险废物约占5%，历年累计堆积量已近60亿t，占用了大量农田。目前全国每年产生的工业固体废物除约40%利用外，大部分仍处于简单堆放，任意排放的状况。表5-4为中国工业固体废物排出量粗略统计。

表 5-4　中国工业固体废物排出量粗略统计

年份	1985	1988	1989	1990	1995	2000
产生量/亿 t	4.615	5.613	5.717	5.8	6.142	6.935

我国城市垃圾的产生量近几年增长也较快。垃圾增长率每年按9%以上的速度增长，全国每年垃圾产生量达1.42亿t。由于处置设施严重不足，目前已有2/3的城市陷入垃圾的包围之中。据统计，2000年我国城市垃圾的产生量达到1.5亿t，占地达6万hm^2。

第二节　固体废物对环境的影响

一、固体废物的污染途径

固体废物不是环境介质，不像水污染和大气污染那样可以直接污染环境。但固体废物往往以多种污染成分长期存在于环境中，在一定条件下，会发生化学、物理或生物的转化，对周围环境造成一定的影响。如果处理、处置不当，污染成分就会通过水、气、土壤、食物链等途径污染环境，危害人体健康。图 5-1 示出固体废物进入环境和其中化学物质致人类感染疾病的途径。其中有些是直接进入环境的，如通过蒸发进入大气；而更多的则是非直接如接触浸入、食用或咽入受沾染的饮用水或食物等进入人体内。各种途径的重要程度不仅取决于不同固体废物本身的物理、化学和生物特性，而且与固体废物所在地的地质水文条件有关。

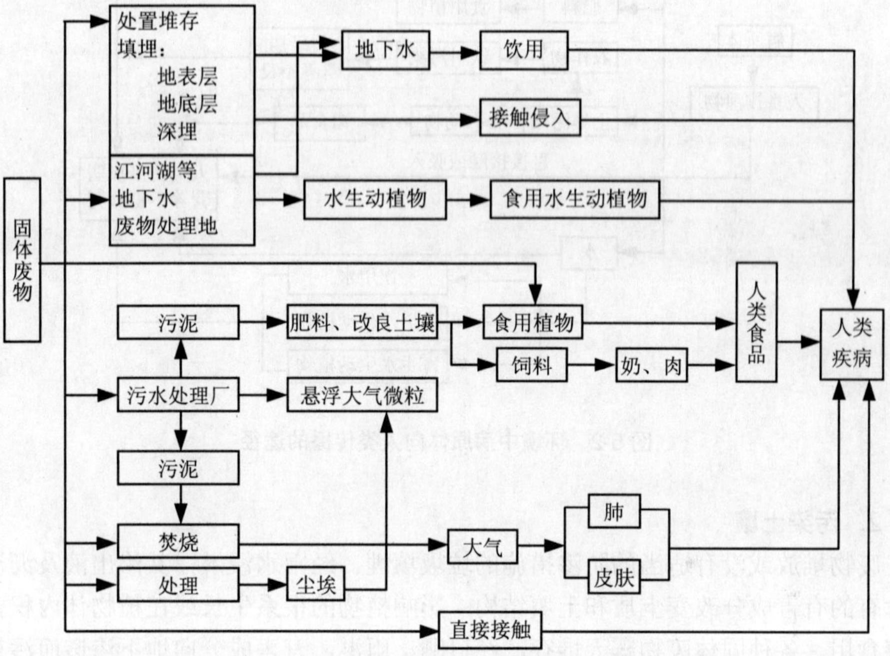

图 5-1　固体废物中有害物质致人疾病的途径

人畜粪便和有机垃圾是各种病原微生物的滋生地和繁殖场，形成病原体型污染，其污染途径见图 5-2。

二、固体废物对环境的影响

固体废物对环境的影响，主要表现在以下五个方面。

1．侵占土地

固体废物不加利用时，需占地堆放。堆积量越大，占地也越多。固体废物产生越多，累积的堆积量越大，填埋处置的比例越高，所需的面积也越大。每堆放万吨废渣，约占土地 0.1 hm^2。据 1996 年统计，我国历年堆渣 64.9 亿 t，占地 51 680 hm^2，其中有近 4 000 hm^2 耕地。我国许多城市利用城郊设置的垃圾堆放场，也侵占了大量农田。据 1985 年航空遥感技术调查，广州市近郊地面堆放的各类固体废物，占地

165.8 hm^2。其中，仅垃圾堆就有 69.04 hm^2。这种垃圾任意侵占农田的现象，使可耕地面积短缺的矛盾进一步加剧，这对我国人均耕地少的情况，不能不说是一种令人担忧的现象。

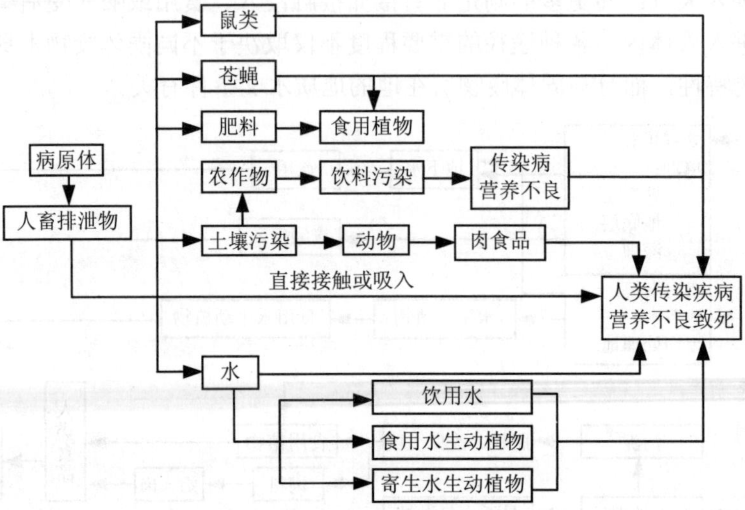

图 5-2 环境中病原体向人类传播的途径

2. 污染土壤

废物堆放或没有适当的防渗措施的垃圾填埋，经雨水浸淋，其渗出液及沥滤液中含有的有害成分改变土质和土壤结构，影响植物的根系生长或在植物体内积蓄，危害食用。各种固体废物露天堆存，经日晒、雨淋，有害成分向地下渗透而污染土壤。城市固体垃圾弃往城郊，使土壤碱度增高，重金属富集，过量施用后，会使土质和土壤结构遭到破坏。土壤是许多细菌、真菌等微生物聚居的场所。微生物在大自然的物质循环中，担负着碳循环和氮循环的一部分重要任务。由于有害成分进入土壤，能杀灭土壤中的微生物，使土壤丧失腐解能力，导致草木不生。如 20 世纪 70 年代，我国内蒙古自治区包头市的某尾矿堆积如山，造成坝下游的大片土地被污染，使一个乡的居民被迫搬迁。70 年代，美国在密苏里州，曾把混有四氯三苯-对二噁英（2,3,7,8-TCDD）的废渣用来铺设地面，造成严重污染。土壤中 TCDD 含量达 3×10^{-7}，污染深度达 60 cm，致使牲畜大批死亡，居民备受多种疾病折磨。最后，美国政府花 3 300 万美元买下了该镇的全部地产，还赔偿了居民搬迁等的一切损失。

3. 污染大气

固体废物中的细微颗粒等可随风飞扬，从而对大气环境造成污染。据研究表明：当发生 4 级以上的风力时，在粉煤灰或尾矿堆表层的直径为 1～1.5 cm 的粉末将出现剥离，其飘扬的高度可达20～50 m，并使平均视程降低30%～70%；以细粒状存在的固体废物和垃圾，在大风吹动下也会随风飘扬，扩散到很远的地方。一些有机固体废物，在适宜的湿度和温度下被微生物分解，还能释放出有害气体、产生毒气或恶臭，造成地区性空气污染；另一种对地区环境的影响是废物填埋场中逸出的沼气，它在一定的程度上会消耗其上层空间的氧，从而使种植作物衰败。

采用焚烧法处理固体废物，已成为有些国家大气污染的主要污染源之一，据报道，美国固体废物焚烧炉，约有2/3由于缺乏空气净化装置而污染大气，有的露天焚烧炉排出的粉尘在接近地面处的浓度达到0.56 g/m^3。我国的部分企业，采用焚烧法处理塑料排出Cl_2、HCl和大量粉尘，也造成严重的大气污染。

4．污染水体

固体废物随天然降水和地表径流进入江河湖泊，或随风飘扬落入水体使地面水污染；随渗沥水进入土壤则使地下水污染；直接将固体废物倾倒于河流、湖泊或海洋，将后者当成处置固体废物的场所之一，又能造成更大的水体污染，而且是有违国际公约的。

固体废物弃置于水体，将使水质直接受到污染，严重危害水生生物的生存条件，并影响水资源的充分利用。此外，向水体倾倒固体废物还将缩减江河湖面有效面积，使其排洪和灌溉能力有所降低。目前，海洋正面临着固体废物潜在污染。1990年12月在伦敦召开的消除核工业废料国际会议上公布的数字表明，近40年来，美、英等国在大西洋和太平洋北部的50多个“墓地”，大约投弃过46×10^{15} Bq放射性废料。虽然这些废料是用容器盛装投弃的，但其渗沥性在短期内是很难确定的。我国沿河流、湖泊建立的一部分企业，每年仍在向附近水域排入成千上万吨的固体废物，有的排污口外形成的灰滩已延伸到航道中心，影响正常航运。此外，据有关单位估计，由于江湖中排进固体废物，20世纪80年代的水面比50年代减少约1.33×10^6 hm^2。

此外，在陆地堆积的或简单填埋的固体废物，经过雨水的浸渍和废物本身的分解，将会产生含有害化学物质的渗滤液，对附近地区的地表及地下水系造成污染。例如，城市垃圾不但含有病原微生物，在堆放过程中还会产生大量的酸性和碱性有机污染物，并会将垃圾中的重金属溶解出来，是有机物、重金属和病原微生物三位一体的污染源。

5．影响环境卫生

目前，我国粪便、垃圾无害化处理率低，而且医院、传染病院的粪便、垃圾也混入普通粪便、垃圾之中，广泛传播肝炎、肠炎、痢疾以及各种寄生虫病等，成为环境的严重污染源。城市垃圾的清运能力低，对我国300个城市统计，城市垃圾的清运量仅占产量的40%～50%，很大一部分垃圾堆存在城市的一些死角，严重影响环境卫生，对市容和景观产生“视觉污染”，给人们的视觉带来了不良刺激。

第三节 固体废物污染防治

一、固体废物污染防治原则

1995 年 10 月 30 日，《中华人民共和国固体废物污染防治法》（以下简称《固废法》）在第八届全国人大常委会第十六次会议上获得通过，2004 年 12 月 29 日第十届全国人民代表大会常务委员会第十三次会议修订。《固废法》的实施为固体废物管理体系的建立和完善奠定了法律基础。《固废法》中，首先确立了固体废物污染防治的“三化”原则，即固体废物污染防治的“无害化”“减量化”“资源化”原则。这是基于目前国内外控制固体废物污染的现状，结合固体废物污染控制的发展趋势而提出的符合我国国情的防治原则。

（一）无害化

固体废物“无害化”处理是将固体废物通过工程处理，达到不损害人体健康，不污染环境的目的。

目前，废物“无害化”处理工程，已经发展成为一门新的工程技术，垃圾的焚烧、卫生填埋、堆肥、粪便的厌氧发酵等都已成为固体废物无害化处理的典型实例，其中高温堆肥处理工艺和高温厌氧发酵处理工艺在我国都已达到实用程度，厌氧发酵工艺用于废物“无害化”处理工程的理论已经成熟，粪便高温厌氧发酵处理工艺在国际上一直处于领先地位。

在对固体废物进行“无害化”处理时，必须认识到各种“无害化”处理工程技术的通用性是有限的，它们的优劣程度往往不是由技术、设备条件本身所决定。以生活垃圾处理为例，焚烧处理确实是一种先进的“无害化”处理方法，但它必须要求垃圾含有高热值和可能的经济投入为条件，否则就没有引用的意义。根据我国大多数城市生活垃圾的特点，在近期内着重发展卫生填埋而和高温堆肥处理技术是适宜的。特别是卫生填埋，处理量大、投资少、见效快的优点将迅速提高生活垃圾处理率，可以解决当前带有“爆炸性”的垃圾出路问题。

（二）减量化

固体废物“减量化”是通过适宜的手段减少固体废物的数量和容积。其实现途径，一是减少固体废物的产生，即通过推行清洁生产技术，采用清洁生产的原料和工艺等，从源头控制固体废物的产生；二是对固体废物进行处理和利用。

减少固体废物的产生，属于物质生产过程的前端，需从资源的综合开发和生产过程中物质资料的综合利用着手。而对固体废物进行处理利用，属于物质生产过程的末端，即通常人们所理解的“废弃物综合利用”，称之为“固体废物资源化”。从物质生产过程的末端（废物利用）向前延伸，即从物质生产过程的前端（自然资源开发）起，就考虑和规划如何全面合理地利用资源，把综合利用贯穿于生产的全过程，称之为“资源综合利用”。实现废物“减量化”必须从“固体废物资源化”延伸到“资源综合利用”上来。

对于无法进行资源化的废物再进一步通过工程技术减少废物的存量，以便实现废物的最终处理。例如，生活垃圾采用焚烧处理后，体积可减少 80%～90%，余烬则便于运输和处置。固体废物采用压实、破碎等方法也可以达到减量和方便运输、处理的目的。

（三）资源化

固体废物“资源化”是采取工艺技术，从固体废物中回收有用的物质与能源。因此也有人将固体废物说成是“再生资源”或“二次资源”。广义的资源化包括物质回收、物质转换和能量转换三个部分。

近 40 年来，世界资源正以惊人的速度被开发和消耗，有些资源已经接近枯竭。根据推算，世界石油资源按已探明的储量和消耗量的增长，只需五六十年将耗去全部储量的 80%；世界煤炭资源按已探明的储量的消耗推算，将在 250 年后耗去储量的 80%。因此，欧洲国家把固体废物资源化作为解决固体废物污染和能源紧张的方式之一，将其列入国民经济政策的一部分，投入巨资进行开发。

我国资源形势也十分严峻。第一，我国资源总量丰富，但人均资源不足，人均占有量仅为世界人均水平的 1/2。第二，我国资源利用率低，浪费严重，很大一部分资源没有发挥效益，变成了废物。几十年来，我国走的是一条资源消耗型发展经济的道路。第三，我国废物资源利用率很低。固体废物的大量积压给环境带来巨大的威胁，由此造成的直接经济损失每年达 300 亿元以上。因此，落实科学发展观，节能降耗，实现固体废物资源化，建立资源节约型社会，是我国经济和社会发展的必然选择。

二、固体废物污染防治技术

固体废物污染防治技术主要体现在两个方面：一是防治固体废物污染；二是综合利用废物资源。

（一）改革生产工艺

1. 采用清洁生产技术

生产工艺落后是产生固体废物的主要原因，因而首先应当结合技术改造，从改革工艺入手，采用无废或少废技术，从发生源消除或减少污染物的产生。例如，传统的苯胺生产工艺采用铁粉还原法，会产生大量硝基苯、苯胺的铁泥和废水，造成固体废物污染和巨大的资源浪费。南京化工厂采用了硫化床气相加氢制苯胺新工艺，固体废物产生量由原来每吨产品 2 500 kg 减少到 5 kg，还大大降低了能耗。

2．选用精料

原料品位低、质量差，也是造成固体废物大量产生的原因。一些选矿技术落后，缺乏烧结能力的中小型炼铁厂，渣铁比相当高。如果在选矿过程中，提高矿石品位，便可少加制渣溶剂和焦炭，并大大降低高炉渣的产生量。一些工业先进国家采用精料炼铁，高炉渣产生量可减少一半以上。因此，应当稳定矿源，进行原料精选，采用精料，以减少固体废物的产量。

3．提高产品质量和使用寿命，不使其过快地变成废物

内容略。

（二）发展物质循环利用工艺

推行清洁生产，发展物质循环利用工艺，使第一种产品的废物，成为第二种产品的原料，使第二种产品的废物又成为第三种产品的原料等，最后只剩下少量废物进入环境，以取得经济的、环境的和社会的综合效益。

（三）综合利用

固体废物中，有些含有很大一部分未起变化的原料或副产物，可以回收利用，矿渣、炉渣和粉煤灰可用来制砖、水泥以及保温材料。如硫铁矿烧渣、废胶片、废催化剂中含有 Au、Ag、Pt 等贵金属，只要采取适当的物理、化学熔炼等加工方法，就可以将其中有价值的物质回收利用。1996 年，我国工业固体废物综合利用率达到 43%，综合利用产品产值 224.8 亿元。

（四）进行无害化处理与处置

对于一些不能回收与综合利用的固体废物，可以通过工程技术进行处理，改变废物中有害物质的性质，使之转化为无害物质或使有害物质含量达到国家规定的排放标准。目前，废物“无害化”处理与处置，已经发展成为一门崭新的工程技术，如垃圾焚烧、卫生填埋、堆肥、粪便的厌氧发酵，有害废物的热处理与解毒处理等。

第四节　固体废物的处理与利用

固体废物处理就是通过物理处理、化学处理、生物处理、热解处理、焚烧处理、固化处理等不同方法，使固体废物转化为适于运输、贮存、资源化利用，以及最终处置的一种过程。固体废物处理应根据其性质和对环境造成的危害情况进行。废物的来源不同其组成差异很大，对环境的危害也不相同，应用的处理方法也不一样。

一、常见固体废物处理方法

（一）焚烧法

将可燃固体废物置于高温炉内，使其中可燃成分充分氧化的一种处理方法。采用焚烧处理可燃固体废物能同时实现减量化、无害化和资源化目的，是一种重要的固体废物处理方法。适合焚烧的废物主要是些不可再循环利用或不宜安全填埋的有害物，如难以生物降解、易挥发和扩散的、含有重金属及其他有害成分的有机物、生物医学废物（医院和医学试验室所产生的需特别处理的废物）等。

（二）化学法

通过反应使固体废物变成其他安全和稳定的物质，使废物的危害性降低到尽可能低的水平。化学法往往用于有毒、有害的废渣处理，属于一种无害化处理技术。化学处理法不是固体废物的最终处置，往往与浓缩、脱水、干燥等后续操作连用，从而达到最终处置的目的。其主要方法有：① 中和法，该方法主要用于化工、冶金、电镀等工业中产生的酸、碱性泥渣，处理的原则是根据废物的酸碱性质、含量及废物的量选择适宜的中和剂，并确定中和剂的加入量和投加方法，再设计处理的工艺及设备；② 氧化还原法，通过氧化还原反应，将固体废物中可以发生价态变化的某些有毒、有害成分转化成为无毒且具有化学稳定性的成分，以便无害化处置或进行资源回收，如对铬渣的无害化处理；③ 化学浸出法，选择合适的化学溶剂作浸出剂（如酸、碱、盐的水溶液等）与固体废物发生作用，使其中有用组分发生选择性溶解后进一步回收的处理方法，可用于含重金属的固体废物的处理。

（三）分选法

根据物质的粒度、密度、磁性、电性、光电性、摩擦性、弹性以及表面润湿性等的差异，采用相应的手段将其分离的过程。在固体废物的回收与利用中，分选是继破碎后一道重要的操作工序，机械设备的选择应按分选废物的种类和性质而定。

分选处理技术主要有风力分选、浮选、筛分等。

（四）固化法

固化法是指通过物理的或化学的方法，将废物固定或包含在坚固的物体中，以降低或消除有害成分溶出的一种固体废物处理技术。根据废物的性质、形态和处理目的可采用的固化技术有五种：水泥基固化法、石灰基固化法、热塑性材料固化法、高分子有机物聚合稳定法和玻璃基固化法。水泥基固化法多应用于处理有毒有害废物，如电镀污泥、铬渣、砷渣、汞渣、氰渣、镉渣和铅渣等。石灰基固化法适用于固化钢铁、机械工业酸洗工序所排物的废液、废渣、电镀工艺产生的含重金属污泥、烟道脱硫废渣以及石油冶炼污泥等。热塑性材料（沥青）固化法一般被用来处理放射性蒸发废液、污水化学处理产生的污泥、焚烧炉产生的灰分、毒性较高的电镀污泥以及砷渣等危险废物。高分子有机物聚合稳定法已研究应用于有害废物和放射性废物及含有重金属、油、有机物的电镀污泥处理。玻璃基固化法一般只适用于极少量特毒废物的处理，如高放射性废物的处理。

（五）生物法

利用微生物对有机固体废物的分解作用使其无害化，其基本原理是利用微生物的生物化学作用，将复杂有机物分解为简单物质，将有毒物质转化成为无毒物质。许多危险废物通过生物降解可解除毒性，解除毒性后废物可以被土壤和水体所接纳。生物法主要有活性污泥法、堆肥法、沼气法和氧化塘法等。

二、固体废物的处置

固体废物的处置是将固体废物焚烧和用其他改变固体废物的物理、化学、生物特性的方法，达到减少已产生的固体废物数量、缩小固体废物体积、减少或者清除其危险成分的活动，或者将固体废物最终置于符合环境保护规定要求的场所或者设施并不再回收的活动。

固体废物的最终处置，原则上是使其最大限度地与生物圈隔离，防止其因扩散对环境造成的污染，以保证现在和将来都不会对人类造成危害或危害甚小。因此，固体废物的处置场所须安全可靠，要通过天然屏障或人工屏障使固体废物被有效隔离，使污染物质不对附近生态环境造成危害；应用的处置方法须有完善的环保监测设施，处置工程能得到有效的管理和维护；最终处置的固体废物的体积应尽量地小，其有害物质含量应尽量少；选择的处置方法在确保环境效益的同时应尽可能的经济有效。常见的固体废物处置方法有以下三方面。

（一）堆存法

堆存法有土地堆存法和筑坝堆存法两种方法。土地堆存法主要处置不溶解、不扬尘、不腐烂变质等不危害周围环境的固体废物，而对粉煤灰、尾矿粉等湿排灰泥则需筑坝堆存。堆存场所常设在山沟、山谷或坑洼荒地。此法贮量大，使用年限长，运营方便，安全可靠。

（二）填埋法

在陆地上选择合适的场所（天然的或人工改造的）把固体废物用土层覆盖起来的技术。这种处置方法可以有效地隔离污染物，保护好环境，并且具有工艺简单、成本低的优点。目前土地填埋处置在大多数国家已成为固体废物最终处置的一种重要方法。主要有：① 卫生填埋，是基于环境卫生将城市垃圾、炉渣、建筑垃圾等固体废物进行土地填埋，分为厌氧填埋、好氧填埋和准好氧填埋三种类型；② 安全填埋，是一种改进了的卫生填埋方法，主要用来处置有害废物，填埋场的结构和安全措施更为严格，是将无回收利用价值或难以回收利用的无机类危险废物经减量化、稳定化、固化预处理后，进行最终安全处置，是实现危险废物“全过程管理”的最终设施。

（三）海洋处置

海洋处置应在不污染海洋环境、不破坏海洋生态的前提下采用，应严格控制。

三、固体废物的资源化

（一）资源化的概念与原则

固体废物资源化就是采取工艺技术从固体废物中回收有用的物质与能源。

实现固体废物的资源化，必须满足以下原则：一是资源化技术可行；二是资源化经济效益较好，有较强的生命力；三是就近资源化，即资源化处理应在固体废物排放源附近进行，以节省其运输存放等费用；四是资源化产品应符合相应质量标准，使之具有较强的竞争力。满足以上条件的固体废物资源化，具有环境效益高、生产成本低、生产效益好，而能耗低的特点和优势。

（二）资源化的途径

固体废物资源化的途径归纳起来主要有以下五个方面。一是提取各种金属。提取最有价值的各种金属是固体废物资源化的重要途径。如从有色金属的渣中提取稀有贵金属，其价值甚至超过重金属的价值；从粉煤灰和煤矸石提取铁、钼、钪、锗、钒、铀、铝等金属。二是生产建筑材料。利用工业固体废物生产建筑材料，为固体废物资源化提供了广阔的途径，如利用高炉渣、钢渣、铁合金渣等生产碎石，用于建筑道路等；利用粉煤灰等生产水泥；利用粉煤灰掺入一定量炉渣、矿渣等制成墙体材料；利用冶金炉渣等生产铸石、微晶玻璃及矿渣棉等。三是生产农用肥料。利用城市垃圾和农业固体废物等经堆肥处理制成有机肥料；粉煤灰、高炉渣、钢渣和铁合金渣等可作为硅钙肥直接施于农田，含磷较高的钢渣可用于生产钙镁磷肥。四是回收能源。从固体废物中回收能源是其资源化的主要途径。很多工业固体废物热值高，可充分利用。农业固体废物可经沼气发酵形成沼气。五是取代某些工业原料。工业固体废物经过一定加工处理可代替某种工业原料，以节省资源。

第五节　固体废物管理

一、我国固体废物管理体系

我国固体废物管理体系是：以环境保护主管部门为主，结合有关的工业主管部门以及城市建设主管部门，共同对固体废物实行全过程管理。为实现固体废物的“三化”，各主管部门在所辖的职权范围内，建立相应的管理体系和管理制度。《固废法》对各个主管部门的分工有着明确的规定。

1．各级环境保护主管部门对固体废物污染环境的防治工作实施统一监督管理

其主要工作包括：

（1）制定有关固体废物管理的规定、规则和标准；

（2）建立固体废物污染环境的监测制度；

（3）审批产生固体废物的项目以及建设贮存、处置固体废物的项目的环境影响评价；

（4）验收、监督和审批固体废物污染环境防治设施的“三同时”及其关闭、拆除；

（5）对与固体废物污染环境防治有关的单位进行现场检查；

（6）对固体废物的转移、处置进行审批、监督；

（7）进口可用做原料的废物的审批；

（8）制定防治工业固体废物污染环境的技术政策，组织推广先进的防治工业固体废物污染环境的生产工艺和设备；

（9）制订工业固体废物污染环境防治工作规划；

（10）组织工业固体废物和危险废物的申报登记；

（11）对所产生的危险废物不处置或处置不符合国家有关规定的单位实行行政代

执行审批、颁发危险废物经营许可证；

（12）对固体废物污染事故进行监督、调查和处理。

2. 国务院有关部门、地方人民政府有关部门在各自的职责范围内负责固体废物污染环境防治的监督管理工作

其主要工作包括：

（1）对所管辖范围内的有关单位的固体废物污染环境防治工作进行监督管理；

（2）对造成固体废物严重污染的企事业单位进行限期治理；

（3）制定防治工业固体废物污染环境的技术政策，组织推广先进的防治工业固体废物污染环境的生产工艺和设备；

（4）组织、研究、开发和推广减少工业固体废物产生量的生产工艺和设备，限期淘汰产生严重污染环境的工业固体废物的落后生产工艺、落后设备；

（5）制订工业固体废物污染环境防治工作规划；

（6）组织建设工业固体废物和危险废物贮存、处置设施。

3. 各级人民政府环境卫生行政主管部门负责城市生活垃圾的清扫、贮存、运输和处置的监督管理工作

其主要工作包括：

（1）组织制定有关城市生活垃圾管理的规定和环境卫生标准；

（2）组织建设城市生活垃圾的清扫、贮存、运输和处置设施，并对其运转进行监督管理；

（3）对城市生活垃圾的清扫、贮存、运输和处置经营单位进行统一管理。

二、固体废物管理制度

根据我国国情并借鉴国外的经验和教训，《固废法》制定了一些行之有效的管理制度。

（1）分类管理制度。固体废物具有量多面广、成分复杂的特点，因此《固废法》确立了对城市生活垃圾、工业固体废物和危险废物分别管理的原则，明确规定了主管部门和处置原则；在《固废法》第五十条中明确规定“禁止混合收集、贮存、运输、处置性质不相容的未经安全性处理的危险废物，禁止将危险废物混入非危险废物中贮存”。

（2）工业固体废物申报登记制度。为了使环境保护主管部门掌握工业固体废物和危险废物的种类、产生量、流向以及对环境的影响等情况，进而有效地防治工业固体废物和危险废物对环境的污染，《固废法》要求实施工业固体废物和危险废物申报登记制度。

（3）固体废物污染环境影响评价制度及其防治设施的“三同时”制度。环境影响评价和“三同时”制度是我国环境保护的基本制度，《固废法》进一步重申了这一制度。

（4）排污收费制度。排污收费制度也是我国环境保护的基本制度。但是，固体废物的排放与废水、废气的排放有着本质的不同。废水、废气排放进入环境后，可以在自然当中通过物理、化学、生物等多种途径进行稀释、降解，并且有着明确的环境容量。而固体废物进入环境后，并没有与其形态相同的环境体接纳。固体废物对环境的污染是通过释放出水和大气污染物进行的，而这一过程是长期的和复杂的，并且难以控制。因此，从严格意义上讲，固体废物是严禁不经任何处置排入环境当中的。《固废法》规定“企业事业单位对其产生的不能利用或者暂时不利用的工业固体废物，必须按照国务院环境保护主管部门的规定建设贮存或者处置的设施、场所”，这样，任何单位都被禁止向环境排放固体废物。而固体废物排污费的交纳，则是对那些在按照规定和环境保护标准建成工业固体废物贮存或者处置的设施、场所，或者经改造这些设施、场所达到环境保护标准之前产生的工业固体废物而言的。

（5）限期治理制度。《固废法》规定“没有建设工业固体废物贮存或者处置设施、场所，或者已建设但不符合环境保护规定的单位，必须限期建成或者改造”。实行限期治理制度是为了解决重点污染环境问题。对于排放或处理不当的固体废物造成环境污染的企业和责任者，实行限期治理，是有效地防治固体废物污染环境的措施。限期治理就是抓住重点污染源，集中有限的人力、财力和物力，解决最突出的问题。如果限期内不能达到标准，就要采取经济手段以致停产。

（6）进口废物审批制度。《固废法》规定，“禁止中国境外的固体废物进境倾倒、堆放、处置”“禁止经中华人民共和国过境转移危险废物”“国家禁止进口不能用作原料的固体废物；限制进口可以用作原料的固体废物”。为贯彻《固废法》的这些规定，国家环保局与外经贸部、国家工商局、海关总署、国家商检局于 1996 年 4 月 1 日联合颁布了《废物进口环境保护管理暂行规定》（以下简称《暂行规定》）以及《国家限制进口的可用作原料的废物名录》。在《暂行规定》中，规定了废物进口的三级审批制度、风险评价制度和加工利用单位定点制度；在这一规定的补充规定中，又规定了废物进口的装运前检验制度。通过这些制度的实施，有效地遏制了曾受到国内外瞩目的“洋垃圾入境”的势头，维护了国家尊严和国家主权，防止了境外固体废物对我国的污染。

（7）危险废物行政代执行制度。由于危险废物的有害特性，其产生后如不进行适当的处置而任由产生者向环境排放，则可能造成严重危害，因此必须采取一切措施保证危险废物得到妥善的处理处置。《固废法》规定“产生危险废物的单位，必须按照国家有关规定处置；不处置的，由所在地县以上地方人民政府环境保护行政主管部门责令限期改正；逾期不处置或者处置不符合国家有关规定的，由所在地县以上地方人民政府环境保护行政主管部门指定单位按照国家有关规定代为处置，处置费由产生危险废物的单位承担”。行政代执行制度是一种行政强制执行措施，这一措施保证了危险废物能得到妥善、适当的处置。而处置费用由危险废物产生者承担，也符合我国“谁污染，谁治理”的原则。

（8）危险废物经营单位许可证制度。危险废物的危险特性决定了并非任何单位和个人都能从事危险废物的收集、贮存、处理、处置等经营活动。从事危险废物的收集、贮存、处理、处置活动，必须既具备达到一定要求的设施、设备，又要有相应的专业技术能力等条件。必须对从事这方面工作的企业和个人进行审批和技术培训，建立专门的管理机制和配套的管理程序。因此，对从事这一行业的单位的资质进行审查是非常必要的。《固废法》规定“从事收集、贮存、处置危险废物经营活动的单位，必须向县级以上人民政府环境保护行政主管部门申请领取经营许可证”。许可证制度将助于我国危险废物管理和技术水平的提高，保证危险废物的严格控制，防止危险废物污染环境的事故发生。

（9）危险废物转移报告单制度。危险废物转移报告单制度的建立，是为了保证危险废物的运输安全，以及防止危险废物的非法转移和非法处置，保证危险废物的安全监控，防止危险废物污染事故的发生。

三、《巴塞尔公约》

随着固体废物特别是危险废物的产生规模日益扩大，一些发达国家将危险废物越境转移和处置，将污染转嫁到发展中国家，引起了国际社会的广泛关注。

为了控制危险废物越境转移和处置，联合国环境规划署执行理事会 1987 年 6 月 17 日通过 14/30 号决议，批准了“危险废物环境安全处理开罗准则和原则”，并授权执行主任组织法律和技术专家特别工作组起草“控制危险废物越境转移全球公约”。

1989 年 3 月 20—22 日在瑞士巴塞尔召开了“控制危险废物越境转移及处置全球公约”外交大会。巴塞尔大会共有 117 个国家和 34 个国际组织与会。会议于 3 月 22 日下午一致通过了《控制危险废物越境转移及其处置巴塞尔公约》。105 个国家在最后文件上签字，其中 34 个国家签署了公约，中国政府在文件上正式签字。

公约由序言、29 条款和 6 个附件组成，内容包括公约的管理对象和范围、定义、一般义务、缔约国主管部门和联络的指定，缔约国之间危险废物越境转移的管理、非法运输的管制、缔约方的合作、秘书处的职能、解决争端的办法和公约本身的管理程序等。

《巴塞尔公约》的制定对固体废物的越境转移和处置，促进我国固体废物的有效管理也起到了极大的推动作用。

四、固体废物环境标准体系

固体废物环境标准体系的建立是固体废物环境立法的一个组成部分，否则将无法对固体废物实行全面的、有效的管理。它一般包括以下内容：基础标准；方法标准（包括采样方法、特性试验方法和分析方法）；标准样品标准；鉴别分类指标标准；容器标准；贮存标准；适用于生产者标准；收集运输标准；综合利用标准，包括农用标准、建材标准、能源回收标准、资源利用标准；处理处置标准，包括有控堆放标准、卫生填埋标准、安全填埋标准、深地层处理标准、深海投弃标准、工业窑炉焚烧标准、专用炉焚烧标准、爆炸物露天焚烧标准、物化解毒标准、生化解毒标准等。目前，这些标准有些已经颁布实施，有些正在紧张制定、报批当中。随着这些标准的制定、颁布和实施，我国将基本形成自己的法定的固体废物标准体系。

我国有关固体废物的国家标准基本由国家环境保护总局和建设部在各自的管理范围内制定，建设部主要制定有关垃圾清扫、运输、处理处置的标准，国家环境保护总局制定有关污染控制、环境保护、分类、监测方面的标准。我国现有的固体废物标准主要分为固体废物分类标准、固体废物监测标准、固体废物污染控制标准和固体废物综合利用标准四类。

（一）固体废物分类标准

这类标准主要包括前面曾经叙述过的《国家危险废物名录》、《危险废物鉴别标准》（GB 5085.1—1996），以及建设部颁布的《城市垃圾产生源分类及垃圾排放》（CJ/T 3033—1996）中关于城市垃圾产生源分类及其产生源的部分和《进口废物环境保护控制标准（试行）》（GB 16487.1～12—1996）。

1996 年制订的《危险废物鉴别标准》（GB 5085.1—1996）规定了浸出毒性、急性毒性初筛和和腐蚀性鉴别三大类的标准、方法和要求；2007 年 4 月 25 日，国家环保总局和质量监督检验检疫总局修订了三个标准，新制订了反应性、易燃性和毒性物质含量三个鉴别标准。

《国家危险废物名录》共涉及 47 类废物（表 5-2），其中编号为 HW01～HW18 的废物名称具有行业来源特征，是以来源命名的；编号为 HW19～HW47 的废物名称具有成分特征，是以危害成分命名的，但在《国家危险废物名录》中未限定危害成分的含量，需要其他的鉴别标准鉴别其危害程度。《国家危险废物名录》是我国的第一批执行名录。随着社会、经济和科学技术的发展，《国家危险废物名录》必将不定期修订。

《城市垃圾产生源分类及垃圾排放》（CJ/T 3033—1996）规定了城市垃圾的分类原则和产生源的分类，即居民垃圾产生场所、清扫垃圾产生场所、商业单位、行政事业单位、医疗卫生单位、交通运输垃圾产生场所、建筑装修场所、工业企业单位和其他垃圾产生场所共九类。

《进口废物环境保护控制标准（试行）》（GB 16487.1～12—1996）是根据《固废法》和《废物进口环境保护管理暂行规定》的要求以及为遏制“洋垃圾”入境而紧急制定的。这类标准的制定在国际上尚属首次，具有鲜明的中国特色。这一标准根据《国家限制进口的可用作原料的废物名录》分为 12 个分标准，即骨废料、冶炼渣、木及木制品废料、废纸或纸板、纺织品废物、废钢铁、废有色金属、废电机、废电线电缆、废五金电器、供拆卸的船舶及其他浮动结构体、废塑料。根据《废物进口环境保护管理暂行规定》，国家商检部门依据这一标准对进口的可用做原料的废物进行商检，海关根据国家环保总局出具的进口废物审批证书和国家商检部门出具的检验合格证书放行，彻底堵住了“洋垃圾”的入境通道。这一标准还根据进口废物中的夹带废物的种类制定了废物的进口标准，将进口废物中的夹带废物分为三类，即严格禁止夹带的废物、严格限制夹带的废物和一般夹带废物。严格禁止夹带的废物主要包括浸出毒性和腐蚀性超过我国鉴别标准的废物、放射性废物等危害严重的废物，这类废物严禁在进口废物中夹带入境；严格限制夹带的废物主要包括虽然危害比较严重，但是在进口废物的收集、运输过程中难以避免的废物，如卫生间废物、厨房废物、废船舶中的生活垃圾、废油船中的油泥等，标准为这类废物的夹带量规定了严格的限值；一般夹带废物主要是在进口废物收集、运输过程中难以避免，其危害性较小的废物，如废纸、废木料、渣土、废塑料、废玻璃，以及其他与进口废物种类不同的一般废物，标准为这类废物的夹带量制定了较严格但又合理的限值。

（二）固体废物监测标准

这类标准包括已经制定颁布的《固体废物浸出毒性测定方法》（GB/T 15555.1～11—1995）、《固体废物浸出毒性浸出方法》（GB 5086—1997）、《工业固体废物采样制样技术规范》（HJ/T 20—1998），以及正在制定中的《固体废物监测规范》、《生活垃圾分拣技术规范》。另外建设部制定的《城市生活垃圾采样和物理分析方法》（CJ/T 3039—95）、《生活垃圾填埋场环境监测技术标准》（CJ/T 3037—1995）也属于这类标准。这类标准主要包括固体废物的样品采制、样品处理以及样品分析方法的标准。目前还未制定有关固体废物成分分析的标准方法。

《固体废物浸出毒性测定方法》（GB/T 15555.1～11—1995）规定了固体废物浸出液中总汞、铜、锌、铅、镉、砷、六价铬、总铬、镍、氟化物以及浸出液腐蚀性的测定方法；《固体废物浸出毒性浸出方法》（GB 5086—1997）规定了固体废物浸出液的制取方法。《危险废物鉴别标准急性毒性初筛》（GB 5085.2—1996）中附录 A《危险废物急性毒性初筛试验方法》规定了危险废物急性毒性初筛的样品制备、试验方法；《工业固体废物采样制样技术规范》（HJ/T 20—1998）规定了工业固体废物采样制样方案设计、采样技术、制样技术、样品保存和质量控制；《城市生活垃圾采样和物理分析方法》（CJ/T 3039—95）规定了城市生活垃圾样品的采集、制备和物理成分、物理性质的分析方法；《生活垃圾填埋场环境监测技术标准》（CJ/T 3037—1995）规定了生活垃圾填埋前和填埋后的水、气和土壤的监测内容和监测方法。

固体废物对环境的污染主要是通过渗滤液和散发气体等释放物进行的，因此对这些释放物的监测仍然应该遵照废水、废气的监测方法进行。浸出毒性的测定中没有制定标准测定方法的项目，应遵循国家相关的废水和废气的监测方法标准。

（三）固体废物污染控制标准

这类标准是固体废物管理标准中最重要的标准，是环境影响评价、“三同时”、限期治理、排污收费等一系列管理制度的基础。没有这些标准，行政部门将无执法依据，而其他标准也无制定和执行依据。

固体废物管理与废水、废气的最大区别在于固体废物没有与其形态相同的受纳体，其对环境的污染主要是通过其释放物（渗滤液、产生气体等）对水体和大气的污染，即使是对土壤的污染也是通过渗滤液进行的，而这一过程时间长，过程复杂，一旦形成污染将很难予以消除。如城市生活垃圾进入填埋场后，即使是在好氧条件下一般也要通过大约 1 年的时间才能基本达到稳定状态，而在厌氧状态下即使 3 年后仍不能达到稳态。如果不加处理直接在环境中完成这一过程，周围土壤和地下水将会受到极其严重的污染。如某城市垃圾周围地下水中细菌总数达到 10 000～25 000 个/mL，大肠菌群达到 2 300～230 000 个/L，超过国家标准 100～10 000 倍；而工业固体废物，特别是危险废物对环境的污染更是严重而且难以消除，如我国锦州铁合金厂 20 世纪 50 年代堆放的铬渣在其后数年内就对周围 35 km^2 范围内的地下水造成严重污染，致使不能饮用，国家花费数千万元进行治理仍然难以达到理想效果。而美国著名的“拉夫运河”事件则因化学物质对周围地下水、空气和土壤的严重污染而让政府和公司赔偿 5 000 万美元，并将当地 2 000 户居民搬迁。因此，固体废物在严格意义上讲是不允许排放的。从这个角度上讲，固体废物的环境保护控制标准与废水、废气的标准是截然不同的，无法采用末端浓度控制的方法。我国固体废物控制标准采用处置控制的原则，在现有成熟处置技术的基础上，制定废物处置的最低技术要求，再辅以释放物控制，以达到固体废物污染环境防治的目的。

固体废物污染控制标准分为两大类，一类是废物处置控制标准，即对某种特定废物的处置标准、要求。目前，这类标准有《含多氯联苯废物污染控制标准》（GB 13015—91），规定了不同水平的含多氯联苯废物的允许采用的处置方法；《城市垃圾产生源分类及垃圾排放》（CJ/T 3033—1996），规定了关于城市垃圾排放的内容；国家环境保护总局和建设部制定并颁布的一些设备设施的行业技术标准，如《小型焚烧炉》（HJ/T 18—1996）、《垃圾分选机垃圾滚筒筛》（CJ/T 5103.1—1995）、《锤式垃圾粉碎机》（CJ/T 3051—1995）等。

另一类标准则是设施控制标准，如《生活垃圾填埋污染控制标准》（GB 16889—1997）、《城镇生活垃圾焚烧污染控制标准》、《一般工业固体废物贮存、处置场污染控制标准》、《危险废物安全填埋污染控制标准》、《危险废物焚烧污染控制标准》、《危险废物贮存污染控制标准》。这些标准中都规定了各种处置设施的选址、设计与施工、入场、运行、封场的技术要求和释放物的排放标准以及监测要求。这些标准在制定完成并颁布后将成为固体废物管理的最基本的强制性标准。在这之后建成的处置设施如果达不到这些要求将被要求限期整改，并收取排污费。如《危险废物焚烧污染控制标准》中规定了集中式危险废物焚烧厂不得建在自然保护区、风景名胜区，要避开人口密集区、商业区和文化区。焚烧厂不允许建在居民区的上风向区。同时，焚烧炉排气筒周围200 m内有建筑物时，其高度必须高出最高建筑物5 m以上。对于焚烧过程中产生二噁英类等有毒气体的排放浓度值做了限制。

（四）固体废物综合利用标准

固体废物综合利用标准是我国对垃圾处理处置技术进行总体规划和指导的总纲，它在一定程度上指导着处理处置技术的发展方向。根据《固废法》的“三化”原则，固体废物的资源化将是今后固体废物处理的主要发展方向。为大力推行固体废物的综合利用技术，避免在综合利用过程中产生二次污染，国家环保总局今后将制定一系列有关固体废物综合利用的规范、标准。目前正在制定的综合利用标准包括有关电镀污泥、含铬废渣、磷石膏等废物综合利用的规范和技术规定。今后，随着科学技术的不断发展，还将陆续制定有关各种废物综合利用的标准。

五、固体废物管理内容

固体废物的管理包括固体废物的产生、收集、运输、贮存、处理和最终处置等全过程的管理，即在每一环节都将其当做污染源进行严格的控制。以下按固体废物管理程序简述管理内容。

（一）产生者管理

对于固体废物产生者，要求其按照有关规定，将所产生的废物分类，并用符合法定标准的容器包装，做好标记，登记记录，建立废物清单，待收集运输者运出。

（二）容器管理

对不同的固体废物要求采用不同容器包装。为了防止暂存过程中产生污染，容器的质量、材质、形状应能满足所装废物的标准要求。

（三）贮存管理

贮存管理是指对固体废物进行处理处置前的贮存过程实行严格控制。

（四）收集运输管理

收集管理是指对各厂家的收集实行管理。运输管理是指收集过程中的运输和收集后运送到中间贮存处或处理处置厂（场）的过程所需实行的污染控制。

（五）综合利用管理

综合利用管理包括农业、建材工业、回收资源和能源过程中对于废物污染的控制。

（六）处理处置管理

处理处置管理包括有控堆放、卫生填埋、安全填埋、深地层处置、深海投弃、焚烧、生化解毒和物化解毒等。

复习与思考题

1. 如何正确理解固体废物的概念？
2. 固体废物的分类方法有哪些？
3. 危险废物与固体废物有何区别？其鉴别标准有哪些？
4. 固体废物的污染与水污染、大气污染有何不同？其污染途径主要有哪些？
5. 简述固体废物污染的危害。
6. 固体废物污染防治的原则是什么？
7. 固体废物处理处置主要有哪些方法？各有什么特点？
8. 固体废物管理有哪些制度？
9. 固体废物环境标准体系是如何构成的？
10. 简述固体废物管理的内容。

第六章　固体废物监测

第一节　固体废物样品的采集和制备

固体废物监测是固体废物环境评价的基础。各国对固体废物采样计划的设计和实施、分析方法、质量保证等方面都有具体规定。美国环保署固体废弃物办公室根据资源回收法（RCRA）编写的“固体废物试验分析评价手册”（Test Methods for Evaluating Solid Waste）较为全面地论述了采样计划的设计和实施，质量控制，方法选择，有害废物的特性、法规定义和可燃性、腐蚀性、反应性、浸出毒性的试验方法，地下水、土地处理监测和废物焚烧监测等。我国在《工业固体废物有害特性试验监测分析方法（试行）》（国家环境保护局（86）环监字第 114 号文颁布）的基础上，同时参考了国际上固体废物采样、制样技术的先进经验，颁布了《工业固体废物采样制样技术规范》（HJ/T 20—1998）。

由于固体废物量大、种类繁多且混合不均匀，因此与水及大气试验分析相比，从固体废物这样不均匀的批量中采集有代表性的试样比较困难。为使采集的固体废物样品具有代表性，在采集之前要研究生产工艺、废物类型、排放数量、堆积历史、危害程度和综合利用情况。如采集有害废物，则应根据其有害特征采取相应的安全措施。《工业固体废物采样制样技术规范》（HJ/T 20—1998）有关工业固体废物采样制样方案设计、采样技术、制样技术、样品保存和质量控制的规定，适用于工业固体废物的特性鉴别、环境污染监测、综合利用及处置等所需样品的采集和制备。

一、固体废物样品的采集

在工业固体废物采样前，应首先进行采样方案设计。方案内容包括采样目的和要求、背景调查和现场踏勘、采样程序、安全措施、质量控制、采样记录和报告等。

（一）采样工具

固体废物的采样工具包括：尖头钢锹、钢锤、采样探子、采样钻、气动和真空探针、取样铲、具盖盛样桶或内衬塑料的盛样袋。

（二）采样程序

（1）确定批废物和选派采样人员；

（2）依据采样目的和要求进行背景调查和现场踏勘；

（3）根据固体废物批量大小确定采样的份样（由一批废物中的一个点或一个部位，按规定量取出的样品）个数；

（4）根据固体废物的最大粒度（95%以上能通过最小筛孔尺寸）确定份样量；

（5）根据固体废弃物的赋存状态，选用不同的采样方法，随机采集份样，组成总样（图 6-1），并认真填写采样记录表。

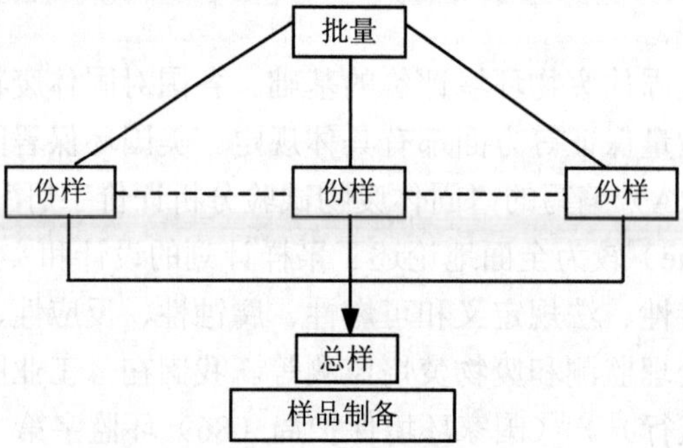

图 6-1 采样示意图

（三）份样数和份样量

份样指用采样器一次操作从一批的一个点或一个部位按规定质量所采取的工业固体废物。份样数指从一批工业固体废物中所采取份样个数。份样量指构成一个份样的工业固体废物的质量。份样数的多少取决于两个因素：① 物料的均匀程度：物料越不均匀，份样数应越多；② 采样的准确度：采样的准确度要求越高，份样数应越多。最小份样数可以根据物料批量的大小进行估计（表 6-1）。

表 6-1 批量大小与最少份样数 单位：固体：t；液体：1 000 L

批量大小	最小份样数/个	批量大小	最小份样数/个
<1	5	≥100	30
≥1	10	≥500	40
≥5	15	≥1 000	50
≥30	20	≥5 000	60
≥50	25	≥10 000	80

一般地说，样品量多一些，才有代表性。因此，份样量不能少于某一限度；但份样量达到一定限度之后，再增加重量也不能显著提高采样的准确度。份样量取决于废物的粒度上限，废物的粒度越大，均匀性越差，份样量就越多，它大致与废物的最大粒度直径某次方成正比，与废物不均匀性程度成反比。表 6-2 列出了每个份样应采的最小重量。所采的每个份样量应大致相等，其相对误差不大于 20%。表 6-2 中要求的采样铲容量为保证在一个地点或部位能够取到足够数量的份样量。

对于液态批废物的份样量以不小于100 mL的采样瓶（或采样器）所盛量为宜。

表 6-2　份样量和采样铲容量

最大粒度/mm	最小份样量/kg	采样铲容量/mL	最大粒度/mm	最小份样量/kg	采样铲容量/mL
＞150	30	—	20～40	2	800
100～150	15	16 000	10～20	1	300
50～100	5	7 000	＜10	0.5	125
40～50	3	1 700	—	—	—

（四）采样方法

1．简单随机采样法

一批废物，当对其了解很少，且采取的份样比较分散也不影响分析结果时，对这一批废物不做任何处理，不进行分类也不进行排队，而是按照其原来的状况从批废物中随机采取份样。

抽签法：先对所有采份样的部位进行编号，同时把号码写在纸片上（纸片上号码代表采份样的部位），掺和均匀后，从中随机抽取份样数的纸片，抽中号码的部位，就是采样的部位，此法只宜在采份样的点不多时使用。

随机数字法：先对所有采份样的部位进行编号，有多少部位就编多少号，最大编号是几位数，就要用随机数表的几栏（或几行），并把几栏（或几行）合在一起使用，从随机数字表的任意一栏、任意一行数字开始数，碰到小于或等于最大编号的数码就记下来（碰上已抽过的数就不要它），直到抽够份数为止。抽到的号码就是采样的部位。

2．现场采样

一批按一定顺序排列的废物，按照规定的采样间隔，每隔一个间隔采取一个份样，组成小样或大样。在生产现场采样，废物以运送带、管道等形式连续排出时，须按一定的间隔采样，采样间隔以式（6-1）计算：

$$T \leqslant Q/n \tag{6-1}$$

式中：T——采样间隔，t；

Q——批量，t；

n——规定的采样单元数。

注意事项：采第一个试样时，不能在第一间隔的起点开始，可在第一间隔内随机确定。在运送带上或落口处采样，应截取废物流的全截面。

3. 运输车及容器采样

在运输一批固体废物时，当车数不多于该批废物规定的份样数时，每车应采样份样数按式 6-2 计算：

$$每车应采样份样数（小数应进为整数）=规定的份样数/车数 \tag{6-2}$$

当车数多于规定的份样数时，按式 6-2 选出所需最少的采样车数，然后从所选车中各随机采集一个份样。在车中，采样点应均匀分布在车厢的对角线上（图 6-2），端点距车角应大于 0.5 m，表层去掉 30 cm。

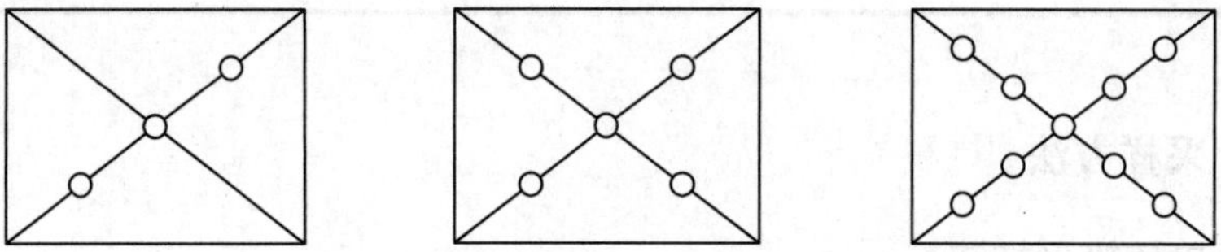

图 6-2 车厢中的采样布点的位置

对于一批若干容器盛装的废物，按表 6-3 选取最少容器数，并且每个容器中均随机采两个样品。

表 6-3 所需最少采样车数

车数（容器）	所需最少采样车数/辆
＜10	5
10～25	10
25～50	20
50～100	30
＞100	50

注意事项：当把一个容器作为一个批量时，就按表 6-1 中规定的追上份样数的 1/2 确定；当把 2～10 个容器作为一个批量时，就按式 6-3 确定最少容器数。

$$最少容器数=表 6\text{-}1 中规定的最少份样数/容器数 \tag{6-3}$$

4．废渣堆采样法

在废渣堆两侧距堆底 0.5 m 处画第一条横线，然后每隔 0.5 m 画一条横线；再每隔 2 m 画一条横线的垂线，其交点作为采样点。按表 6-1 确定的采样的份样量，确定采样点数在每点上从 0.5～1.0 m 深处各随机采样一份（图 6-3）。

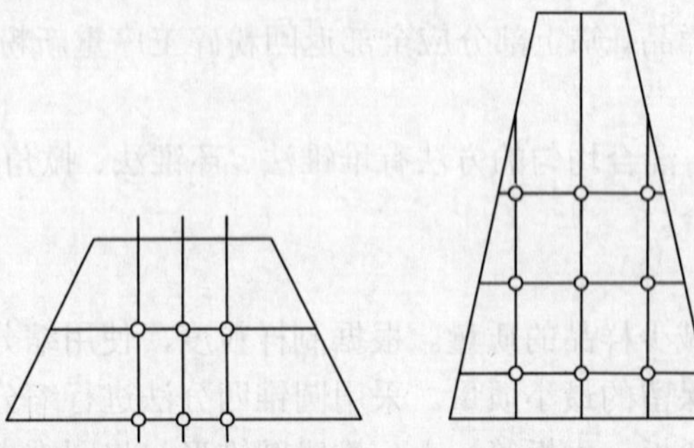

图 6-3　废渣堆中采样点的分布

二、固体废物样品的制备

采得的原始固体废物样品，往往数量很大、颗粒大小悬殊、组成不均匀，无法进行试验分析。因此在试验室分析之前，需对原始固体试样进行加工处理，称为样品的制备。制样的目的是从采取的小样或大样中获取最佳量、最具代表性、能满足试验或分析要求的样品。

（一）制样工具

鄂式破碎机、圆盘粉碎机、玛瑙研磨机、药碾、玛瑙研钵或玻璃研钵、钢锤、标准套筛、十字分样板、分样铲及挡板、分样器、干燥箱、机械缩分器、盛样容器等。

（二）制样要求

（1）在制样的全过程中，应防止样品发生任何化学变化和污染。若制样过程可能对样品的性质产生显著的影响，则应尽量保持原来状态。

（2）湿样品应在室温下自然干燥，使其达到适于破碎、筛分、缩分的程度。

（3）制备的样品应过筛后（筛孔为 5 mm），装瓶备用。

（三）制样的步骤

制样的步骤包括：破碎、过筛、混均、缩分。制样的四个步骤反复进行，直至达到分析试样要求为止。

1．粉碎

经破碎和研磨以减小样品的粒度。粉碎可用机械或手工完成。将干燥后的样品根据其硬度和粒径的大小，采用适宜的粉碎机械，分段粉碎至所要求的粒度。

2．筛分

使样品保证95%以上处于某一粒度范围。根据样品的最大粒径选择相应的筛号，分阶段筛出全部粉碎样品。筛上部分应全部返回粉碎工序重新粉碎，不得随意丢弃。

3．混合

使样品达到均匀。混合均匀的方法有堆锥法、环锥法、掀角法和机械拌均法等，使过筛的样品充分混合。

4．缩分

将样品缩分，以减少样品的质量。根据制样粒度，使用缩分公式求出保证样品具有代表性前提下应保留的最小质量。采用圆锥四分法进行缩分。即将样品置于洁净、平整板面（聚乙烯板、木板等）上，堆成圆锥形，将圆锥尖顶压平，用十字分样板自上压下，分成四等份，保留任意对角的两等份，重复上述操作至达到所需分析试样的最小质量。

三、固体废物样品水分的测定

水分含量是固体废物监测的必测项目。一般采用加热烘干称量法。水分含量一般是指样品在 105℃干燥后所损失的质量。但是蒸汽压与水的蒸汽压相近或者较高的物质，加热法不能进行分离。因此，采用加热烘干称量法所测的水分含量包括某些含氮化合物，有机化合物等。但是，这些物质的存在使固体废物水分含量测定的结果误差通常小于 1%。

称取样品 20 g 左右，测定无机物时可在 105℃下干燥，恒重至±0.1 g，测定水分含量。测定样品中的有机物时应于 60℃下干燥 24 h，确定水分含量。

固体废物测定结果以干样品计算，当污染物含量小于 0.1%时以 mg/kg 表示；含量大于 0.1%时以百分含量表示，并说明水溶性或总量。

四、样品的保存

样品应保存在不受外界环境污染的洁净房间内，制好的样品密封于容器中保存（容器应对样品不产生吸附、不使样品变质），贴上标签备用。标签上应注明：编号、废物名称、采样地点、批量、采样人、制样人、时间。必要时可采用低温、加入保护剂的方法。制备好的样品，一般有效保存期为三个月，易变质的试样不受此限制。最后，填写采样记录表（表 6-4）一式三份，分别存于有关部门。

表 6-4　采样记录表

样品登记号		样品名称	
采样地点		采样数量	
采样现场描述		固体废物产生单位	
采样现场简述			
废物产生过程简述			
样品可能含有的毒性成分			
样品保存方式及注意事项			
样品采集人		样品接受人	
备注		负责人签字	

注：表格依实际情况可适当调整。

第二节　危险废物的鉴别

20世纪是人类历史上工业和经济增长最为快速的一个世纪，一大批新发现、新产品相继问世，如尼龙和涤纶、PVC和聚氯乙烯、杀虫剂和农药、洗涤剂和涂料等。这些产品和技术的发展在推动产业进步、提高人民生活水平的同时，其生产和消费后所产生的危险废物也在进一步危及人类的健康和恶化生态环境。

目前全世界危险废物每年产生量为400 Mt以上，并有逐渐上升的趋势，其主要来源于发达国家。美国每年的产生量为150～250 Mt，欧盟为25～35 Mt，日本为24 Mt，加拿大为8 Mt。据中国环境监测总站公布的“2003年环境统计年报”数据，2003年我国危险废物产生量为11.7 Mt，危险废物排放量为0.3 Mt，危险废物贮存量为4.23 Mt。由于危险废物的危害性较一般固体废物更大，且具有污染后果难以预测和处置技术难度大等，因此一直是世界各国固体废物环境管时的重点和难点。此外，由于各国经济发展不平衡，发达国家每年有大量的危险废物转移到发展中国家，对发展中国家的环境和人民健康造成严重破坏。危险废物已经成为一个被广泛关注的全球性环境问题。

一、危险废物的定义

各国对危险废物的概念的表述都不一样，这与各国的经济发展水平、管理水平、工业特点有显著区别具有联系，制定定义都是从本国当时的实际情况出发。

美国《资源保护与再生法》1004（5）条款中对危险废物的定义：危险废物是指这些固体废物或固体废物化合物，由于其数量、浓度和物理、化学、传染特性可以导致或明显影响死亡率的增加和严重不可挽回或不可逆疾病的增加；或在不恰当处理、贮存、运输、处置或其他方式时对人体健康或环境造成确实存在或潜在危害。

德国对危险废物定义：指从商业或贸易公司产生的，由于它们的成分、性质和数量，对人体健康、空气或水体具有特别危害的废物，或者是具有爆炸性、燃烧性或可能引起疾病的废物。危险废物是“需要特别监督管理的废物”，在政府机构特别监督管理的情况下，进行回用或者处理。

日本《废弃物处理及清扫法》对危险废物的定义：特别管理废弃物（危险废物）为废弃物当中具有爆炸性、毒性、感染性，以及其他对人体健康和生活环境产生危害的特性并经过政令确定的物质。

根据《固体废物污染环境防治法》，我国对危险废物的定义为列入国家危险废物名录或者根据国家规定危险废物鉴别标准和鉴别方法认定的具有危险特性的固体废物。依据《危险废物鉴别标准——通则》（GB 5085.7—2007），危险废物是指列入国家危险废物名录或者根据国家规定的危险废物鉴别标准和鉴别方法认定的具有毒性、腐蚀性、易燃性、反应性和感染性等一种或一种以上危险特性，以及不排除具有以上危险特性的固体废物。《国家危险废物名录》根据危险废物的一般来源以及所含的危险组分将危险废物分为47类（HW01～HW47）大类固体废物，600多个小类。其中名录HW01～HW18是按来源分，主要有医院临床废物、医药废物、废药品、农药废物、木材防腐剂废物等十八个大类；HW19～HW47是根据所含的危险组分及其特性分类，主要有含金属羰基化合物废物、含铍废物、含铬废物、含砷废物、含有机溶剂废物、废酸、废碱等39类物质，但在《国家危险废物名录》中没有限定危害成分的含量，需要依赖其他标准鉴别这些物质的危害程度。随着我国社会经济的发展，新化学物质的不断涌现和使用，该名录必然将不定期地进行修补和完善，目前新《国家危险废物名录》正在征求意见中。

为了对危险废物进行统计和为危险废物的识别、管理、运输、处置技术以及未来规划提供依据，可以通过危险废物多种依据，如物理形态、所含化学元素、危险废物热值、危险废物的危险性、危险废物的类似分子结构和反应特性以及危险废物的来源等，对危险废物进行分类。

二、危险废物鉴别方法

危险废物鉴别是有效管理和处理处置危险废物的前提。目前世界各国的危险废物鉴别方法因其危险性质和国内立法的不同而有所差异。危险废物的鉴别方法通常有两种，一种是名录法，另一种是特性鉴别法，二者互相补充，共同组成了危险废物的鉴别体系。我国的危险废物的鉴别是采用名录法和特性，标准法相结合的方法。2007年4月25日国家环境保护总局和国家质量监督检验检疫总局联合发布了《危险废物鉴别标准 腐蚀性鉴别》（GB 5085.1—2007）、《危险废物鉴别标准 急性毒性初筛》（GB 5085.2—2007）、《危险废物鉴别标准 浸出毒性鉴别》（GB 5085.3—2007）、《危险废物鉴别标准——易燃性鉴别》（GB 5085.4—2007）、《危险废物鉴别标准——反应性鉴别》（GB 5085.5—2007）、《危险废物鉴别标准——毒性物质含量鉴别》（GB 5085.6—2007）六项鉴别标准。

我国通过技术研究和借鉴国际上的通行方法，在《危险废物鉴别标准通则》中首次明确了我国危险废物鉴别的技术程序。未知废物首先必须确定其是否属于《危险废物名录》中所列的种类。如果在名录之列，则必须根据《危险废物鉴别标准》（GB 5085）来鉴别危险特性，按照标准来判定具有哪类危险特性；如果不在名录之列，也必须按照《危险废物鉴别标准》（GB 5085）来判定该类废物是否属于危险废物和相应的危险特性。如果通过《危险废物鉴别标准》（GB 5085）还是不能确定其危险特性，可以通过相关的专家进行综合认定。《危险废物名录》说明指出：凡名录中所列废物类别高于鉴别标准的属于危险废物；低于鉴别标准的不列入危险废物管理。但是目前这种危险废物鉴别方式在实际操作过程中存在较大问题（图6-4）。

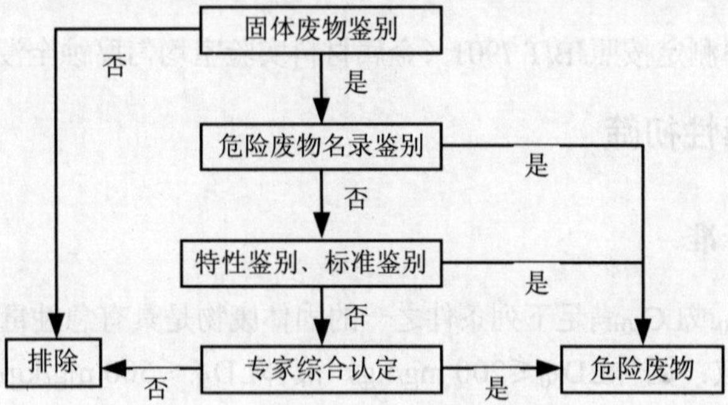

图 6-4　我国危险废物鉴别程序

我国采用特性鉴别法判别危险废物的工作起步较晚，直至1996年才制定了腐蚀性和毒性鉴别的国家标准。无论从鉴别标准覆盖的范围，还是从鉴别标准本身都存在一些不足，需要进一步完善，主要表现在：① 由于危险废物的种类较多，国家不可能制定更多的鉴别标准；② 在已制定的危险废物特性鉴别标准中，规定的内容尚不全面；我国目前缺乏与我国危险废物鉴别标准相配套的检测方法标准，尤其是有机物的浸出毒性鉴别方法标准，以及易燃性和反应性鉴别方法标准。目前，我国在参考了国际上的各种危险废物鉴别标准的基础上，从适用性和实验方法的可行性方面考虑，以及目前对危险废物的认识水平，修订设计的《危险废物鉴别标准》包括易燃性鉴别、反应性鉴别、腐蚀性鉴别、浸出毒性鉴别、急性毒性初筛和毒性物质含量鉴别六种鉴别标准，在经过相关部门审核和征求意见后于2007年10月1日开始实施。

三、腐蚀性鉴别

（一）鉴别标准

（1）按照GB/T 15555.12—1995制备的浸出液；pH值≥12.5或pH值≤2.0，则该废物是具有腐蚀性的危险废物。

（2）非水溶性液态废物在55℃条件下，对GB/T 699（优质碳素结构钢）中规定的20号钢材的腐蚀速率≥6.35 mm/a，则该废物是具有腐蚀性的危险废物。

（二）试验方法

（1）采样点和采样方法按照《危险废物鉴别技术规范》（HJ/T 298—2007）进行。

（2）pH值测定按照《固体废物腐蚀性测定—玻璃电极法》（GB/T 15555.12—1995）进行。

（3）腐蚀速率测定按照JB/T 7901（金属材料实验室均匀腐蚀全浸试验方法）进行。

四、急性毒性初筛

（一）鉴别标准

动物试验LD_{50}或LC_{50}满足下列条件之一的固体废物是具有急性毒性的危险废物。

（1）经口摄取：固体LD_{50}≤200 mg/kg，液体LD_{50}≤500 mg/kg；

（2）经皮肤接触LD_{50}≤1 000 mg/kg；

（3）蒸气、烟雾或粉尘吸入LC_{50}≤10 mg/L。

（二）试验方法

（1）采样点和采样方法按照《危险废物鉴别技术规范》（HJ/T 298—2007）进行。

（2）动物试验经口LD_{50}、经皮LD_{50}和吸入LC_{50}的测定分别按照《化学品测试导则》（HJ/T 153）中规定的“急性经口毒性试验”“急性经皮毒性试验”和“急性吸入毒性试验”方法进行。

五、浸出毒性鉴别

（一）鉴别标准

按照《固体废物浸出毒性浸出方法　硫酸硝酸法》（HJ/T 299）制备的浸出液中任何一种危害成分超过表6-5中所列的浓度值，则该废物是具有以浸出毒性为特征的毒性危险废物。

（二）分析方法

（1）采样点和采样方法按照《危险废物鉴别技术规范》（HJ/T 298—2007）进行。

（2）分析方法（表6-6）。

表 6-5　浸出毒性鉴别标准值

序号	项目	标准值/（mg/L）	序号	项目	标准值/（mg/L）
无机元素及化合物			非挥发性有机化合物		
1	铜（以总铜计）	100	27	硝基苯	20
2	锌（以总锌计）	100	28	二硝基苯	20
3	镉（以总镉计）	1	29	对-硝基氯苯	5
4	铅（以总铅计）	5	30	2,4-二硝基氯苯	5
5	总铬	15	31	五氯酚及五氯酚钠（以五氯酚计）	50
6	铬（六价）	5	32	苯酚	3
7	烷基汞	不得检出	33	2,4-二氯苯酚	6
8	汞（以总汞计）	0. 1	34	2,4,6-三氯苯酚	6
9	铍（以总铍计）	0. 02	35	苯并[a]芘	0.000 3
10	钡（以总钡计）	100	36	邻苯二甲酸二丁酯	2
11	镍（以总镍计）	5	37	邻苯二甲酸二辛酯	3
12	总银	5	38	多氯联苯	0.002
13	砷（以总砷计）	5	挥发性有机化合物		
14	硒（以总硒计）	1	39	苯	1
15	无机氟化物（不含氟化钙）	100	40	甲苯	1
16	氰化物（以 CN^- 计）	5	41	乙苯	4
有机农药类			42	二甲苯	4
17	滴滴涕	0. 1	43	氯苯	2
18	六六六	0. 5	44	1,2-二氯苯	4
19	乐果	8	45	1,4-二氯苯	4
20	对硫磷	0. 3	46	丙烯腈	20
21	甲基对硫磷	0. 2	47	三氯甲烷	3
22	马拉硫磷	5	48	四氯化碳	0.3
23	氯丹	2	49	三氯乙烯	3
24	六氯苯	5	50	四氯乙烯	1
25	毒杀芬	3			
26	灭蚁灵	0. 05			

表 6-6 分析方法

序号	项目	分析方法	方法来源
无机元素及化合物			
1	铜（以总铜计）	原子吸收分光光度法	GB/T 15555.2
2	锌（以总锌计）	原子吸收分光光度法	GB/T 15555.2
3	镉（以总镉计）	原子吸收分光光度法	GB/T 15555.2
4	铅（以总铅计）	原子吸收分光光度法	GB/T 15555.2
5	总铬	二苯碳酰二肼分光光度法	GB/T 15555.5
6	铬（六价）	二苯碳酰二肼分光光度法	GB/T 15555.4
7	有机汞	气相色谱法*	GB/T 14204
8	汞及其化合物（以总汞计）	冷原子吸收分光光度法	GB/T 15555.1
9	铍（以总铍计）	铬菁 R 分光光度法*	HJ/T 58
10	钡（以总钡计）	电位滴定法*	GB/T 14671
11	镍（以总镍计）	直接吸入火焰原子吸收法	GB/T 15555.9
12	总银	火焰原子吸收分光光度法*	GB 11907
13	砷（以总砷计）	二乙基二硫代氨基甲酸银分光光度法*	GB/T 15555.3
14	硒（以总硒计）	石墨炉原子吸收分光光度法*	GB/T 15505
15	无机氟化物（不含氟化钙）	离子选择性电极法	GB/T 15555.11
16	氰化物（以 CN^- 计）	硝酸银滴定法*	GB 7486
有机农药类			
17	滴滴涕	气相色谱法*	GB 7492
18	六六六	气相色谱法*	GB 7492
19	乐果	气相色谱法*	GB 13192
20	对硫磷	气相色谱法*	GB 13192
21	甲基对硫磷	气相色谱法*	GB 13192
22	马拉硫磷	气相色谱法*	GB 13192
非挥发性有机化合物			
23	硝基苯	气相色谱法*	GB 13194
24	二硝基苯	气相色谱法*	GB 13194
25	对-硝基氯苯	气相色谱法*	GB 13194
26	2,4-二硝基氯苯	气相色谱法*	GB 13194
27	邻-二氯苯	气相色谱法*	GB/T 17131
28	对-二氯苯	气相色谱法*	GB/T 17131
29	氯苯	气相色谱法*	HJ/T 74
30	五氯酚及五氯酚钠（以五氯酚计）	气相色谱法*	GB 8972
31	苯酚	气相色谱法*	生活饮用水水质卫生规范
32	间-甲酚	气相色谱法*	生活饮用水水质卫生规范
33	2,4-二氯酚	电子捕获-毛细色谱法*	生活饮用水水质卫生规范
34	2,4,6-三氯酚	电子捕获-毛细色谱法*	生活饮用水水质卫生规范

序号	项目	分析方法	方法来源
35	苯并[a]芘	高效液相色谱法*	GB 13198
36	邻苯二甲酸二丁酯	液相色谱法*	HJ/T 72
37	邻苯二甲酸二辛酯	气相色谱法*	生活饮用水水质卫生规范
挥发性有机化合物			
38	苯	液上气相色谱法*	GB 11890
39	甲苯	液上气相色谱法*	GB 11890
40	乙苯	液上气相色谱法*	GB 11890
41	二甲苯	液上气相色谱法*	GB 11890
42	丙烯腈	气相色谱法*	生活饮用水水质卫生规范
43	三氯甲烷	顶空气相色谱法*	GB/T 17130
44	四氯化碳	顶空气相色谱法*	GB/T 17130
45	三氯乙烯	顶空气相色谱法*	GB/T 17130
46	四氯乙烯	顶空气相色谱法*	GB/T 17130

注：*暂时参照水质测定的国家标准及规范，待有关固体废物的国家标准方法发布后，执行相应国家标准。

六、易燃性鉴别

鉴别易燃性是测定闪点。闪点是指在标准大气压（101.3 kPa）下，液体表面上方释放出的易燃蒸气与空气完全混合后，可以被火焰或火花点燃的最低温度。

（一）鉴别标准

（1）闪点温度低于60℃（闭杯试验）的液体、液体混合物或含有固体物质的液体，则该液态废弃物是具有易燃性的危险废物。

（2）在常温常压下（25℃，101.3 kPa）因摩擦、吸湿或自发性化学反应而起火，经点燃时能剧烈并持续燃烧且产生危害的，则该固态废弃物是具有易燃性的危险废物。

（3）在20℃，101.3 kPa状态下，当其在与空气的混合物中所占的体积含量≤13%时可点燃的气体；或在20℃，101.3 kPa状态下，不考虑易燃范围的下限，与空气混合，易燃范围的易燃上限与易燃下限之差≥12%时，则该气态废弃物是具有易燃性的危险废物。

（二）监测

（1）采样点和固态、液态和半固态废物的采样方法按照《危险废物鉴别技术规范》（HJ/T 298—2007）进行。

（2）糊状、粒状以及能切成条状的固体和粉状易燃性危险废物的鉴别按照GB 19521.1进行，对于其他物理形态的固态危险废物的易燃性应根据专业知识来判断。

七、反应性鉴别

（一）鉴别标准

（1）具有爆炸性质的反应性废物。常温常压下在没有引爆时不稳定，极易发生剧烈反应的，则该废弃物是具有反应性的危险废物；受强烈爆剂作用或封闭条件下加热，能发生爆轰或爆炸反应的，则该废弃物是具有反应性的危险废物；在常温常压下，容易发生爆轰或爆炸分解反应的，则该废弃物是具有反应性的危险废物。

（2）与水、空气或酸接触易产生危害的反应性废物与水、空气接触易发生剧烈反应，则该废弃物是具有反应性的危险废物；与水、空气、酸接触时，产生危险数量的易燃气体或有毒有害气体的，则该废弃物是具有反应性的危险废物。

（3）含氰化物或硫化物的废弃物，当暴露于pH值为2～12.5的环境中时，能产生足以危害人体健康或环境的有毒气体、蒸汽或烟的，则该废弃物是具有反应性的危险废物。

（4）极易引起燃烧或爆炸的废弃氧化物，对热、震动或摩擦极为敏感的含过氧基的废弃有机氧化物，则该废弃物是具有反应性的危险废物。

（二）监测

（1）采样点和采样方法按照《危险废物鉴别技术规范》（HJ/T 298—2007）进行。

（2）爆炸性危险性废物鉴别按照GB 19455中的撞击敏感度试验、摩擦敏感度试验和75℃热稳定性试验的要求进行。

（3）与水、空气接触释放出有害气体的危险废物鉴别暂按照《固体废物试验与监测分析方法》第五节“遇水反应性的试验方法”进行。

（4）遇水放出易燃气体的危险废物鉴别按照GB 19521.4的要求进行。

（5）固态、粒状物和其他能堆成圆锥形在危险废物的氧化性测定按照GB 19452和GB 19521.12进行，对于其他物理形态的危险废物的氧化性则应根据专业知识来判断。

八、毒性物质含量鉴别

毒性物质含量鉴别是确定有毒性危险废物的重要环节。有毒物质指进入肌体后，累积达一定的量，能与体液和器官组织发生生物化学作用或生物物理学作用，扰乱或破坏肌体的正常生理功能，引起某些器官和系统暂时性或持久性的病理改变，甚至危及生命的物质。有毒物质的鉴定按照《化学品毒性鉴定技术规范》中规定的急性毒性试验进行，鉴别值：经口LD_{50}≤500 mg/kg；经皮LD_{50}≤2 000 mg/kg；吸入LC_{50}≤2 mg/L。

剧毒物质指少数侵入肌体，短时间内即能致人、畜死亡或严重中毒的物质。剧毒物质的鉴定按照《化学品毒性鉴定技术规范》中规定的急性毒性试验进行，鉴别值：经口LD_{50}≤50 mg/kg；经皮LD_{50}≤200 mg/kg；吸入LC_{50}≤0.2 mg/L。

致癌性物质指能引起肿瘤发生率和/或类型增加、潜伏期缩短效应的物质。致突变物质指能引起原核或真核细胞，或实验动物遗传物质发生结构和/或数量改变效应的物质。致畸性物质指能在胚胎发育期引起胎仔永久性结构和功能异常效应的物质。这三类物质的鉴定均按照《化学品毒性鉴定技术规范》规定的试验方法进行。

（一）鉴别标准

满足下列条件之一的固体废物是具有毒性的危险废物。

（1）含有有毒物质（附录A）中的一种及一种以上有毒物质的总含量≥3%。

（2）含有剧毒物质（附录B）中的一种及一种以上剧毒物质的总含量≥0.1%。

（3）含有致癌性物质（附录C）中的一种及一种以上致癌性物质的总含量≥0.1%。

（4）含有致突变物质（附录D）中的一种及一种以上致突变性物质的总含量≥0.1%。

（5）含有致畸性物质（附录E）中的一种及一种以上致畸性物质的总含量≥0.5%。

（6）含有附录A～附录E中两种及以上不同毒性物质，如果满足式6-4，则按照危险废物管理。

$$\sum[(\frac{p_{T^+}}{L_{T^+}}+\frac{p_T}{L_T}+\frac{p_{Carc}}{L_{Carc}}+\frac{p_{Muat}}{L_{Muta}}+\frac{p_{Tera}}{L_{Tera}})]\geqslant 1 \tag{6-4}$$

式中：P_{T+}——固体废物中剧毒物质的含量；

P_T——固体废物中有毒物质的含量；

P_{Carc}——固体废物中致癌性物质的含量；

P_{Muta}——固体废物中致突变性物质的含量；

P_{Tera}——固体废物中致畸性物质的含量；

L_{T+}，L_T，L_{Carc}，L_{Muta}，L_{Tera}——分别为各种毒性物质在（1）～（5）中规定的标准值。

（7）含有附录以外的、但满足相关定义的毒性物质，如果满足（1）～（6）中规定的标准值，则按照危险废物管理。

（8）含有多氯二苯并对二噁英和多氯二苯并呋喃含量≥15 μg TEQ/kg。

（二）分析方法

（1）采样点和采样方法采按照《危险废物鉴别技术规范》（HJ/T 298—2007）进行。

（2）在测定方法的国家标准颁布之前，暂时参考《危险废物特性鉴别部分测试手册》（中国环境科学出版社，2005）执行。待有关危险废物特性鉴别测试的国家标准方法发布后，执行相应国家标准。

第三节　固体废物监测

一、固体废物浸出毒性浸出方法

固体废物浸出毒性的浸出方法通常有硫酸硝酸法、醋酸缓冲溶液法、翻转法和水平振荡法。限于篇幅，本节只介绍国家环保总局 2007 年颁布实施的硫酸硝酸法（HJ/T 299—2007）和醋酸缓冲溶液法（HJ/T 300—2007）。

（一）硫酸硝酸法

1．原理

本方法以硝酸/硫酸混合溶液为浸提剂，模拟废物在不规则填埋处置、堆存或经无害化处理后废物的土地利用时，其中的有害组分在酸性降水的影响下，从废物中浸出而进入环境的过程。该方法适用于固体废物及其再利用产物，以及土壤样品中有机物和无机物的浸出毒性鉴别，但不适用于氰化物的浸出毒性鉴别。含有非水溶性液体的样品，不适应于本标准。

2．浸出步骤

（1）含水率测定。称取 50～100 g 样品置于具盖容器中，于 105℃下烘干，恒重至两次称量的误差小于±1%，计算样品含水率。样品中含有初始液相时，应将样品进行压力过滤，再测定滤渣的含水率，并根据总样品量（初始液相于滤渣重量之和）计算样品中的干固体百分率。

（2）样品破碎。样品颗粒应可以通过 9.5 mm 孔径的筛，对于粒径大的颗粒可通过破碎、切割或碾磨降低粒径。测定样品中挥发性有机物时，为避免过筛时待测成分有损失，应使用刻度尺测量粒径；样品和降低粒径所用工具应进行冷却，并尽量避免将样品暴露在空气中。

（3）挥发性有机物的浸出步骤。将样品冷却至 4℃，称取干基质量为 40～50 g 的样品，快速转入 ZHE。安装好 ZHE，缓慢加压以排除顶空。样品含有初始液相时，将浸出液采集装置与 ZHE 连接，缓慢升压至不再有滤液流出，收集初始液相，冷藏保存。如果样品中干固体百分率小于或等于 9%，所得到的初始液相即为浸出液，直接进行分析；干固体百分率大于总样品量 9%的，继续进行以下浸出步骤，并将所得到的浸出液与初始液相混合后进行分析。根据样品中的含水率，按液固比为 10∶1

（L/kg）计算出所需浸提剂的体积。用浸提剂转移装置加入浸提剂 2[#]，安装好 ZHE，缓慢加压以排除顶空，关闭所有阀门。将 ZHE 固定在翻转式振荡装置上，调节转速为（30±2）r/min，于（23±2）℃下振荡（18±2）h。振荡停止后取下 ZHF，检查装置是否漏气（如果 ZHE 装置漏气，应重新取样进行浸出），用收集有初始液相的同一个浸出液装置收集浸出液，冷藏保存待分析。

（4）除挥发性有机物外的其他物质的浸出步骤。如果样品中含有初始液相，应用压力过滤器和滤膜对样品过滤。干固体百分率小于或等于 9%的，所得到的初始液相即炎浸出液，直接进行分析；干固体百分率大于 9%的，将滤渣按 7.4.2 浸出，初始液相与浸出液混合后进行分析。称取 150～200 g 样品，置于 2 L 提取瓶中，根据样品的含水率，按液固比为 10∶1（L/kg）计算出所需浸提剂的体积，加入浸提剂 1[#]，盖紧瓶盖后固定在翻转式振荡装置上，调节转速为（30±2）r/min，于（23±2）℃下振荡（18±2）h。在振荡过程中有气体产生时，应在通风橱中打开提取瓶，释放过度的压力。在压力过滤器上装好滤膜，用稀硝酸淋洗过滤器和滤膜，弃掉淋洗液，过滤并收集浸出液，于 4℃下保存。除非消解会造成待测金属的损失，用于金属分析的浸出液应按分析方法的要求进行消解。

（二）醋酸缓冲溶液法

1．原理

本方法以醋酸缓冲溶液为浸提剂，模拟工业废物在进入卫生填埋场后，其中的有害组分在填埋场渗滤液影响下，从废物中浸出的过程。该方法适用于固体废物及再利用产物中有机物和无机物的浸出毒性鉴别，但不适用于氰化物的浸出毒性鉴别。

2．浸出步骤

固体废物浸出毒性浸出方法——醋酸缓冲溶液法包括以下步骤：含水率测定、样品破碎、确定使用的浸提剂、挥发性有机物（或者除挥发性有机物外的其他物质）的浸出等。详细浸出方法可查阅固体废物浸出毒性浸出方法——醋酸缓冲溶液法（HJ/T 300—2007）。

注意事项：样品浸出试验应在表 6-7 规定的时间内完成。

表 6-7 样品的最大保留时间 单位：d

物质类别	从野外采集到浸出	从浸出到预处理	从预处理到定量分析	总试验周期
挥发性物质	14	—	14	28
半挥发性物质	14	7	40	61
汞	28	—	28	56
汞以外的金属	180	—	180	360

二、固体废物腐蚀性测定

腐蚀性指通过接触能损伤生物细胞组织或使接触物质发生质变，使容器泄漏而引起危害的特性。测定方法一种是测定 pH 值，另一种是指在 55.7℃以下对钢制品的腐蚀率。采用我国的标准鉴别方法固体废物腐蚀性测定玻璃电极法（GB/T 15555.12—1995），或者根据规定程序批准的有效方法，测定其溶液或固体，半固体浸出液的 pH 值小于等于 2，或者大于等于 12.5，则这种固体废物具有腐蚀性。

（一）仪器

采用 pH 计或酸度计，最小刻度单位在 0.1 pH 单位以下。

（二）方法

用与待测样品 pH 值相近的标准溶液校正 pH 计，并加以温度补偿。

（1）如果样品和标准缓冲溶液的温差大于 2℃，测量的 pH 值必须校正。可以通过仪器带有的自动或手动补偿装置进行，也可以先将样品和标准溶液在室温下平衡达到同一温度。记录测定的结果。

（2）对含水量高、呈流态状的稀泥或浆状物料，可将电极直接插入进行 pH 值测量。

（3）对黏稠状物料可离心或过滤后，测其滤液的 pH 值。

（4）对粉、粒、块状物料，称取制备好的样品 50 g（干基），置于 1 L 塑料瓶中，加入新鲜蒸馏水 250 mL，使固液比为 1∶5，加盖密封后，放在振荡机上（振荡频率（110±10）次/min，振幅 40 mm）于室温下，连续振荡 30 min，静置 30 min 后，测上清液的 pH 值，每种废物取 3 个平行样品测定其 pH 值，差值不得大于 0.15，否则应再取 1～2 个样品重复进行试验，取中位值报告结果。

（5）对于高 pH 值（10 以上）或低 pH 值（2 以下）的样品，2 个平行样品的 pH 值测定结果允许差值不超过 0.2，还应报告环境温度、样品来源、粒度级配；试验过程的异常现象；特殊情况下试验条件的改变及原因。

三、固体废物共混物组分的测定

热分析技术应用于废弃物资源化的研究也非常广泛，利用热分析技术可以对废弃物本身及其复合材料的热变化、质量变化、状态变化等进行分析，还可以用于废弃物复合材料混合最佳温度的确定和废弃物烧结材料烧结曲线的验证等。同时，热分析技术还可以动态测量废弃物复合材料制备研究中原料的热降解研究。热重试验方法主要是利用共混物中各组分的分解温度的差异，测出共混物中各物质的失重量或失重率，然后通过公式计算出共混物中各组分的相对含量。

（一）热重分析原理

热重分析仪一般由精密天平、线性程序控温的加热炉、计算机控制操作系统组成。热重分析仪的天平具有很高的灵敏度（可达 0.1 g）。热重法 Thermogravimetry（TG）热重法是试样的质量随着以恒定速度变化的温度或变化在等温条件下随着时间变化而产生的改变量进行测量的一种动态技术，这种研究是在静止的或流动的活性或惰性气体环境中进行的。

由热重法记录的质量变化对温度的关系曲线称为 T_G 曲线，它表示在温度控制过程中失重量。T_G 曲线中，水平部分表示质量恒定的，曲线斜率发生变化的部分表示质量的变化。从热重曲线可得到试样的组成，热稳定性，热分解温度，热分解产物和热分解动力学有关数据。因此在加热时物质质量变化的改变是热重分析法的基础，利用这一基础和共混物中各组分的分解温度的差异，就可以测定共混物中各组分的相对含量。

（二）分析步骤

1．试样的预处理

由于样品粒度对热传导和气体扩散有较大的影响，粒度越小，反应速度越快，使 T_i 和 T_f 温度降低（T_i 和 T_f 分别是初始分解温度和终止分解温度），反应区间变窄；试样颗粒大往往得不到较好的 T_G 曲线。所以应预先进行相应的研磨处理（100～300 目）。

2．测定参数选择

升温速率的选择、气氛的选择、坩埚选择。

3．测试步骤

依据不同厂家、不同型号的热重分析仪说明书。

四、　固体废物中砷的测定

砷对人类健康的危害很大，高浓度时可立即杀死细胞，一次误服0.1 g As_2O_3即可危及生命。砷化物的毒性作用，主要是与人体细胞中酶系统的流基相结合，致使细胞酶系统作用障碍，从而影响细胞的正常代谢，砷进入血液循环后，还可直接损害毛细血管，同时可使心、肝、肾等实质性器官发生脂肪性变。在慢性砷中毒患者中，癌变率高达15%。

（一）原理

分光光度法是基于物质对光的选择性吸收而建立起来的分析方法。借助分光光度计的分析方法称为分光光度法。当一束单色光通过均匀的溶液时，入射光强度为

I_0，吸收光强度为I_a，透射光强度为I_t，反射光强度为I_r，则$I_0=I_a+I_t+I_r$。透光率（transmittance）T：透射光的强度I_t与入射光强度I_0之比，即$T=I_t/I_0$。透光率愈大，溶液对光的吸收愈少；透光率愈小，溶液对光的吸收愈多。吸光度A：透光率的负对数，即$A=-\lg T=-\lg I_0/I_t$。A愈大，溶液对光的吸收愈多。

在碘化钾与氯化亚锡存在下，使五价砷还原成三价砷。锌与酸作用产生新生态的氢，与三价砷作用生成砷化氢气体。此气体用二乙基二硫代氨基甲酸银—三乙醇胺氯仿溶液吸收，生成红色胶态银，在 530 nm 波长处测量吸收液的吸光度。

（二）测定步骤

（1）将制备好的浸出液置于玻璃瓶中，用硫酸调节 pH<2，于 4℃下保存，不要超过 7 d。

（2）取适量浸出液（含砷不超过 25 μg），于砷化氢发生瓶中，用水稀到 50 mL。

（3）在测定实际样品同时进行空白试验。

（4）向砷化氢发生瓶中加入硫酸溶液 8 mL，碘化钾溶液 5.0 mL；氯化亚锡溶液 2.0 mL，摇匀放置 10 min。吸取砷化氢吸收溶液 5.0 mL，置于吸收管中，插入导气管，使其与发生瓶连接好。加入 4 g 无砷锌粒于砷化氢发生瓶，立即将导气管与砷化氢发生瓶连接好，保证反应装置密闭不漏气。在室温下反应 1 h，使砷化氢气体完全释放出来，加氯仿于吸收管中，补充其吸收液体积到 5.0 mL 并混匀。

（5）用 10 mm 比色皿，以氯仿为参比，在 530 nm 波长处测量吸收液的吸光度，减去空白试验的吸光度值，由所得的吸光度，从校准曲线查得试样的含砷量（μg）。

（6）在 8 个砷化氯发生瓶中分别加入 0.00 mL、1.00 mL、2.50 mL、5.00 mL、10.00 mL、15.00 mL、20.00 mL、25.00 mL 砷标准溶液，加水到 50 mL，测定后绘制校准曲线。

（三）砷含量的计算

浸出液中砷的浓度 c（mg/L）按式 6-5 计算：

$$c=m/v \tag{6-5}$$

式中：m——在校准曲线上查得试料中的砷量，μg；

v——试料体积，mL。

五、固体废物中总汞的测定

（一）原理

在硫酸-硝酸介质及加热条件下，用高锰酸钾和过硫酸钾等氧化剂，将试液中的各种汞化合物消解，使所含的汞全部转化为二价无机汞。用盐酸羟胺将过量的氧化剂还原，在酸性条件下，再用氯化亚锡将两份汞还原成金属汞。在室温下通入空气或氮气，使金属汞气化，通入冷原子吸收测汞仪，在 253.7 nm 处测定吸光度值。

（二）测定步骤

（1）采用表面光洁的硬质玻璃容器，在接收浸出液的器皿中应预先加入适量的固定液。样品应在 400℃下保存，最长不超过 28 d。

（2）移取 10～50 mL 试液（视其中汞含量而定）于 125 mL 的锥形瓶中，若取样量不足 50 mL 时，应补充适量无汞蒸馏水至约 50 mL。依次加入硫酸 1.5 mL，高锰酸钾溶液 4 mL（如果在 5 min 内紫色褪去，应补加适量的高锰酸钾溶液，使溶液维持紫色不褪色），4 mL 过硫酸钾溶液。插入小漏斗，置于沸水中使试液在近沸状态保温 1 h（近沸保温法），取下冷却。或者向试液中加数颗玻璃珠或者沸石，插入小漏斗，擦干瓶底，在电热板上加热煮沸 10 min（煮沸法）。取下冷却。

在临测定时，边摇边滴加盐酸羟胺溶液，直至刚好使过剩的高锰酸钾褪色及生成的二氧化锰全部溶解为止。转移入 100 mL 容量瓶中，用稀释液定容。

（3）每分析一批试样，应同时用无汞蒸馏水代替浸出液试样，制备两份空白试料。

（4）取 100 mL 容量瓶 8 个，准确吸取汞标准使用溶液 0.00 mL、0.50 mL、1.00 mL、1.50 mL、2.00 mL、2.50 mL、3.00 mL 和 4.00 mL 注入容量瓶中，每个容量瓶中加入适量固定液补足至 4.0 mL，加稀释液至标线，摇匀，按（5）测量试料步骤逐一进行测量。以经过空白校正的各测量值为纵坐标，以相应标准溶液的汞浓度（μg/L）为横坐标绘制校准曲线。

（5）取出汞还原器吹气头，逐个吸取 10.0 mL 经（2）处理后的试样或空白溶液（3）注入汞还原器中，加入氯化亚锡 1 mL，迅速插入吹气。

（三）总汞含量的计算

浸出液中（汞）浓度 c（μg/L）按式 6-6 计算：

$$c = c_1 \times (V_0/V) \tag{6-6}$$

式中：c_1——被测试料中汞的浓度，μg/L；

V_0——制样时定容体积，mL；

V——试料的体积，mL。

六、固体废物中氟化物的测定

（一）原理

当氟电极与含氟的试液接触时，电池的电动势 E 随溶液中氟离子活度变化而变化。当溶液的总离子强度为定值且足够时服从式 6-7：

$$E = E_0 - \frac{2.303RT}{F}\log a_{F^-} \tag{6-7}$$

E 与 $\log a_{F^-}$—— 呈直线关系。（2.303RT）/F 为该直线的斜率，亦为电极的斜率。

工作电池可表示如下：

Ag | AgCl，Cl^-（0.3 mol/L），F^-（0.001 mol/L）| LaF_3，‖ 试液 ‖ 外参比电极。

（二）测定步骤

（1）按测定仪器及电极的使用说明书进行。分析前测定电极的实际斜率。在测定前应使试料达到室温，并使试料和标准溶液的温度相同（温差不得超过±1℃）。

（2）用无分度吸管，吸取适量试料，置于 50 mL 容量瓶中，用乙酸钠或盐酸调节至近中性，加入 10 mL 总离子强度调节缓冲溶液用水稀释至标线，摇匀，将其注入 100 mL 聚乙烯杯中，放入一只塑料搅拌棒，插入电极，连续搅拌溶液，待电位稳定后（电位变化 5 min 不多于 0.5 mV），在继续搅拌时读取电位值 E_x。在每一次测量之前，都要用水充分冲洗电极，并用滤纸吸干。根据测得的毫伏数，由校准曲线上查得氟化物的含量。

（3）用水代替样品进行空白试验。

（4）用无分度吸管分别吸取 1.00 mL、3.00 mL、5.00 mL、10.00 mL、20.00 mL，氟化物标准溶液，置于 50 mL 容量瓶中，加入 10 mL 总离子强度调节缓冲溶液用水稀释至标线，摇匀，分别注入 100 mL 聚乙烯杯中，放入一只塑料搅拌棒，以浓度由低到高为顺序，分别插入电极，连续搅拌溶液。待电位稳定后（电位变化 5 min 不多于 0.5 mV），在继续搅拌时读取电位值 E，在每一次测量之前，都要用水冲洗电极，并用滤纸吸干。在半对数坐标纸上绘制 E（mV）$-\log C_F$（mg/L）校准曲线，浓度标示在对数分格上，最低浓度标示在横坐标的起点上。

（5）当样品组成复杂或者成分不明时，宜采用一次标准加入法，以便减小基体的影响。先按所述测定试液的电位值 E_1，然后向试液中加入一定量（与试液中氟含量相近）的氟化物标准溶液。在不断搅拌下读取平衡电位值 E_2。E_2 与 E_1 的毫伏值以相差 30～40 mV 为宜。

结果的计算如式 6-8：

$$C_K = \frac{C_S\left(\frac{V_S}{V_X+V_S}\right)}{10^{(E_2-E_1)/S}-\left(\frac{V_S}{V_X+V_S}\right)} \tag{6-8}$$

式中：C_S——加入标液的浓度，mg/L；

C_K——待测试液的浓度，mg/L；

V_S——加入标准溶液的体积，mL；

V_X——测定时所取试液的体积，mL；

E_1——测得试液的电位值，mV；

E_2——试液加入标准后测得的电位值，mV；

S——电极的实测斜率。

$$\Delta E = E_2 - E_1 \tag{6-9}$$

如以 Q（ΔE）表示 $C_S\left(\frac{V_S}{V_X+V_S}\right)$ / $[10^{(E_2-E_1)/S}-\left(\frac{V_S}{V_X+V_S}\right)]$则 $C_K = C_S \cdot Q(\Delta E)$

当固定 V_S 与 V_X 的比值，可事先将 Q（ΔE）用计算器算出，并制成表供查用。实际分析时，按测得的ΔE 由表（附表）中查出相应的 Q（ΔE）。

（三）浸出液氟化物浓度

按式 6-10 计算：

$$C = C_1 \times (V_0/V) \tag{6-10}$$

式中：C_1——被测试液中氟离子浓度，mg/L；

V——试料的体积，mL；

V_0——制样时定容体积，mL。

七、固体废物中金属元素的测定

金属尤其是重金属是固体废物中一种不易降解、不能被生物利用、危害性大的污染物。固体废物中的金属污染物主要有镉、铬、铜、铅、镍、锌等。

目前，对于固体废物中金属元素的测定分析方法主要有：分光光度分析技术（SP）、离子色谱法（IC）、火焰原子吸收光谱技术（FLAAS）、石墨炉原子吸收光谱技术（GFAAS）、氢化物发生原子吸收光谱技术（HGAAS）、氢化物发生原子荧光光谱技术（HGAFS）、ICP发射光谱技术（ICP）和ICP-MS技术。这里介绍火焰原子吸收光谱技术（FLAAS）。该方法具有测定快速、干扰少、应用范围广、可在同一试样中分别测定多种元素等特点。

（一）原理

将固体废物浸出液直接喷入火焰，在空气—乙炔火焰中，铜、锌、铅、镉、镍以及铬的化合物解离为基态原子，并对空心阴极灯的特征辐射谱线产生选择性吸收。在给定条件下，测定铜、锌、铅、镉、镍以及铬的吸光度，进而测定浸出液中各金属元素的含量（表 6-8）。

表 6-8　一般仪器使用和条件

元素	铜	锌	铅	镉	镍	总铬
测定波长/nm	324.7	213.8	283.3	228.8	232.0	357.9
通带宽度/nm	1.0	1.0	2.0	1.3	0.2	0.7
火焰性质	贫燃	贫燃	贫燃	贫燃	中性	富燃
其他可选谱线/nm	327.4 225.8	307.6	217.0 261.4	326.2		359.0 360.5 425.4

（二）测定步骤

1．浸出液如不能很快进行分析应加浓硝酸达 1%保存，时间不要超过一周

2．校准曲线的绘制

在 50 mL 容量瓶中，用 HNO_3 溶液稀释混合标准溶液，配制至少 6 个工作标准溶液，其浓度范围应包括试料中铜、锌、铅、镉、镍以及铬的浓度。按所选择的仪器工作参数调好仪器，用硝酸溶液调零后，由低浓度到高浓度为顺序测量每份溶液的吸光度，用测得的吸光度和相对应的浓度绘制标准曲线（表 6-9）。

表 6-9　标准系列配制和浓度

混合标准液加入体积/mL		0.00	0.50	1.00	2.00	3.00	5.00
工作标准溶液的浓度/mg/L	Cd	0.00	0.10	0.20	0.40	0.60	1.00
工作标准溶液的浓度/mg/L	Cu	0.00	0.20	0.40	0.80	1.20	2.00
工作标准溶液的浓度/mg/L	Pb	0.00	0.40	0.80	1.60	2.40	4.00
工作标准溶液的浓度/mg/L	Zn	0.00	0.10	0.20	0.40	0.60	1.00
工作标准溶液的浓度/mg/L	Ni	0.00	0.50	1.00	2.00	3.00	5.00
工作标准溶液的浓度/mg/L	Cr	0.00	0.50	1.00	1.50	2.00	2.50

3．测定

根据扣除空白后试料的吸光度，从校准曲线查出试料中铜、铅、锌、镉、镍以及铬的浓度。测定钙渣浸出液，为减少钙的干扰，须将浸出液适当稀释。测定铬渣浸出液中铅时，除适当稀释浸出液外，为防止铅的测定结果偏低，在 50 mL 的试液中加入抗坏血酸 5 mL 将六价铬还原成三价铬，以免生成铬酸铅沉淀。当样品中硅的浓度大于 20 mg/L 时，加入钙 200 mg/L，以免锌的测定结果偏低。

4．标准加入法

当样品组成复杂或成分不明时，应制作标准加入法曲线，用以考察样品是否宜用校准曲线法。

（三）金属元素含量的计算

浸出液中（Cu，Zn，Pb，Cd，Ni，Cr）浓度 c 按式 6-11 计算：

$$c=c_i\times (V_0/V) \tag{6-11}$$

式中：c_i——被测试料中金属离子的浓度，mg/L；

V_0——制样时定容体积，mL；

V——试料的体积，mL。

八、固体废物中有机化合物的测定

有机化合物污染是固体废物中的主要有害污染物之一。有机污染物种类多，包括卤代烃类、苯系物、氯代苯类、酚类、硝基苯类、多环芳烃、农药等。

固体废物中有机物的分析方法主要采用气相色谱技术（GC）、气相色谱-质谱连用技术（GC-MS）和高效液相色谱技术（HPLC）。我们这里介绍气相色谱技术对固体废物中有机物的测定。气相色谱法是一种定量分析的技术，可用于能挥发而不分解或没有化学重排的有机化合物的分析。

采用二氯甲烷溶剂索氏提取样品中的有机物成分，提取液经酸碱分配净化，消除干扰，用具氢火焰离子化检测器的气相色谱法分离检测。按各有机化合物在色谱测定中灵敏度的高低，将各贮液按一定比例配制成混合标准溶液，并稀释成标准系列进行测定。以峰高为纵坐标，浓度为横坐标，绘制标准曲线，确定线性范围。将净化后的样品注入色谱柱，按样品峰高，选择接近该浓度的标准溶液注入色谱柱，按相同保留时间定性，按峰高进行定量。

第四节 城市生活垃圾监测

一、城市生活垃圾的种类

生活垃圾是指城镇居民在日常生活中抛弃的固体垃圾，主要包括：生活垃圾、医院垃圾、市场垃圾、建筑垃圾和街道扫集物等，其中医院垃圾和建筑垃圾应予单独处理。其他垃圾通常由城镇环境卫生部门收集后集中处理，一般统称为生活垃圾。

1．城市生活垃圾的种类

城市生活垃圾是一种由多种物质组成的异质混合体，主要有以下三类。

（1）废品类：包括废金属、废玻璃、废塑料、废橡胶、废纤维、废纸类和砖瓦类等。

（2）厨余垃圾：包括饮食废物、蔬菜废物、肉类和骨头，以及部分城市厨房的在燃料用煤、煤制品、木炭的燃烧所生产的废渣等。

（3）灰土类：包括修建、清理时的土、煤、灰渣等。

2．城市生活垃圾的处理处置方法

城市生活垃圾处理处置方法大致有卫生填埋、集中焚烧（包括热解、气化）和堆肥。不同的方法其监测重点和项目也不一样，例如，焚烧的决定性参数是垃圾的热值；垃圾堆肥需要测定生物降解度、堆肥的腐熟程度。至于卫生填埋，垃圾渗滤液的分析和垃圾堆场周围蝇类滋生密度的测定则成为主要的监测项目。

二、淀粉的测定

（一）测定原理

垃圾在堆肥处理过程中，需借助淀粉量分析来鉴定堆肥的腐熟程度，是利用垃圾在堆肥过程中形成的淀粉碘化络合物的颜色变化与堆肥降解度的关系。当堆肥降解尚未结束时，淀粉碘化络合物呈蓝色；降解结束即呈黄色。堆肥颜色的变化过程是深蓝→浅蓝→灰→绿→黄。

（二）步骤和试剂

1．分析试验的步骤

（1）将 1 g 堆肥置于 100 mL 烧杯中，滴入几滴酒精使其湿润，再加 20 mL 36% 的高氯酸；

（2）用纹网滤纸（90 号纸）过滤；

（3）加入 20 mL 碘反应剂到滤液中并搅动；

（4）将几滴滤液滴到白色板上，观察其颜色变化。

2．试剂

（1）碘反应剂：将 2 g KI 溶解到 500 mL 水中，再加入 0.08 g I_2；

（2）36%的高氯酸；

（3）酒精。

三、生物降解度的测定

由于城市生活垃圾（MSW）堆肥化处理的本质是垃圾中的有机成分在微生物的作用下，逐步无机化、矿化的生物降解过程，而生物可降解物质是具有生物活性的有机物质，是堆肥过程中微生物的主要降解对象，故其含量，即生物可降解度（BDM），变化能准确地表征生物降解过程，可作为判定MSW堆肥化稳定性的指标。

BDM的分析采用类COD试验方法，即在强酸性条件下以重铬酸钾氧化样品中的有机物质，过量的重铬酸钾以硫酸亚铁铵回滴，根据所消耗的氧化剂量计算样品中有机物质的量，再换算为生物可降解度。

试验步骤是：

（1）称取 0.5 g 已烘干磨碎试样于 500 mL 锥形瓶中；

（2）准确量取 20 mL C（1/6 $K_2Cr_2O_7$）＝2 mol/L 重铬酸钾溶液加入试样瓶中并充分混合；

（3）用另一支量筒量取 20 mL 硫酸加到试样瓶中；

（4）在室温下将这一混合物放置 12 h 且不断摇动；

（5）加入大约 15 mL 蒸馏水；

（6）再依次加入 10 mL 磷酸、0.2 g 氟化钠和 30 滴指示剂，每加入一种试剂后必须混合；

（7）用标准硫酸亚铁铵溶液滴定，在滴定过程中颜色的变化是棕绿→绿蓝→蓝→绿，在等当点时出现的是纯绿色；

（8）用同样的方法在不放试样的情况下做空白试验；

（9）如果加入指示剂时易出现绿色，则试验必须重做，必须再加 30 mL 重铬酸钾溶液。

生物降解物质的计算：

$$\mathrm{BDM}=(V_2-V_1)\times V\times C\times 1.28/V_2 \qquad (6\text{-}12)$$

式中：BDM——生物降解度；

V_1——试样滴定体积，mL；

V_2——空白试验滴定体积，mL；

V——重铬酸钾的体积，mL；

C——重铬酸钾的浓度，mol/L；

1.28——折合系数。

四、热值的测定

热值是废物焚烧处理的重要指标，所谓热值是指单位质量的物质完全燃烧后，冷却到原来的温度所释放出来的热量，也称物质的发热值。根据燃烧产物中水分存在状态的不同，又分为高位发热值（简称高位热值）与低位发热值（简称低位热值）。显然，低热值更接近实际情况，在实际工作中意义更大。

城市生活垃圾的高位发热值是指单位质量垃圾完全燃烧后，产物中的水分冷凝为0℃的液态水时所释放出的热量，包含水蒸气的凝结热量；低位发热值是指单位质量垃圾完全燃烧后，产物中的水分冷却到20℃时所放出的热量。低位热值的实测是有困难的，但可以通过测定高位热值及其相关因子，应用公式换算得到。

两者换算公式为：

$$H_N = H_0[100-(I+W)/(100-W_L)]5.85W \tag{6-13}$$

式中：H_N——低热值，kJ/kg；

H_0——高热值，kJ/kg；

I——惰性物质含量，%；

W——垃圾的表面相对湿度，%；

W_L——剩余的和吸湿性的相对湿度，%。

目前测定城市生活垃圾热值的方法主要是标准氧弹法。国内使用的仪器最好的为全自动热量计，其测得值为弹筒热值。

测定方法：

（1）取样：从垃圾中选取有代表性的样品，如塑料、橡胶、纸张、布、木屑等，用四分法缩分2～5次后，分别粉碎成小于0.5 mm的微粒，在烘箱100～105℃条件下烘干至恒重。

（2）压片：称1.0 g试样压片。

（3）充氧：把试样压片放入坩埚，将坩埚装在坩埚架上。在两电极上装好点火丝，拧紧弹盖，在充氧装置上充氧，压力2.8～3 MPa，充氧时间不少于15 s。

测试：

将氧弹装到内筒的氧弹架上，盖好内筒盖。打开计算机并启动全自动热量计，输入数据（试样编号和试样重量），其他所有操作都是自动进行。

弹筒热值减去燃烧产物中稀硫酸生成热、二氧化硫生成热以及稀硝酸生成热，即得到高位热值；再减去被测物质燃烧时产生的全部水分的蒸发热，即得到低位热值。待测样品烘干粉碎后测定的发热量叫做干基高位发热量；样品未经烘干的发热量热量。湿基高位热值、干基高位热值、低位热值通过公式进行转换。燃烧技术中的各种计算，都是采用实际可利用的低位发热量。

五、渗滤液分析

渗滤液是指垃圾本身所带水分，以及降水等与垃圾接触而渗出来的溶液，它提取或溶出了垃圾组成中的污染物质甚至有毒有害物质，一旦进入环境会造成难以挽回的后果，由于渗滤液中的水量主要来源于降水，所以在生活垃圾的三大处理方法中，渗滤液是填埋处理中最主要的污染源。合理的堆肥处理一般不会产生渗滤液，焚烧处理也不产生，只有露天堆肥、裸露堆物可能产生。

（一）渗滤液的特性

渗滤液的特性取决于它的组成和浓度。由于不同国家、不同地区、不同季节的生活垃圾组分变化很大，并且随着填埋时间的不同，渗滤液组分和浓度也会变化。

其特点是：

（1）成分的不稳定性：主要取决于垃圾的组成；

（2）浓度的可变性：主要取决于填埋时间；

（3）组成的特殊性：渗滤液不同于生活污水，而且垃圾中存在的物质，渗滤液中不一定存在，一般废水中有的它也不一定有。例如，在一般生活污水中，有机物质主要是蛋白质（40%～60%）、碳水化合物（25%～50%）以及脂肪、油类（10%），但在渗滤液中几乎不含油类，因为生活垃圾具有吸收和保持油类的能力，在数量上至少达到 2.5 g/kg 干废物。此外，渗滤液中几乎没有氰化物、金属铬和金属汞等水质必测项目。

（二）渗滤液的分析项目

根据实际情况，我国提出了渗滤液理化分析和细菌学检验方法，内容包括色度、总固体、总溶解性固体与总悬浮性固体、硫酸盐、氨态氮、凯氏氮、氯化物、总磷、pH值、BOD、COD、钾、钠、细菌总数、总大肠菌数等。主要分析项目为COD、氨氮、总氮、总磷等。

（三）渗滤液分析监测方法

（1）采样点应设在渗滤液收集井或调节池的进水口处。

（2）用采样器提取渗滤液，弃去前3次渗滤液，用第4次渗滤液作为分析样品，采样量和固定方法，应按《环境监测技术规范》执行。

（3）根据污水处理工艺设计的要求及降水情况，每月监测大于1次。

（4）监测项目及监测方法。

六、垃圾堆场蝇类滋生密度测定

通过苍蝇滋生密度监测，可有效地了解监测区域的苍蝇滋生密度和种类，以此掌握填埋场苍蝇繁殖速率、药物杀灭效果对场外周边地区的影响，是考核灭蝇工作好坏的有力证据。

（一）监测点的布设

填埋场内监测点总数不应少于10个，依据填埋作业区的特征确定位置，宜每隔30～50 m设一点，每个监测点上放置诱蝇笼诱取苍蝇。为说明填埋场对周边地区的影响，应在远离填埋场的居民区（直线距离2 km以上）设置参考点（表6-10）。

表 6-10 监测项目及监测方法

检测项目	执行标准	检测项目	执行标准
pH	GB/T 6920	COD	GB/T 11914
色度	GB/T 11903	总硬度	GB/T 7477
总悬浮物	GB/T 11901	细菌总数	GB/T 5750
总磷	GB/T 11893	大肠菌群	GB/T 5750
总氮	GB/T 11894	铬	GB/T 7466
铵	GB/T 7478	砷	GB/T 7485
挥发酚	GB/T 7490	汞	GB/T 7468
硫酸盐	GB/T 11899	铅	GB/T 7470
BOD_5	GB/T 7488	镉	GB/T 7471

（二）监测方法

苍蝇密度监测应在晴天时进行。在监测点一般将捕蝇笼设置在距地面1 m的高度，可悬挂、捆绑在电线杆、竹竿或其他固定物体上，当条件不允许时，可放置在地面上，但应做好防护措施，防止被风刮倒或禽类、动物等侵扰。捕蝇笼设置后，在捕蝇笼下放置诱饵盛器，每次投放100 g左右的诱饵。采样方法是日出时将装好诱饵的诱蝇笼放在采样点上诱蝇，日落时收笼，并用杀虫剂杀灭活蝇，计数，分类。

（三）监测频率

根据气候特征，在苍蝇活跃季节每月测2次。

（四）苍蝇密度测定

将采集的苍蝇以每笼计数，单位：只/（笼·d）。据实记录蝇类滋生密度测定时间及当日的天气、温度、风力情况。

复习与思考题

1. 试述固体废物的采样程序。
2. 什么是份样数？份样数的确定与哪些因素有关？
3. 如何制备固体废物样品？
4. 危险废物的鉴别通常有哪几种？简述我国危险废物的鉴定程序。
5. 我国危险废物的鉴别标准包括哪几类？
6. 什么是有毒物质？如何鉴定有毒物质？
7. 固体废物浸出毒性的浸出方法有哪几种？简述醋酸缓冲溶液法的适用范围。
8. 什么是垃圾渗滤液？试说明其主要来源和主要成分。
9. 为什么垃圾堆场蝇类滋生密度的测定是评价垃圾堆放场的重要指标？

第七章　固体废物环境影响评价

第一节　进口固体废物环境保护控制标准

为贯彻《中华人民共和国固体废物污染环境防治法》，防止境外不能用作原料的固体废物进口，规范可用原料的固体废物进口审查许可，控制由于进口可用作原料的固体废物造成的环境污染，国家环境保护总局对《进口固体废物环境保护系列控制标准》（GB 16487—1996）放射性的控制要求、夹杂物的控制要求做了适当修订，增加了部分禁止夹杂进口的废物种类，于2005年11月9日批准《进口固体废物环境保护系列控制标准》（GB 16487—2005），涉及骨废料、冶炼渣、木及木制品废料、废纸或纸板、废纤维、废钢铁、废有色金属、废电机、废电线电缆、废五金电器、供拆卸的船舶及其他浮动结构体、废塑料、废汽车压件13类物质，对这些可用做原料的固体废物放射性核素比活度限值（表7-1）和固体废物表面α、β放射性污染水平（表面任何部分的300 cm^2 的最大检测水平的平均值α不超过0.04 Bq/cm^2，β不超过0.4 Bq/cm^2）进行严格限制，禁止混入放射性废物、废弃炸弹和炮弹等爆炸性武器弹药。根据GB 5085鉴别为危险废物的物质、《国家危险废物名录》中的其他废物，其中废纤维、废钢铁、废有色金属、废电机、废电线电缆、供拆卸的船舶及其他浮动结构体、废汽车压件等固体废物，也禁止混入含多氯联苯废物。

一、骨废料

《进口固体废物环境保护控制标准—骨废料》（GB 16487.1—2005）适用于含牛羊成分的骨废料和其他骨废料的进口管理，并规定了进口骨废料的夹杂物（在产生、收集、包装和运输过程中混入进口骨废料中的其他物质）和非骨废料（骨头附着物和进口骨废料以外的骨类）环境保护控制要求。

（1）骨废料中禁止混有下列夹杂物[包含在（4）中的废物除外]：放射性废物，废弃炸弹、炮弹等爆炸性武器弹药，根据GB 5085鉴别为危险废物的物质，《国家危险废物名录》中的其他废物。

（2）骨废料的表面α、β放射性污染水平为：表面任何部分的300 cm^2 的最大检测水平的平均值α放射性污染不超过0.04 Bq/cm^2，β放射性污染不超过0.4 Bq/cm^2。

（3）骨废料中放射性核素比活度应低于表 7-1 的限值。

表 7-1　放射性核素比活度限值

核素	比活度/（Bq/g）	核素	比活度/（Bq/g）
^{59}Ni	3×10^3	^{235}U	0.3
^{63}Ni	3×10^3	^{239}Pu	0.1
^{54}Mn	0.3	^{241}Am	0.3
^{60}Co	0.3	^{152}Eu	0.3
^{65}Zn	0.3	^{154}Eu	0.3
^{55}Fe	300	^{94}Nb	0.3
^{90}Sr	3	不明成分的β-γ 混合物	0.3
^{134}Cs	0.3	不明成分的 α 混合物	0.1
^{137}Cs	0.3		

（4）骨废料中应严格限制下列夹杂物的混入，总重量不应超过进口骨废料重量的 0.01%。

- 具有腐臭味或刺激性异味的骨废料；
- 石棉废物或含石棉的废物；
- 废感光材料；
- 密闭容器；
- 可以充分说明在进口骨废料的产生、收集、包装和运输过程中难以避免混入的其他危险废物。

（5）除上述各条所列废物外，骨废物中应限制其他夹杂物（包括废金属、废纸、废塑料、废橡胶、废玻璃、废木等废物）的混入，总重量不应超过进口骨废料重量的 1%；骨废料中非骨废料杂质总重量不应超过骨废料的 3%。

二、冶炼渣

《进口固体废物环境保护控制标准—冶炼渣》（GB 16487.2—2005）适用于熔渣、浮渣、氧化皮及其他废料[冶炼钢铁产生的（粒状熔渣除外）]和含五氧化二钒大于 10%的矿灰及残渣的进口管理，并规定了进口冶炼渣的夹杂物（在产生、收集、包装和运输过程中混入进口冶炼渣中的其他物质）环境保护控制要求。

（1）冶炼渣中应严格限制下列夹杂物的混入，总重量不应超过进口冶炼渣重量的 0.01%。

- 石棉废物或含石棉的废物；
- 废感光材料；
- 密闭容器；

- 可以充分说明在进口冶炼渣的产生、收集、包装和运输过程中难以避免混入的其他危险废物。

（2）冶炼渣中应限制其他夹杂物（包括木废料、废纸、废塑料、废橡胶、废玻璃等废物）的混入，总重量不应超过进口冶炼渣重量的1%。

三、木及木制品废料

《进口固体废物环境保护控制标准—木、木制品废料》（GB 16487.3—2005）适用不论是否黏结成圆木段、块、片或类似形状的锯末、木废料及碎片和碎的、粒状的或是粉状的软木废料的进口管理，并规定了进口木及木制品废料的夹杂物（在产生、收集、包装和运输过程中混入进口木废料中的其他物质）环境保护控制要求。

（1）木废料中应严格限制下列夹杂物的混入，总重量不应超过进口木废料重量的0.01%。

- 石棉废物或含石棉的废物；
- 废感光材料；
- 密闭容器；
- 可以充分说明在进口木废料的产生、收集、包装和运输过程中难以避免混入的其他危险废物。

（2）除上述各条所列废物外，木废料中应限制其他夹杂物（包括废金属、废纸、废塑料、废玻璃、废橡胶、严重腐烂木材等废物）的混入，总重量不应超过进口木废料重量的1.5%。

四、废纸或纸板

《进口固体废物环境保护控制标准—废纸或纸板》（GB 16487.4—2005）适用于回收（废碎）的未漂白牛皮纸或纸板及回收（废碎）的瓦楞纸和纸板、主要由漂白化学浆制未经本体染色的其他纸和纸板、主要由机械浆制纸或纸板（如报纸、杂志及类似的印刷品）、包括未分选的其他纸及纸板进口管理，并规定了进口废纸或纸板中的夹杂物（在产生、收集、包装和运输过程中混入进口废纸中的其他物质）环境保护控制要求。

（1）进口废纸中应严格限制下列夹杂物的混入，总重量不应超过进口废纸重量的0.01%。

- 石棉废物或含石棉的废物；
- 被焚烧或部分焚烧的废纸，被灭火剂污染的废纸；
- 废光感材料；
- 密闭容器；
- 可以充分说明在进口废纸的产生、收集、包装和运输过程中难以避免混入的其他危险废物。

（2）除上述各条所列废物外，进口废纸中应限制其他夹杂物[包括木废料、废金属、废玻璃、废塑料、废橡胶、废吸附剂、墙（壁）纸、涂蜡纸、蜡纸、复写纸等废物]的混入，总重量不应超过进口废纸重量的1.5%。

五、废纤维

《进口固体废物环境保护控制标准—废纤维》（GB 16487.5—2005）适用于废棉纱线（包括废纱线）、其他废棉、合成纤维废料、人造纤维废料，新的或未经使用过的纺织材料制品经分拣的碎织物（包括废线、绳、索、缆及制品），新的或未经使用过的纺织材料制品其他碎织物等的进口管理，并规定了进口废纤维的夹杂物（在产生、收集、包装和运输过程中混入进口废纤维中的其他物质）环境保护控制要求。

（1）废纤维中应严格限制下列夹杂物的混入，总重量不应超过进口废纤维重量的0.01%。

- 棉籽；
- 石棉废物或含石棉的废物；
- 废感光材料；
- 密闭容器；
- 可以充分说明在进口冶炼渣的产生、收集、包装和运输过程中难以避免混入的其他危险废物。

（2）除上述各条所列废物外，废纤维中应限制其他夹杂物（包括废金属、木废料、废纸、废塑料、废橡胶、废玻璃等废物）的混入，总重量不应超过进口废纤维重量的1%。

六、废钢铁

《进口固体废物环境保护控制标准—废钢铁》（GB 16487.6—2005）适用于铸铁废碎料、不锈钢废碎料、其他合金钢废碎料、镀锡钢铁废碎料，车、刨、铣、磨、锯、锉、剪、冲加工过程中产生的钢铁废料，其他的钢铁废碎料，供再熔的钢铁废碎料（含废机床、废机车、废机车头等）的进口管理，并规定了进口废钢铁的夹杂物（在产生、收集、包装和运输过程中混入进口废钢铁中的其他物质）环境保护控制要求。

（1）废钢铁中应严格限制下列夹杂物的混入，总重量不应超过进口废钢铁重量的0.01%。

- 石棉废物或含石棉的废物；
- 废感光材料；
- 密闭容器；

- 可以充分说明在进口废钢铁的产生、收集、包装和运输过程中难以避免混入的其他危险废物。

（2）除上述各条所列废物外，废钢铁中应限制其他夹杂物（包括木废料、废纸、废塑料、废橡胶、废玻璃、剥离铁锈等废物）的混入，总重量不应超过进口废钢铁重量的 2%。

（3）曾经盛装液体和半固态危险化学物质的容器、管道及废碎片，应清洗干净方可进口；进口者应向检验机构申报容器、管道曾经盛装或输送过的危险化学物质的主要成分。

七、废有色金属

《进口固体废物环境保护控制标准—废有色金属》（GB 16487.7—2005）适用于铜废碎料（不包括废五金电器，废电线电缆，废电机）、铝废碎料（不包括废五金电器，废电线电缆，废电机）、镍废碎料、锌废碎料、锡废碎料、钨废碎料、钽废碎料、镁废碎料、钛废碎料的进口管理，并规定了进口废有色金属的夹杂物（在产生、收集、包装和运输过程中混入进口废有色金属中的其他物质）环境保护控制要求。

（1）废有色金属中应严格限制下列夹杂物的混入，总重量不应超过进口废有色金属重量的 0.01%。

- 石棉废物或含石棉的废物；
- 废感光材料；
- 密闭容器；
- 可以充分说明在进口废有色金属的产生、收集、包装和运输过程中难以避免混入的其他危险废物。

（2）废有色金属中夹杂的粉状废物（冶炼渣、除尘灰等）总重量不应超过进口废有色金属重量的 0.1%。

（3）除上述各条所列废物外，废有色金属中应限制其他夹杂物（包括木废料、废纸、废塑料、废橡胶、废玻璃、剥离铁锈等废物）的混入，总重量不应超过进口骨废料重量的 2%。

（4）曾经盛装液体和半固态危险化学物质的容器、管道及废碎片，应清洗干净方可进口；进口者应向检验机构申报容器、管道曾经盛装或输送过的危险化学物质的主要成分。

八、废电机

《进口固体废物环境保护控制标准—废电机》（GB 16487.8—2005）适用于以铜回收为主的废电机的进口管理，并规定了进口废电机的夹杂物（在产生、收集、包装和运输过程中混入进口废电机中的其他物质）环境保护控制要求。

（1）废电机中应严格限制下列夹杂物的混入，总重量不应超过进口废纤维重量的 0.01%。

- 石棉废物或含石棉的废物；
- 废感光材料；
- 废电机中可剥离的油污；
- 密闭容器；
- 可以充分说明在进口废电机的产生、收集、包装和运输过程中难以避免混入的其他危险废物。

（2）除上述各条所列废物外，废电机中应限制其他夹杂物（包括废木块、废纸、废纤维、废塑料、废橡胶、废玻璃、剥离铁锈等废物）的混入，总重量不应超过进口废纤维重量的 2%。

九、废电线电缆

《进口固体废物环境保护控制标准—废电线电缆》（GB 16487.9—2005）适用于以回收铜和回收铝为主的废电线、电缆的进口管理，并规定了进口废电线电缆的夹杂物（在产生、收集、包装和运输过程中混入进口废电线电缆中的其他物质）环境保护控制要求。

（1）废电线电缆中禁止混有下列夹杂物（包含在 4 条中的废物除外）：

- 放射性废物；
- 废弃炸弹、炮弹等爆炸性武器弹药；
- 油封电缆、光缆，铅皮电缆；
- 含多氯联苯废物；
- 根据 GB 5085 鉴别为危险废物的物质；
- 《国家危险废物名录》中的其他废物。

（2）废电线电缆中应严格限制下列夹杂物的混入，总重量不应超过进口废电线电缆重量的 0.01%。

- 石棉废物或含石棉的废物；
- 废感光材料；
- 密闭容器；
- 可以充分说明在进口废电线电缆的产生、收集、包装和运输过程中难以避免混入的其他危险废物。

（3）除上述各条所列废物外，废电线电缆中应限制其他夹杂物（包括木废料、废纸、废塑料、废玻璃、剥离铁锈等废物）的混入，总重量不应超过进口废纤维重量的 2%。

十、废五金电器

《进口固体废物环境保护控制标准—废五金电器》（GB 16487.10—2005）适用于以回收钢铁为主的、以回收铜为主的、以回收铝为主的废五金电器（包括五金电器加工过程中产生的边角料、残次品或不及格品）的进口管理，并规定了进口废五金电器的夹杂物（在产生、收集、包装和运输过程中混入进口废五金电器中的其他物质）环境保护控制要求。

（1）废五金电器中禁止混有下列夹杂物（包含在4条中的废物除外）：

➢ 放射性废物；
➢ 废弃炸弹、炮弹等爆炸性武器弹药；
➢ 未清除绝缘油材料的变压器、镇流器和压缩机；
➢ 含多氯联苯废物；
➢ 根据GB 5085鉴别为危险废物的物质；
➢ 《国家危险废物名录》中的其他废物。

（2）废五金电器中应严格限制下列夹杂物的混入，总重量不应超过进口废五金电器重量的0.01%。

➢ 石棉废物或含石棉的废物；
➢ 废感光材料；
➢ 密闭容器；
➢ 可以充分说明在进口冶炼渣的产生、收集、包装和运输过程中难以避免混入的其他危险废物。

（3）除上述各条所列废物外，废五金电器中应限制其他夹杂物（包括木废料、废纸、剥离铁锈以及国家禁止进口的废机电产品等废物）的混入，总重量不应超过进口废五金电器重量的2%。

（4）进口废五金电器可回收利用的材料应不低于废五金电器总重量的80%，其中可利用金属的含量应不低于废五金电器总重量的60%。

十一、供拆卸的船舶及其他浮动结构体

《进口固体废物环境保护控制标准—供拆卸的船舶及其他浮动结构体》（GB 16487.11—2005）适用于废船的进口管理，并规定了进口废船舶的夹杂物（进口废船舶中随行船员的生活废物和运输货物的残余物）环境保护控制要求。

（1）未经洗舱的废油船禁止进口。

（2）废船舶中应严格限制下列夹杂物的混入，总重量不应超过进口废船舶重量的0.01%。

➢ 石棉废物或含石棉的废物（船舶本身的石棉隔热和绝缘材料除外）；

- 废船货舱中油以及油污的残余量；
- 废感光材料；
- 密闭容器；
- 可以充分说明在进口废船舶的产生、收集、包装和运输过程中难以避免混入的其他危险废物。

（3）废船舶中作为船舶本身的隔热和绝缘材料的石棉含量不应超过其轻吨的 0.08%。

（4）除上述各条所列废物外，废船舶中应限制其他夹杂物（携带物）的混入，总重量不应超过进口废纤维重量的 0.05%。

（5）采取自航行进口的废船舶中除上述各条所列的夹杂物外，其他夹杂物（携带物）总重量 $W_{废}$ 应满足式 7-1 计算要求：

$$W_{废} \leqslant 1.5\,TN\text{（kg）} \tag{7-1}$$

式中：$W_{废}$——船舶废弃物总重量，kg；

T——船舶入港后停泊的时间，d；

N——船舶应载船员数，人；

1.5——系数，kg/人·d。

（6）曾经承运过 1 条和 5 条中所列货物，以及其他危险化学物质专用运输船舶需进行清洗。进口者应向检验机构申报曾经承运过 1 条和 5 条中所列物质，以及其他危险化学物质的名称和主要成分。

（7）废船舶污染物的排放应符合 GB 3552 的要求。

十二、废塑料

废塑料指在塑料生产及塑料制品加工过程中产生的热塑性下脚料、边角料和残次品，或者使用过且经加工清洗干净的热塑性塑料（片状、块状、粒状或粉状）。《进口固体废物环境保护控制标准—废塑料》（GB 16487.12—2005）适用于乙烯聚合物、苯乙烯聚合物、氯乙烯聚合物、聚对苯二甲酸乙二酯，以及其他塑料的废碎料及下脚料的进口管理，并规定了进口废塑料的夹杂物（在产生、收集、包装和运输过程中混入进口废塑料中的其他物质）环境保护控制要求。

（1）废塑料中应严格限制下列夹杂物的混入，总重量不应超过进口废塑料重量的 0.01%。

- 石棉废物或含石棉的废物；
- 被焚烧或部分焚烧的废塑料，被灭火剂污染的废塑料；
- 含有感光物质的胶片；
- 使用过的完整塑料容器；

- 密闭容器；
- 可以充分说明在进口废塑料的产生、收集、包装和运输过程中难以避免混入的其他危险废物。

（2）进口使用过的塑料容器应破碎并清洗至无明显异味和污渍。

（3）除上述各条所列废物外，废塑料中应限制其他夹杂物（包括废金属、废木片、热固体塑料、废橡胶、废玻璃、涂有金属层的塑料薄膜或塑料制品等废物）的混入，总重量不应超过进口废纤维重量的 0.5%。

十三、废汽车压件

废汽车压件指丧失使用功能而且经过压制等处理的不可恢复原状的废汽车产品。《进口固体废物环境保护控制标准—废汽车压件》（GB 16487.13—2005）适用于废汽车压件的进口管理，规定了进口废汽车压件的环境保护控制要求，以及形成压件前对报废汽车拆解和压制程度的控制要求。

（1）废汽车压件应拆除或清除废汽车本身的下列组成，这些组成部分的总重量不超过非汽车总重量的 0.01%。

- 安全气囊；
- 蓄电池；
- 灭火器、密闭压力容器；
- 机油、齿轮油、燃油及燃气、制动液、冷却液；
- 制冷剂、催化剂；
- 轮胎。

（2）废汽车压件中禁止混有下列夹杂物（包含在 5 条中的废物除外）：

- 放射性废物；
- 废弃炸弹、炮弹等爆炸性武器弹药；
- 含多氯联苯废物；
- 根据 GB 5085 鉴别为危险废物的物质；
- 《国家危险废物名录》中的其他废物。

（3）废汽车压件中应严格限制下列夹杂物的混入，总重量不应超过进口废汽车压件重量的 0.01%。

- 石棉废物或含石棉的废物；
- 废感光材料；
- 密闭容器；
- 可以充分说明在进口废汽车压件的产生、收集、包装和运输过程中难以避免混入的其他危险废物。

（4）除上述各条所列废物外，废汽车压件中应限制其他夹杂物（包括木废料、废纸、废塑料、废橡胶、热固体塑料、遗留在车上的生活废弃物等废物）的混入，总重量不应超过进口废纤维重量的1%。

第二节　固体废物处理处置污染控制标准

一、生活垃圾填埋场污染控制标准

《生活垃圾填埋场污染控制标准》（GB 16889—2008）是根据生活垃圾这种固体废物所具有的特性，制定的相应的选址要求、工程设计要求以及污染物排放限值等。该标准只适用于生活垃圾填埋处置，不适用于尾矿场、灰渣场乃至危险废物填埋场等工业固体废物及危险废物的处置。

（一）生活垃圾填埋场选址环境保护要求

（1）生活垃圾填埋场选址应符合区域性环境规划、环境卫生设施建设规划和当地城乡建设总体规划要求，应与当地的大气污染防治、水资源保护、自然保护相一致。

（2）生活垃圾填埋场应设在当地夏季主导风向的下风向，在人畜居栖点500 m以外。夏季是恶臭产生的最大浓度值的时段，场址处在夏季主导风向的下风向，可尽量减小对居民生活的影响。

（3）生活垃圾填埋场不得建在下列地区：

国务院和国务院有关主管部门及省、自治区、直辖市人民政府划定的自然保护区、风景名胜区、生活饮用水源地、供水远景规划区、矿产资源储备区、军事要地、国家保密地区和其他需要特别保护的区域内；居民密集居住区；直接与航道相通的地区；活动的坍塌地带、断裂带、地下蕴矿带、石灰坑及溶岩洞区。

（4）生活垃圾填埋场选址的标高应位于重现期不小于50年一遇的洪水位之上，并建在长远规划中的水库等人工蓄水设施的淹没区和保护区之外。

（二）生活垃圾填埋场大气污染排放控制项目及其限制

（1）生活垃圾填埋场大气污染物控制项目：颗粒物（TSP）、氨、硫化氢、甲硫醇、臭气浓度。

（2）大气污染物排放限值。

（3）生活垃圾填埋场大气污染物排放限值是对无组织排放源的控制。

颗粒物场界排放限值≤1.0 mg/m^3。

氨、硫化氢、甲硫醇、臭气浓度场界排放限值：根据生活垃圾填埋场所在区域，分别按照GB 14554—93《恶臭污染物排放标准》相应级别的指标值执行。垃圾填埋场的防渗层的渗透系数$K \leqslant 10$ cm/s。

（三）生活垃圾填埋场垃圾渗滤液排放控制项目及其限制

1. 生活垃圾填埋场垃圾渗滤液排放控制项目

悬浮物（SS）、化学需氧量（COD）、五日生化需氧量（BOD_5）和大肠菌值。其他项目，视各地垃圾成分，由地方环境保护行政主管部门确定。

2. 生活垃圾渗滤液排放限值

（1）生活垃圾渗滤液不得排入GB 3838—2002中规定的Ⅰ类、Ⅱ类水域和Ⅲ类水域的饮用水源保护区及GB 3097—1997一类海域。

（2）对排入GB 3838—2002三类水域或GB 3097—1997二类海域的生活垃圾渗滤液，其排放限值执行中的二级指标值。

（3）对排入GB 3838—2002Ⅳ类、Ⅴ类水域或GB 3097—1997三类海域的生活垃圾渗滤液，其排放限值执行表7-2中的二级指标值。

表 7-2 生活垃圾渗滤液排放限值（大肠菌值除外） 单位：mg/L

	一级	二级	三级
悬浮物	70	200	400
五日生化需氧量（BOD_5）	30	150	600
化学需氧量（COD_{Cr}）	100	300	1 000
氨 氮	15	25	—
大肠菌值	10^{-2}～10^{-1}	10^{-2}～10^{-1}	

（4）排入设置城市二级污水处理厂的生活垃圾渗滤液，其排放限值执行中的三级指标值。具体限度还可以与环保部门、市政部门协商。

（5）排入未设置污水处理厂的城镇排污系统的生活垃圾渗滤液，必须根据排水系统出水、受纳水域的功能要求，分别执行（2）和（3）的规定。

（6）由地方环境保护行政主管部门确定的其他项目，其排放限值按照 GB 8978—1996《污水综合排放标准》的有关规定执行。

二、生活垃圾焚烧污染控制标准

《生活垃圾焚烧污染控制标准》（GB 18485—2001）规定了生活垃圾焚烧厂选址原则、生活垃圾入厂要求、焚烧炉基本技术性能指标、焚烧厂污染物排放限值等要求，适用于生活垃圾焚烧设施的设计、环境影响评价、竣工验收，以及运行过程中污染控制及监督管理。

（一）生活垃圾焚烧厂选址原则

生活垃圾焚烧厂选址应符合当地城乡建设总体规则和环境保护规划的规定，并符合当地的大气污染防治、水资源保护、自然保护的要求。

（二）生活垃圾贮存技术要求

进入生活垃圾焚烧厂的垃圾应贮存于垃圾贮存仓内。垃圾贮存仓应具有良好的防渗性能。贮存仓内部应处于负压状态，焚烧炉所需的一次风应从垃圾贮存仓抽取。垃圾贮存仓还必须附设污水收集装置，收集滤液和其他污水。

（三）生活垃圾焚烧厂污染物排放限值

1．焚烧炉大气污染物排放限值（表 7-3）

表 7-3　焚烧炉大气污染物排放限值

序号	项目	单位	数值含义	限值
1	烟尘	mg/m^3	测定均值	80
2	烟气黑度	林格曼黑度，级	测定值	1
3	一氧化碳	mg/m^3	小时均值	150
4	氮氧化物	mg/m^3	小时均值	400
5	二氧化硫	mg/m^3	小时均值	260
6	氯化氢	mg/m^3	小时均值	75
7	汞	mg/m^3	测定均值	0.2
8	镉	mg/m^3	测定均值	0.1
9	铅	mg/m^3	测定均值	1.6
10	二噁英类	ng TEQ/m^3	测定均值	1.0

注：（1）本表规定的各项标准限值，均以标准状态下含 11% O_2 的干烟气为参考值换算。
（2）烟气最高黑度时间，在任何 1 h 内累计不得超过 5 min。

2．生活垃圾焚烧厂恶臭厂界排放限值

氨、硫化氢、甲硫醇和臭气浓度厂界排放限值根据生活垃圾焚烧厂所在区域，分别按照 GB 14554 相应级别的指标值执行。

3．生活垃圾焚烧厂工艺废水排放限值

生活垃圾焚烧厂工艺废水必须经废水处理系统处理，处理后的水应优先考虑循环再利用，必须排放时，废水中污染物最高允许排放浓度按 GB 8978 执行。

三、危险废物贮存污染控制标准

危险废物贮存指危险废物再利用或无害化处理和最终处置前的存放行为。生产

者产出的废物可以再利用有两种情况：一是由于生产能力的限制，可利用的危险废物有一定的剩余；二是由于技术上的困难，对有再利用价值的尚未找到理想的技术方法加以有效的利用。属于上述情况的危险废物就需要贮存，有的危险废物属于无法利用或无利用价值的，则在无害化处理和最终处置前，也需暂时的贮存。集中贮存指危险废物集中处理、处置设施中所附设的贮存设施和区域性的集中贮存设施。《危险废物贮存污染控制标准》（GB 18597—2001）适用于除尾矿外的所有危险废物贮存的污染控制及监督管理，对于危险废物的产生者、经营者和管理者都具有约束力。

（一）危险废物贮存设施选址环境保护要求

（1）所有危险废物产生者和危险废物经营者应建造专用的危险废物贮存设施，也可利用原有构筑物改建成危险废物贮存设施。

（2）在常温常压下易爆、易燃及排出有毒气体的危险废物必须进行预处理，使之稳定后贮存，否则，按易爆、易燃危险品贮存。

（3）在常温常压下不水解、不挥发的固体危险废物可在贮存设施内分别堆放。

（4）必须将危险废物装入容器内。

（5）禁止将不相容（相互反应）的危险废物在同一容器内混装。

（6）无法装入常用容器的危险废物可用防漏胶袋等盛装。

（7）装载液体、半固体危险废物的容器内须留足够空间，容器顶部与液体表面之间保留100 mm以上的空间。

（8）医院产生的临床废物，必须当日消毒，消毒后装入容器。常温下贮存期不得超过1 d，于5℃以下冷藏的，不得超过7 d。

（9）盛装危险废物的容器上必须粘贴符合本标准附录A所示的标签。

（10）危险废物贮存设施在施工前应做环境影响评价。

（二）危险废物贮存设施的设计原则

1．危险废物集中贮存设施的选址

地质结构稳定，地震烈度不超过 7 度的区域内；设施底部必须高于地下水最高水位；场界应位于居民区 800 m 以外，地表水域 150 m 以外；应避免建在溶洞区或易遭受严重自然灾害如洪水、滑坡、泥石流、潮汐等影响的地区；应在易燃、易爆等危险品仓库、高压输电线路防护区域以外；应位于居民中心区常年最大风频的下风向。

2．危险废物贮存设施（仓库式）的设计原则

地面与裙脚要用坚固、防渗的材料建造，建筑材料必须与危险废物相容；必须有泄漏液体收集装置、气体导出口及气体净化装置；设施内要有安全照明设施和观

察窗口；用以存放装载液体、半固体危险废物容器的地方，必须有耐腐蚀的硬化地面，且表面无裂隙；应设计堵截泄漏的裙脚，地面与裙脚所围建的容积不低于堵截最大容器的最大储量或总储量的 1/5；不相容的危险废物必须分开存放，并设有隔离间隔断。

3. 危险废物的堆放

基础必须防渗，防渗层为至少 1 m 厚黏土层（渗透系数≤7～10 cm/s），或 2 mm 厚高密度聚乙烯，或至少 2 mm 厚的其他人工材料，渗透系数≤10～10 cm/s；堆放危险废物的高度应根据地面承载能力确定；衬里放在一个基础或底座上；衬里要能够覆盖危险废物或其溶出物可能涉及的范围；衬里材料与堆放危险废物相容；在衬里上设计、建造浸出液收集清除系统；应设计建造径流疏导系统，保证能防止 25 年一遇的暴雨不会流到危险废物堆里；危险废物堆内设计雨水收集池，并能收集 25 年一遇的暴雨 24 h 降水量；危险废物堆要防风、防雨、防晒；产生量大的危险废物可以散装方式堆放贮存在按上述要求设计的废物堆里；不相容的危险废物不能堆放在一起；总贮存量不超过 300 kg（L）的危险废物要放入符合标准的容器内，加上标签，容器放入坚固的柜或箱中，柜或箱应设多个直径不少于 30 mm 的排气孔。不相容危险废物要分别存放或存放在不渗透间隔分开的区域内，每个部分都应有防漏裙脚或储漏盘，防漏裙脚或储漏盘的材料要与危险废物相容。

（三）危险废物贮存的要求

（1）从事危险废物贮存的单位，必须得到有资质单位出具的该危险废物样品物理和化学性质的分析报告，认定可以贮存后，方可接收。

（2）危险废物贮存前应进行检验，确保同预定接收的危险废物一致，并登记注册。

（3）不得接收未粘贴符合规定的标签或标签没按规定填写的危险废物。

（4）盛装在容器内的同类危险废物可以堆叠存放。

（5）每个堆间应留有搬运通道。

（6）不得将不相容的废物混合或合并存放。

（7）危险废物产生者和危险废物贮存设施经营者均须做好危险废物情况的记录，记录上须注明危险废物的名称、来源、数量、特性和包装容器的类别、入库日期、存放库位、废物出库日期及接收单位名称。危险废物的记录和货单在危险废物回取后应继续保留 3 年。

（8）必须定期对所贮存的危险废物包装容器及贮存设施进行检查，发现破损，应及时采取措施清理更换。

（9）泄漏液、清洗液、浸出液必须符合 GB 8978 的要求方可排放，气体导出口排出的气体经处理后，应满足 GB 16297 和 GB 14554 的要求。

四、危险废物填埋污染控制标准

安全填埋是危险废物无害化处置技术之一，也是对危险废物使用其他方式处理后所采取的最终处置措施。利用对危险废物固化/稳定化处理、建筑物防渗层构造等手段，将危险废物既放置在环境中，又令其与环境隔断联系。因此，是否能够成功阻断这种联系，将是填埋场能否长远安全的关键，也是安全填埋风险之所在。《危险废物填埋污染控制标准》（GB 18598—2001）适用于危险废物填埋场的建设、运行及监督管理，不适用于放射性废物的处置，但不适用于放射性废物的处置。

（一）危险废物填埋场选址环境保护要求

（1）填埋场场址的选择应符合国家及地方城乡建设总体规划要求，场址应处于一个相对稳定的区域，不会因自然或人为的因素而受到破坏。

（2）填埋场场址的选择应进行环境影响评价，并经环境保护行政主管部门批准。

（3）填埋场场址不应选在城市工农业发展规划区、农业保护区、自然保护区、风景名胜区、文物（考古）保护区、生活饮用水源保护区、供水远景规划区、矿产资源储备区和其他需要特别保护的区域内。

（4）填埋场距飞机场、军事基地的距离应在 3 000 m 以上。

（5）填埋场场界应位于居民区 800 m 以外，并保证在当地气象条件下对附近居民区大气环境不产生影响。

（6）填埋场场址必须位于百年一遇的洪水标高线以上，并在长远规划中的水库等人工蓄水设施淹没区和保护区之外。

（7）填埋场场址距地表水域的距离不应小于 150 m。

（8）填埋场场址的地质条件应符合下列要求：

- 能充分满足填埋场基础层的要求；
- 现场或其附近有充足的黏土资源以满足构筑防渗层的需要；
- 位于地下水饮用水水源地主要补给区范围之外，且下游无集中供水井；
- 地下水位应在不透水层 3 m 以下，否则，必须提高防渗设计标准并进行环境影响评价，取得主管部门的同意；
- 天然地层岩性相对均匀、渗透率低；
- 地质构结构相对简单、稳定，没有断层。

（9）填埋场场址选择应避开下列区域：破坏性地震及活动构造区；海啸及涌浪影响区；湿地和低洼汇水处；地应力高度集中，地面抬升或沉降速率快的地区；石灰熔洞发育带；废弃矿区或塌陷区；崩塌、岩堆、滑坡区；山洪、泥石流地区；活动沙丘区；尚未稳定的冲积扇及冲沟地区；高压缩性淤泥、泥炭及软土区以及其他可能危及填埋场安全的区域。

（10）填埋场场址必须有足够大的可使用面积以保证填埋场建成后具有 10 年或更长的使用期，在使用期内能充分接纳所产生的危险废物。

（11）填埋场场址应选在交通方便、运输距离较短，建造和运行费用低，能保证填埋场正常运行的地区。

（二）危险废物填埋场设计与施工环保要求

1. 填埋场应设预处理站，预处理站包括废物临时堆放、分拣破碎、减容减量处理、稳定化养护等设施。

2. 填埋场应对不相容性废物设置不同的填埋区，每区之间应设有隔离设施。但对于面积过小，难以分区的填埋场，对不相容性废物可分类用容器盛放后填埋，容器材料应与所有可能接触的物质相容，且不被腐蚀。

3. 填埋场所选用的材料应与所接触的废物相容，并考虑其抗腐蚀特性。

4. 填埋场天然基础层的饱和渗透系数不应大于 1.0×10^{-5} cm/s，且其厚度不应小于 2 m。

5. 填埋场应根据天然基础层的地质情况分别采用天然材料衬层、复合衬层或双人工衬层作为其防渗层。

（1）如果天然基础层饱和渗透系数小于 1.0×10^{-7} cm/s，且厚度大于 5 m，可以选用天然材料衬层。天然材料衬层经机械压实后的饱和渗透系数不应大于 1.0×10^{-7} cm/s，厚度不应小于 1 m。

（2）如果天然基础层饱和渗透系数小于 1.0×10^{-6} cm/s，可以选用复合衬层。复合衬层必须满足下列条件：

① 天然材料衬层经机械压实后的饱和渗透系数不应大于 1.0×10^{-7} cm/s，厚度应满足表 7-4 所列指标，坡面天然材料衬层厚度应比表 7-4 所列指标大 10%；

表 7-4 复合衬层下衬层厚度设计要求

基础层条件	下衬层厚度
渗透系数≤1.0×10^{-7}cm/s，厚度≥3 m	厚度≥0.5 m
渗透系数≤1.0×10^{-6}cm/s，厚度≥6 m	厚度≥0.5 m
渗透系数≤1.0×10^{-6}cm/s，厚度≥3 m	厚度≥1.0 m

② 人工合成材料衬层可以采用高密度聚乙烯（HDPE），其渗透系数不大于 10^{-12} cm/s，厚度不小于 1.5 mm。HDPE 材料必须是优质品，禁止使用再生产品。

（3）如果天然基础层饱和渗透系数大于 1.0×10^{-6} cm/s，则必须选用双人工衬层。双人工衬层必须满足下列条件：

① 天然材料衬层经机械压实后的渗透系数不大于 1.0×10^{-7} cm/s，厚度不小于 0.5 m；② 上人工合成衬层可以采用 HDPE 材料，厚度不小于 2.0 mm；③ 下人工

合成衬层可以采用 HDPE 材料，厚度不小于 1.0 mm。

6．填埋场必须设置渗滤液集排水系统、雨水集排水系统和集排气系统。各个系统在设计时采用的暴雨强度重现期不得低于 50 年。管网坡度不应小于 2%；填埋场底部应以不小于 2%的坡度坡向集排水管道。

7．采用天然材料衬层或复合衬层的填埋场应设渗滤液主集排水系统，它包括底部排水层、集排水管道和集水井；主集排水系统的集水井用于渗滤液的收集和排出。

8．采用双人工合成材料衬层的填埋场除设置渗滤液主集排水系统外，还应设置辅助集排水系统，它包括底部排水层、坡面排水层、集排水管道和集水井；辅助集排水系统的集水井主要用作上人工合成衬层的渗漏监测。

9．排水层的透水能力不应小于 0.1 cm/s。

10．填埋场应设置雨水集排水系统，以收集、排出汇水区内可能流向填埋区的雨水、上游雨水以及未填埋区域内未与废物接触的雨水。雨水集排水系统排出的雨水不得与渗滤液混排。

11．填埋场设置集排气系统以排出填埋废物中可能产生的气体。

12．填埋场必须设有渗滤液处理系统，以便处理集排水系统排出的渗滤液。

13．填埋场周围应设置绿化隔离带，其宽度不应小于 10 m。

14．填埋场施工前应编制施工质量保证书并获得环境保护主管部门的批准。施工中应严格按照施工质量保证书中的质量保证程序进行。

15. 在进行天然材料衬层施工之前，要通过现场施工试验确定合适的施工机械，压实方法、压实控制参数及其他处理措施，以论证是否可以达到设计要求。同时在施工过程中要进行现场施工质量检验，检验内容与频率应包括在施工设计书中。

16．人工合成材料衬层在铺设时应满足下列条件：

（1）对人工合成材料应检查指标合格后才可铺设，铺设时必须平坦，无褶皱；

（2）在保证质量条件下，焊缝尽量少；

（3）在坡面上铺设衬层，不得出现水平焊缝；

（4）底部衬层应避免埋设垂直穿孔的管道或其他构筑物；

（5）边坡必须锚固，锚固形式和设计必须满足人工合成材料的受力安全要求；

（6）边坡与底面交界处不得设角焊缝，角焊缝不得跨过交界处。

17．在人工合成材料衬层在铺设、焊接过程中和完成之后，必须通过目视，非破坏性和破坏性测试检验施工效果，并通过测试结果控制施工质量。

（三）危险废物填埋场排放污染物控制要求

（1）严禁将集排水系统收集的渗滤液直接排放，必须对其进行处理并达到 GB 8978《污水综合排放标准》中第一类污染物最高允许排放浓度的要求及第二类污染物最高允许排放浓度标准要求后方可排放。

（2）危险废物填埋场废物渗滤液第二类污染物排放控制项目为：pH 值，悬浮物（SS），五日生化需氧量（BOD_5），化学需氧量（COD_{Cr}），氨氮（NH_3-N），磷酸盐（以 P 计）。

（3）填埋场渗滤液不应对地下水造成污染。填埋场地下水污染评价指标及其限值按照《地下水质量标准》GB/T 14848—93 执行。

（4）地下水监测因子应根据填埋废物特性由当地环境保护行政主管部门确定，必须具有代表性，能表示废物特性的参数。常规测定项目为：浊度，pH 值，可溶性固体，氯化物，硝酸盐（以 N 计），亚硝酸盐（以 N 计），氨氮，大肠杆菌总数。

（5）填埋场排出的气体应按照《大气污染物综合排放标准》（GB 16297—1996）中无组织排放的规定执行。监测因子应根据填埋废物特性由当地环境保护行政主管部门确定，必须具有代表性，能表示废物特性的参数。

（6）填埋场在作业期间，噪声控制应按照《工业企业厂界噪声标准》（GB 12348—90）的规定执行。

五、危险废物焚烧污染控制标准

焚烧处置方法是一种高温处理技术，即以一定的过剩空气量与被处置的危险废物在焚烧炉内进行氧化燃烧反应，废物中的有毒、有害物质在高温下氧化、分解而被破坏。焚烧处置的特点是它同时实现废物的无害化、减量化、资源化。它的最大弊端是产生废气污染。焚烧烟气中主要的空气污染物是粒状污染物、酸性气体、氮氧化物、一氧化碳、重金属等。《危险废物焚烧污染控制标准》（GB 18484—2001）从危险废物处置过程中环境污染防治出发，规定了危险废物焚烧设施场所的选址原则、焚烧基本技术性能指标、焚烧排放大气污染物的最高允许排放限值、焚烧残余物的处置原则和相应的环境监测等。

（一）危险废物焚烧厂址选址环境保护要求

（1）各类焚烧厂不允许建设在 GHZB1 中规定的地表水环境质量Ⅰ类、Ⅱ类功能区和 GB 3095 中规定的环境空气质量一类功能区，即自然保护区、风景名胜区和其他需要特殊保护地区。集中式危险废物焚烧厂不允许建设在人口密集的居住区、商业区和文化区；各类焚烧厂不允许建设在居民区主导风向的上风向地区。

（2）焚烧物的要求。除易爆和具有放射性以外的危险废物均可进行焚烧。

（二）危险废物焚烧炉的技术性能指标

1．焚烧炉排气筒高度

（1）新建集中式危险废物焚烧厂焚烧炉排气筒周围半径 200 m 内有建筑物时，排气筒高度必须高出最高建筑物 5 m 以上。

（2）对有几个排气源的焚烧厂应集中到一个排气筒排放或采用多筒集合式排放。

（3）焚烧炉排气筒应按 GB/T 16157 的要求，设置永久采样孔，并安装用于采样和测量的设施。

2．焚烧炉的技术指标

（1）焚烧炉的技术性能要求见表 7-5。

表 7-5 焚烧炉的技术性能指标

指标/废物类型	焚烧炉温度/℃	烟气停留时间/s	燃烧效率/%	焚毁去除率/%	焚烧残渣的热灼减率/%
危险废物	≥1 100	≥2.0	≥99.9	≥99.99	<5
多氯联苯	≥1 200	≥2.0	≥99.9	≥99.999 9	<5
医院临床废物	≥850	≥1.0	≥99.9	≥99.99	<5

（2）焚烧炉出口烟气中的氧气含量应为 6%～10%（干气）。

（3）焚烧炉运行过程中要保证系统处于负压状态，避免有害气体逸出。

（4）焚烧炉必须有尾气净化系统、报警系统和应急处理装置。

（三）危险废物焚烧厂污染物控制限制

1．焚烧炉大气污染物排放限值。

焚烧炉排气中任何一种有害物质浓度不得超过表 7-6 中所列的最高允许限值。

表 7-6 危险废物焚烧炉大气污染物排放限值

序号	污染物	不同焚烧容量时的最高允许排放浓度限值/（mg/m^3）		
		≤300 kg/h	300～2 500 kg/h	≥2 500 kg/h
1	烟气黑度	林格曼 I 级		
2	烟尘	100	80	65
3	一氧化碳（CO）	100	80	80
4	二氧化硫（SO_2）	400	300	200
5	氟化氢（HF）	9.0	7.0	5.0
6	氯化氢（HCl）	100	70	60
7	氮氧化物（以 NO_2 计）	500		
8	汞及其化合物（以 Hg 计）	0.1		
9	镉及其化合物（以 Cd 计）	0.1		
10	砷、镍及其化合物（以 As+Ni 计）	1.0		
11	铅及其化合物（以 Pb 计）	1.0		
12	铬、锡、锑、铜、锰及其化合物（以 Cr+Sn+Sb+Cu+Mn 计）	4.0		
13	二噁英类	TEQ 0.5 ng/m^3		

2．危险废物焚烧厂排放废水时，其水中污染物最高允许排放浓度按《污水综合排放标准》（GB 8978—1996）执行。

3．焚烧残余物按危险废物进行安全处置。

4．危险废物焚烧厂噪声执行《工业企业厂界噪声标准》（GB 12349—90）。

（1）在测试计算过程中，以 $11\%O_2$（干气）作为换算基准。换算公式为：

$$c = 10/(21 - Os) \times c_s \quad (7\text{-}2)$$

式中：c——标准状态下被测污染物经换算后的浓度，mg/m^3；

Os——排气中氧气的浓度，%；

c_s——标准状态下被测污染物的浓度，mg/m^3。

（2）指砷和镍的总量。

（3）指铬、锡、锑、铜和锰的总量。

六、一般工业固体废物贮存、处置场污染控制标准

一般工业固体废物系指未被列入《国家危险废物名录》或者根据国家规定的GB 5085鉴别标准和GB 5086及GB/T 15555鉴别方法判定不具有危险特性的工业固体废物。第Ⅰ类一般工业固体废物指按照GB 5086规定方法进行浸出试验而获得的浸出液中，任何一种污染物的浓度均未超过GB 8978最高允许排放浓度，且pH值在6～9范围之内的一般工业固体废物。第Ⅱ类一般工业固体废物指按照GB 5086规定方法进行浸出试验而获得的浸出液中，有一种或一种以上的污染物浓度超过GB 8978最高允放排放浓度，或者是pH值在6～9范围之外的一般工业固体废物。《一般工业固体废物贮存、处置场污染控制标准》（GB 18599—2001）适用于新建、扩建、改建及已经建成投产的一般工业固体废物贮存、处置场的建设、运行和监督管理，但不适用于危险废物和生活垃圾填埋场。

（一）一般工业固体废物贮存、处置场址选择的环境保护要求

1．类场和类场的共同要求

（1）贮存、处置场的建设类型，必须与将要堆放的一般工业固体废物的类别相一致。

（2）建设项目环境影响评价中应设置贮存、处置场专题评价；扩建、改建和超期服役的贮存、处置场，应重新履行环境影响评价手续。

（3）贮存、处置场应采取防止粉尘污染的措施。

（4）为防止雨水径流进入贮存、处置场内，避免渗滤液量增加和滑坡，贮存、处置场周边应设置导流渠。

（5）应设计渗滤液集排水设施。

（6）为防止一般工业固体废物和渗滤液的流失，应构筑堤、坝、挡土墙等设施。

（7）为保障设施、设备正常运营，必要时应采取措施防止地基下沉，尤其是防止不均匀或局部下沉。

（8）含硫量大于 1.5%的煤矸石，必须采取措施防止自燃。

（9）为加强监督管理，贮存、处置场应按 GB 15562.2 设置环境保护图形标志。

2. Ⅱ类场的其他要求

（1）当天然基础层的渗透系数大于 1.0×10^{-7} cm/s 时，应采用天然或人工材料构筑防渗层，防渗层的厚度应相当于渗透系数 1.0×10^{-7} cm/s 和厚度 1.5 m 的黏土层的防渗性能。

（2）必要时应设计渗滤液处理设施，对渗滤液进行处理。

（3）为监控渗滤液对地下水污染，贮存、处置场周边至少应设置三口地下水质监控井。一口沿地下水流向设在贮存、处置场上游，作为对照井；第二口沿地下水流向设在贮存、处置场下游，作为污染监视监测井；第三口设在最可能出现扩散影响的贮存、处置场周边，作为污染扩散监测井。当地质和水文地质资料表明含水层埋藏较深，经论证认定地下水不会被污染时，可以不设置地下水质监控井。

（二）一般工业固体废物贮存、处置场污染控制项目

1. 渗滤液及其处理后的排放水应选择一般工业固体废物的特征组分作为控制项目

2. 地下水

贮存、处置场投入使用前，以 GB/T 14848 规定的项目为控制项目；其中包括 pH 值、氨氮、硝酸盐氮、亚硝酸盐氮、挥发性酚类、氰化物、砷、汞、六价铬、总硬度、铅、氟、镉、铁、锰、溶解性总固体、高锰酸盐指数、硫酸盐、氯化物、大肠菌群，以及反映本地区主要水质问题的其他项目。在使用过程中和关闭或封场后的控制项目，可选择所贮存、处置的固体废物的特征组分。

3. 大气

贮存、处置场以颗粒物为控制项目，其中属于自燃性煤矸石的贮存、处置场，以颗粒物和二氧化硫为控制项目。

第三节　固体废物环境影响评价

固体废物是指在生产和生活中产生的固态和半固态物质，通常分为工业废物、生活垃圾、危险废物和放射性废物。固体废物种类繁多、组成复杂，是环境的主要污染源之一。不同的固体废物，其有害物质差异较大，通过化学、物理或生物转化，

对水、气、土壤等造成环境污染。如果对固体废物处置不当，则对人体健康及生态环境造成严重影响。因此，作为建设项目环境影响评价的组成部分之一，固体废物环境影响评价应给予高度重视。

一、固体废物环境影响评价的现状

在国家环保总局发布的《环境影响评价技术导则》（HJ/T 2.1～2.3—93）行业标准中，环境影响评价项目一节中明确规定，根据环境的组成特征，建设项目的环境影响评价通常可进一步分解成对下列不同环境要素（或称评价项目）的评价，即：大气、地表水、地下水、噪声、土壤与生态，人群健康状况、文物与“珍贵”景观以及日照、热、放射性、电磁波、振动等。由此可以看出废渣（固体废物）没被列入环评项目中，这就造成在环评的实践中，工程项目存在固体废物的工艺，对固体废物的评价缺乏评价依据和方法及相应的标准，只能是泛泛地提出堆存方法或处置方式。而实际上，固体废物对环境的污染形式是在地表水、地下水、大气和土壤中体现的，一旦固体废物转化为水、气污染这个环节受到忽视，就很可能造成严重的后果。

二、固体废物环境影响评价存在的问题

1. 如何评价固体废物对环境的影响是一个需要探讨的课题

对于环境中的废水、废气、噪声和固体废物这四种公害的环境影响评价一般对前三项关注较多，在编制环境影响报告书时，有比较详细的预测模式和计算方法可以遵循，唯有固体废物对环境的影响还没摆到应有的位置，甚至被忽略。

固体废物对环境的影响不同于废水和废气，固体废物对环境的影响更具广泛性。而废水和废气对水环境和大气环境具有直接性影响；固体废物对环境的影响却具有间接的、潜在的和长期的综合性影响特征。固体废物是各种污染物的集合体，通常含有多种污染成分，在自然条件下，一些有害成分会转入大气、水体和土壤，参与生态系统的物质循环，可对生态环境产生长期的潜在性危害。固体废物通常在自然条件作用下经化学反应，会产生一些有毒有害物质，如重金属和农药会通过土壤渗透、累积并迁移到植物和农作物中，导致土地质量下降，破坏土壤系统的生态平衡，污染地表水和地下水水源。特别是工业、生活垃圾和医疗垃圾对人体健康、生态景观、社会环境等方面都会产生一定的影响。不同的建设项目，所产生和排放的固体废物及其成分差异很大。不同的水和大气污染物指标在环境标准中有明确的规定，固体废物污染物则需要依靠具体的建设项目进行环境影响（污染因子）识别和分析。

目前，在国家标准或行业标准中，只有固体废物处置管理方面的法规，如《一般工业固体废物贮存、处置场污染控制标准》《危险废物填埋污染控制标准》等，有关固体废物污染物排放标准尚未涉及。国家在固体废物总量控制方面，仅有工业

固体废物一项指标要求，而且在大部分地区，污染物总量控制指标尚没有对工业固体废物的总量提出明确的要求。因此，在固体废物环境影响评价中，尚缺乏可以参照的评价标准作为法律依据去评价建设项目固体废物及其污染物排放的可行性。

2. 固体废物二次污染的评价有待加强

由于固体废物在排放和处置过程中，其污染物（环境污染因子）易发生变化，转化为水、大气污染物等其他危害成分产生二次污染。因为固体废物本身是污染物（环境影响因素），其对环境的影响是具有综合性的。在许多关于环境影响评价的文献中，大都没有固体废物环境影响评价技术规范的论述内容。例如，陆雍森编著、同济大学出版社出版的《环境评价》等。因此，固体废物环境影响评价在分析固体废物污染物变化引起其他环境要素变化时，往往不对其污染物引起的有关水、大气污染物的变化及影响进行预测和评价，而通常则是以固体废物污染控制与处置作为评价的基本内容。现行的固体废物环境影响评价都是对固体废物的种类、数量、成分和处置措施进行分析，定性论述其污染物的危害及其影响特征。因而，在固体废物环境影响评价过程中，很容易出现同一类固体废物影响分析和评价的共性现象，很难体现具有针对性的环境影响分析和评价。对于一个具体的建设项目来说，如何将固体废物对环境的影响与污染防治有机结合进行分析和评价，还需要在技术理论方面做进一步的探讨和研究。

固体废物是影响环境的重要污染源。在建设项目的环境影响评价中，对固体废物的环境影响进行正确评价，采取针对性的防治措施与对策，对推进清洁生产、有效控制二次污染，具有重要作用。

三、固体废物环境影响评价的类型

固体废物的环境影响评价主要分为两大类型：第一类是对一般工程项目产生的固体废物，由产生、收集、运输、处理到最终处置的环境影响评价；第二类是对处理、处置固体废物设施建设项目的环境影响评价。

对第一类的环境影响评价内容主要包括：① 污染源调查。根据结果，要给出包括固体废物名称、组分、性态、数量等内容的调查清单，同时应按一般工业固体废物和危险废物分别列出。② 污染防治措施的论证。根据工艺过程、各个产出环节提出防治措施，并对防治措施的可行性加以论证。③ 提出最终处置措施方案，如综合利用、填埋、焚烧等，并应包括对固体废物收集、贮运、预处理等全过程的环境影响及污染防治措施。

对处理、处置固体废物设施的环境影响评价内容，则是根据处理处置的工艺特点，依据《环境影响评价技术导则》，执行相应的污染控制标准进行环境影响评价，如一般工业废物储存、处置场所，危险废物焚烧场所，生活垃圾填埋场，生活垃圾焚烧厂，危险废物填埋场，危险废物贮存场所等。在这些工程项目污染控制标准中，对厂（场）址选择，污染控制项目，污染物排放限制等都有相应的规定，是环境影响评价必须严格予以执行的。

四、固体废物环境影响评价的特点

由于国家要求对固体废物污染实行由产生、收集、贮存、运输、预处理直至处置全过程控制，因此在环境影响评价中必须包括所建设项目涉及的各个过程。对于一般工程项目产生的固体废物将可能涉及收集、运输过程。另一方面为了保证固体废物处理处置设施的安全稳定运行，必须建立一个完整的收、贮、运体系，因此在环评中这个体系是与处理、处置设施构成一个整体的。例如这一体系中必然涉及运输设备、运输方式、运输距离、运输路径等，运输可能对路线周围环境敏感目标造成影响，如何规避运输风险也是环评的主要任务。

第四节　垃圾填埋场的环境影响评价

垃圾填埋是一种比较符合我国当前国情的固体废物处置方法。与其他处理和处置方法相比，垃圾填埋方法的费用最为低廉，操作管理也最为简便，因此是目前世界各国，特别是发展中国家普遍采用的废物处置方法之一。垃圾填埋场的环境影响评价主要对填埋场建设期、填埋场运行期，以及封场以后的诸多环境影响进行评价，并与相应的环保标准进行比较，最终从环保角度判断计划工程的可行性，为政府机构相关部门在决策时提供参考。环境影响评价是垃圾填埋场全面规划的重要组成部分，全面细致地进行环境影响评价，对场地的合理选择、论证填埋方案的可行性以及获得公众的认可是十分必要的。下面介绍填埋场环境影响评价的内容。

一、垃圾填埋场环境影响识别

环境影响的识别主要在环境评价大纲阶段完成。任何一个具体的垃圾填埋项目可能存在许多与该项目选址、设计、运行有关的环境问题。然而，其中重要到能对最终决策产生影响的环境问题数量却要少得多。对拟建项目主要环境影响的识别可为今后全面详尽的环境影响评价提出该项目主要关心的问题。这些主要问题不仅包括环境影响方面，还必须包括所有重要的政策方面、法律方面、技术方面，以及社会经济方面。以往，在垃圾填埋场项目的环评中，上述的识别工作很少严密或精确，有些评价者往往不分主次，对所有可能的环境影响评价项目不分主次，并且往往忽略社会方面的环境问题。这样的识别不仅浪费财力资源，而且由于不能找出项目设计中存在的根本性问题，或不能找出备选场址中存在的严重环境问题，或忽略了研究中潜在的重大问题而导致选址工作的失败。

（一）主要环境影响的识别内容

土地填埋场项目主要环境问题的识别包括以下六个方面：

（1）主要的环境当事人。对拟建土地填埋场可能要承受正面或负面影响的个人、人群、环保团体、政府机构、工业企业等进行识别。

（2）主要的资源和土地利用。对公众、当地居民、环保团体等主要环境当事人认为是重要的资源和土地利用的环境影响进行识别。

（3）行政管理范围。对中央政府和地方政府部门对拟建项目的利害关系、司法权限进行识别。

（4）相互作用。对土地填埋场所产生的直接影响与间接影响之间存在的相互作用进行识别。大多数污染物排放都存在最终对人群产生影响的潜在危险。

（5）时效。精确表明拟建项目何时开始运行，运行期为多长。

（6）地理范围。对可能产生的环境影响的空间范围以及可能影响的具体区域（诸如居民区等）作出识别。

以上这些重大问题的识别实际上是选址过程的一个组成部分，从而使备选场址可根据与项目性质和上述重大问题相关联的选址标准进行评估。这个阶段的目标是保证不要忽略或错失合理的拟建项目及备选场址，即项目发展商可根据市场需要、相应政策法令的要求对项目本身及场址作出正确、公正的判断。

图7-1为垃圾填埋场对环境的影响（包括直接影响和间接影响）土地填埋同废物填埋，但影响逐渐减小。

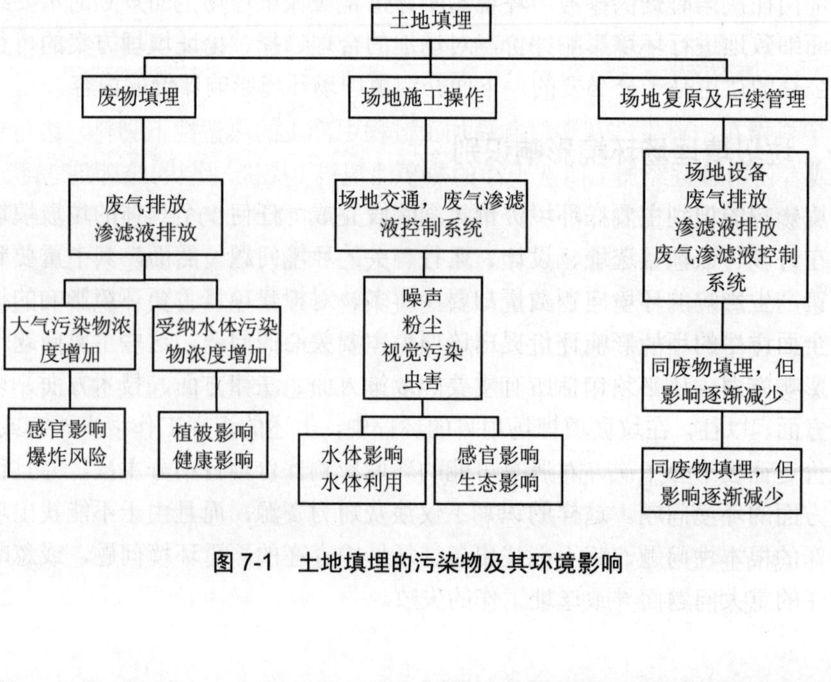

图 7-1 土地填埋的污染物及其环境影响

在本阶段进行识别工作时应及时咨询相关的主管部门，取得它们的赞同是非常重要的。这样可避免在今后的详细评估中与主管部门产生不必要的意见分歧。一旦这样的分歧发生，会延误工作进度并使评估费用增加。

1．主要环境影响的识别技术

环境影响的识别技术通常分为以下六种类型：核查表法、矩阵法、网络法、迭盖法、因果图表法和计算机模拟法。其中每一种方法都有其长处和短处，因此往往需组合使用这些方法，以取长补短，达到满意的识别效果。

在选用上述的环境影响识别方法时，必须要满足下列五项要求：

（1）对关心该项目的社会各方已察觉的、可能的重要的问题和重要环境影响加以考虑；

（2）对所有可能的环境影响加以识别，既包括自然方面，也包括社会人文方面；

（3）对必须进行评估的具体参数和相应的数据库加以识别；

（4）对项目可能的环境影响的时间和空间要素加以识别；

（5）把拟建项目引起的环境影响与其他因素产生的环境影响加以区别。

2．环境影响识别技术的应用与选择

以下结合废物土地填埋处置具体说明识别技术的应用和选择。对于土地填埋场而言，矩阵法是一种很好的识别方法。例如，可用六种矩阵来观察以下各种相互关系：

（1）引起环境影响的废物填埋操作过程（固体废物的散布和压实等）与各种类型的环境影响（交通、噪声等）相对应。

（2）各种环境因子（气象、离开城镇的距离、社会、经济状况等）与选址中须考虑的环境特征（土地、地表水、地下水、景观等）相对应。

（3）各种类型的环境影响（交通、噪声等）与选址中须考虑的环境特征相对应。

（4）各种类型环境影响（交通、噪声等）的减轻措施（备选的交通路线、降噪声措施等）与各种类型的环境影响相对应。

（5）各种类型的环境影响（交通、噪声等）与对居民居住区的影响相对应。

表7-7表示一个经简化的矩阵，该矩阵用以表示土地填埋的各种操作过程和各种污染源在施工、运行及复原以后各阶段与所产生的环境影响相互间的关系。此矩阵可通过子矩阵进一步扩展和补充，子矩阵可用来更详细地观察每一种污染源的组成部分。例如“废气控制”活动可进一步细分为土地填埋气体、闪烧型烟囱、废气闪烧、水泵、建筑物等项目，每一项可评估出相应的环境影响。

例如：

- 土地填埋气体：气味，对健康的影响，爆炸—起火的风险；
- 闪烧型烟囱：视觉污染；
- 废气闪烧：视觉污染，对健康的影响，烟雾—烟尘；
- 水泵：噪声污染。

表 7-7 土地填埋处理技术的环境影响矩阵举例

污染源	噪声与振动	视觉影响	粉尘、烟雾黑烟等	气味	健康影响	燃烧、爆炸	垃圾	水污染	害虫	社会经济
施工阶段：挖土和陈衬田作业	•	•	•					•		•
道路施工	•	•	•					•		•
运行阶段：垃圾送料	•	•	•		•		•			•
垃圾、夯实	•	•	•	•	•	•	••	•	•	•
垃圾夯实后贮存		•		•		•	•	•	•	•
渗滤液控制		•		•	•	•	•	•		
废气控制	•	•		•	•	•	•	•		•
复土	•	•				•	•	•		
填埋复原：渗滤液控制				•				•		
废气控制	•	•		•	•	•	•	•		•
场地管理		•			•			•		•

下一步可制作第二个矩阵，观察上表中的污染源与环境接受者（如人群、动植物、土壤、水体、空气、景观、文化遗产等）的对应关系。第二个矩阵可通过环境影响的类型这个“元”与第一个矩阵相联系。这样联系“固体废物”与“动物”的“元”中，所列出的环境影响可以是粉尘、垃圾和噪声，而联系“固体废物的投料”与“人类”的“元”中，所列出的环境影响可以是噪声、视觉污染、粉尘、烟雾以及垃圾。表7-7中横坐标方向的结果可通过一系列问题进行补充，如环境影响的性质、减轻措施的可能性等。以下就是这方面的三个例子。

（1）噪声与振动

产生噪声的污染源；哪些处理工艺会在白天和晚上产生严重超过背景值的噪声？这些处理工艺的产生噪声的性质（间隙的、持续的、高频的、低频的等）是什么？在拟定的设施运行期间，噪声会维持多长时间？在此区域内敏感的噪声接受者情况是什么？控制产生噪声设备的操作时间，错开各种产生噪声设备的工作时间等各种噪声削减措施的减噪效果如何。当地主管部门对这些产生噪声的设备设施是否制定了具体的政策和标准。

（2）视觉污染与景观

拟建设施与周围环境相协调关系，在哪些地点可在不同的生产操作期间观察到视觉污染？最严重的视觉污染是哪些？减轻这些环境影响（用树木屏障等）的措施。

（3）社会经济层面

拟建项目的规模是否必要。当地制定有关土地填埋场的规划政策情况。土地填埋场在当地就业、居住、紧急救护设施以及市政基础设施（供电、供水等）方面产生何等程度的影响；现有的土地填埋场是否已在当地引起敏感性问题。有农田、文化娱乐用地、自然保护区受到土地填埋操作的不利影响情况。填埋结束后该场地的用途。

二、垃圾填埋场选址合理性分析

众所周知，垃圾填埋场的选址问题是填埋场实际运行的第一步，也是极其重要的环节，其选择的好坏直接关系到填埋场的成功与否，但是由于选址涉及位置布局，交通运输，地形地质，水文气象，环境保护等诸多因素，并且各因素又包含方方面面，因而选址是一个复杂的多目标决策分析问题。

（一）选址原则

场址的选择是垃圾填埋场的规划设计的第一步，通常要遵循两个原则：一是从防止环境污染角度考虑的安全原则；二是从经济角度考虑的经济合理原则。

安全原则是选址的基本原则。维护场地的安全性，要防止场地对大气的污染，地表水的污染，尤其是要防止渗沥水的释出对地下水的污染。因此，防止地下水的污染是场地选择时考虑的重点。

经济原则对选址也有相当大的影响。场地的经济问题是一个比较复杂的问题，它与场地的规模、容量、征地费用、运输费、操作费等多种因素有关。合理的选址可充分利用场地的天然地形条件，尽可能减少挖掘土方量，降低场地施工造价。

1. 选址要考虑的因素

垃圾填埋场场址的选择要考虑下列各项因素，如图 7-2 所示。

2. 选址条件

选择场址要考虑排除条件及可选择条件。

（1）填埋场场址选择的排除条件

填埋场不应设在下列地区：专用水源蓄水层与地下水补给区、洪泛区、淤泥区、居民密集居住区，距公共场所或人畜供水点 800 m 以内的地区、直接与航道相通的地区、地下水水面与底距离 2 m 以内者、活动的坍塌地带、地震区、断层区，地下蕴矿区、灰岩坑及熔岩洞区。珍贵动物栖息养殖区和国家自然保护区，公园、风景、浏览区、文化古迹区，考古学、历史学和生物学研究考察区，军事要地、基地、军工基地和国家保密区。

（2）填埋场场址的可选条件

填埋场应设在下列地区：交通方便、运距较短；征地费用少、施工方便；充分利用天然的洼地、沟壑、峡谷、废坑等人口密度低、土地利用价值低、地下水利用的可能低；不会引起群众的不满，不会引起不良的社会影响；在当地夏季主导风向下方，距人畜栖点800 m以外；远离水源，一般设在地下水流向的下游地区。

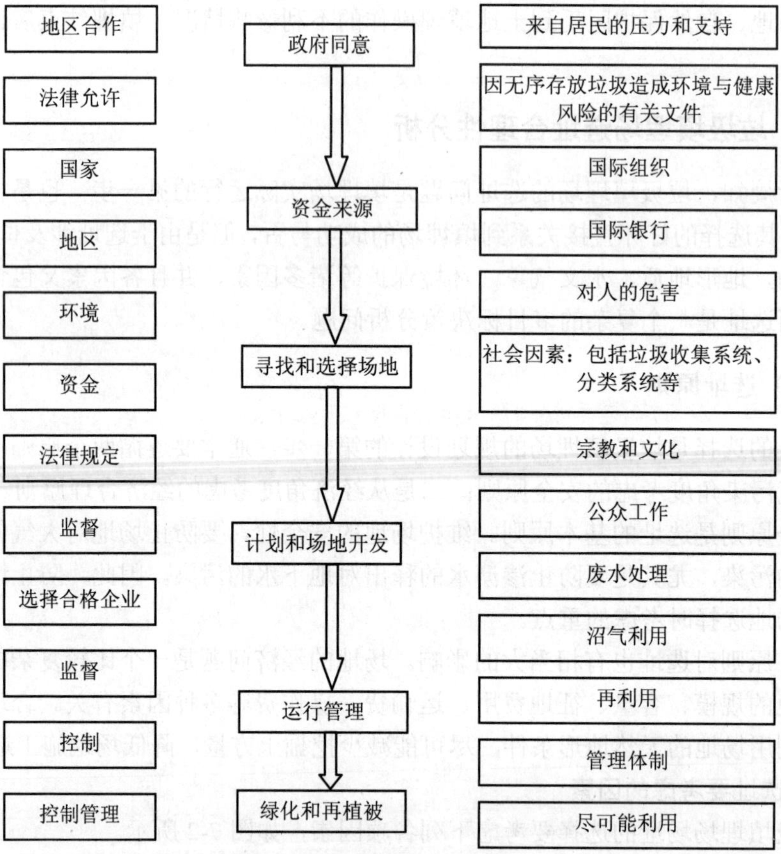

图7-2 垃圾填埋场选址考虑的因素

3. 选址的方法及程序

（1）确定填埋场选址的区域范围

根据城市总体规划、区域地形，以所要填埋垃圾的城市中心为圆心，以一定的半径画圆，确定出一个范围，从中排除那些受到土地利用法规定限制的土地（如军事要地、自然保护区、文物古迹等），缩小可征用土地范围。如果在这个范围内没有合适的场址，则需要扩大搜索半径，再次进行选择。

（2）资料的搜集

填埋场选址工作应充分利用现有的区域地质调查资料包括气象资料、地形图、土壤分布图、土地使用规划图、交通图、水利规划图、洪泛图、航测图片等。通过这些资料的收集，掌握区域地质、水文地质和工程地质。在利用区域地质调查资料的基础上，可以制订选址的野外踏勘路线和计划，直到选址工作向更进一步发展。此外，还应收集关于废物类型、填埋量、填埋设备的原始资料及利用率、运输距离、资金保障等资料，以及人文原始资料及民意调查，了解人们对使用填埋场地的支持率。

（3）场址初选

根据填埋场址的原则和条件，对上述区域的资料进行全面分析，在此基础上筛选出几个（标准要求是3个）比较合适的预选场地。

（4）野外踏勘

野外踏勘是填埋场选址工作中最重要的环节，它可直观地掌握预选场地的地形、地貌、土地利用情况、交通条件、周围居民点分布情况、水文网分布情况和场地的地质、水文地质和工程地质条件，以及其他与选址有关的信息和资料。根据野外踏勘实际调查取得的资料，再结合搜集到的所有其他资料和图片进行整理和分析研究，确定被踏勘调查地点的可选性并进行排序。在排序过程中，要对每个可选地点的基本条件进行分析对比，分别列出每个地点可选性的有利和不利因素。

（5）对预选场地的社会、经济和法律条件调查

详细调查地方的法律、法规和政策，特别是《环境保护法》《水域和水源保护法》。从而可评价这些预选场地是否与这些法律和法规相互冲突，相互抵触，并要取消那些受法律、法规限制的预选场地，如地下水保护区、地下蕴矿区、洪泛区 、淤泥区等。

（6）场址的优选

根据前阶段收集的区域资料、野外现场踏勘结果和场地的社会、法律调查，对预选场址进行技术、经济方面的综合和比较。通过对比优选出较为理想的垃圾填埋场场址首选方案。可采用的技术方法有灰色系统理论的灰色聚类法、模糊数学中的模糊综合评判法、专家系统法、层次分析法和地理信息系统（GIS）等。

（7）编制预选场地的可行性研究报告

预选场址调查结束后应提交预选场地的可行性研究报告，但这并不意味着选址工作已结束。其目的主要是利用充足的调查资料说明场地具有可选性，以报告的形式提出并报请项目主管单位，再由主管单位报请官方审批，列入国家或地方的计划项目，使工程项目从可行性研究阶段进入正式计划内的工程项目阶段，从而可以履行一切计划项目的手续。

（8）预选场地的初勘工作

场地的综合地质条件能否满足工程的要求，对场地进行综合地质初步勘察，查明场地的地质结构、水文地质和工程地质特征。

（9）预选场地的综合地质条件评价技术报告

报告由项目主管单位编制，应详细说明场地的综合条件，详细描述对场地的不利因素和有利因素，做出场地可选性的结论，并对下一步场地详细勘察和工程的施

工设计提出建议。场地综合地质条件评价技术报告是场地选择的最终依据和工程立项的依据，是固体废物填埋场项目选址阶段正式过渡到工程阶段，该报告也是场地详勘的依据。

（10）转入工程阶段

垃圾填埋场场址的选择是一项难度大、任务重、技术性强的工作。场址选择的合理性不仅直接影响到填埋场的建设及建成后的经营管理，而且关系到填埋场的建设是否能够实现垃圾处理减量化、资源化、无害化的总目标要求。

三、渗滤液的环境影响

当前，我国约70%的城市生活垃圾通过卫生填埋进行处理。随着我国城市化进程的加快，垃圾的增多，垃圾卫生填埋场的建设数量和填埋量也随之增大。垃圾卫生填埋场所产生的渗滤液业已成为主要的水环境污染问题之一。特别是近年来，渗滤液对填埋场周围地区地下水的污染，引起了人们的极大关注。因此，在垃圾卫生填埋场建设之前，做好填埋场渗滤液对周围地区地下水影响的评价，预先针对性地做好填埋场衬底的防渗处理，防止渗滤液渗漏污染地下水就显得十分重要。

（一）渗滤液的来源及其组成

渗透进垃圾填埋场内部的水分带走垃圾层中有机、无机的降解中间产物和最终产物，然后再从填埋场往外渗漏，便形成了垃圾渗滤液。垃圾渗滤液的产生来自三个方面：一是大气降雨和径流；二是垃圾中原有的含水；三是在垃圾填埋后由于微生物的厌氧分解作用而产生的水。其产生量主要由降雨量、地表蒸发量和垃圾自身含水量来决定。

垃圾渗滤液不仅是一种高浓度的有机废水，而且其水质和水量的变化很大，水质成分也较复杂，受垃圾种类、组分、当地环境本身及降水量、填埋场容积、填埋时间、气温等诸多因素影响。垃圾渗滤液中含有多种污染物，其中包括高浓度有机化合物、大量的植物营养物及多种金属离子。据报道，有的渗滤液中仅有机污染物就多达77种，诸如萘、荧蒽、十八烷、苯酚、十四烷等污染物已被确认为可疑致癌物、促癌物和辅致癌物。

（二）垃圾渗滤液产生量的估算方法

1. 水量平衡法

$$渗滤液产生量=流入水量-流出水量 \tag{7-3}$$

渗滤液产生量可通过式7-3计算，其基本原则是考虑了各种产生渗滤液的影响因素，然后综合得到某个时段渗滤液的产生量。该法概念明了，应用简单，并能基本反映出填埋场内水分的时空分布，但该法没有考虑填埋场内水分的运动过程，并且由于蒸发量、径流量的计算过程中不确定参数很多，在实际计算中难以得到满意结果，计算出的渗滤液量偏高，故该方法不适于实际计算。

2．经验公式法

（1）有资料表明，预测渗滤液流量是根据降雨渗入水量平衡原则确定的，其公式为：

$$Q = P - R/O - \sqrt{ET} - \sqrt{ST} \tag{7-4}$$

式中：Q——渗滤液产生量，m^3/d；

P——降雨量，m^3/d；

R/O——径流量，m^3/d；

$\sqrt{ET}$——实际蒸发损失水量，m^3/d；

$\sqrt{ST}$——土壤水分储存量变化，m^3/d。

实际计算时，将与填埋场覆盖条件有关的$\sqrt{ET}$、$\sqrt{ST}$和R/O等各因素汇成为系数C——渗滤系数，从而得出渗滤液流量的计算公式：

$$Q = C \times I \times A \times 10^{-3} + V \text{或} Q = (C_1A_1 + C_2A_2) \times I \times 10^{-3} + V \tag{7-5}$$

式中：I——平均降雨强度（根据当地气象参数确定），mm/d；

A——降雨拦截面积（根据填埋工艺而定，一般为填埋场面积），m^2；

A_1——正在填埋的面积，m^2；

A_2——已完成的填埋区域的面积，m^2；

C_1A_1——渗出率（根据覆盖土壤情况而定，一般为0.4～0.7）；

C_2A_2——渗出率（根据覆盖土壤的情况而定，一般为0.2～0.4）；

V——地下水水量，m^3/d。

（2）渗滤液的产生量主要取决于垃圾填埋操作方式和填埋场设计的雨污分流系统，同时影响渗滤液产生量的参数也在不断变化，所以渗滤液产生量的计算应考虑时间因素，不同的填埋阶段会有不同的渗滤液产生量。考虑时间因素、填埋过程中不同的作业性质与填埋场不同的分区性质后，另一种渗滤液产生量的估算式为：

$$Q = W + P[\sum_{i=1}^{n} AiCi] \tag{7-6}$$

$$Ai = f(t)$$

$$Ci = f(Rj, Re, Rs, t)$$

式中：P——降雨量，m/d；

Ai——填埋场作业区i的面积（包括填埋场面积，封场区面积，中间覆盖区面积等），m^2；

Ci——区域 i 中降水的实际渗入系数；

Rj，*Re*，*Rs*——径流系数，蒸发系数，覆盖土和垃圾的持水系数；

t——填埋时间，a；

W——垃圾自身的分解出水量，m^3/d；

n——填埋场作业区数目。

（三）对环境的影响

由于渗滤液含有多种污染物，且各污染物的浓度变化范围很大，处置不当，必然会污染填埋场附近的土壤和水体。

渗滤液对地面水污染是以BOD、COD表征的有机污染和N、P污染为主。饮用受渗滤液污染的地表水，会危害人体健康。受渗滤液污染的水体进入农田会引起富营养化、毒理和生态毒理效应，对农作物造成不良影响，如禾苗枯萎、水稻减产等。

渗滤液中的微量重金属元素在自然环境中不易分解或降解，在地表水径流中大多沉积土壤中，并不断积累，所以它们的潜在性危害不可忽视。

渗滤液对地下水的污染有滞后效应，特别是不易降解的有机污染物和微量金属元素的影响。渗滤液污染地下水的途径主要是通过填埋场地基下渗进入地下含水层而造成，污染强度取决于基底的水文地质条件以及是否采取防渗措施等。

四、填埋场释气环境影响

垃圾填埋场释气是垃圾填埋场在运行过程中必须进行处理的问题之一。近年来，垃圾填埋场采用了卫生填埋以及压实技术，大型区域性的填埋场是以厌氧分解为主，产生的二氧化碳和甲烷气体对环境产生了很大的威胁和危害。二氧化碳和甲烷都是温室气体，二氧化碳对温室效应的贡献众所周知，据测算，甲烷对温室效应是二氧化碳气体的 20～30 倍。因此，在采用适当的系统收集的同时，采取适应的措施对其进行处理，以最大程度地减少释气的迁移和异地聚集的危害，尽可能消除爆炸和产生窒息的危险，尽量避免对人类健康产生威胁和对环境质量的破坏。可以说填埋释气处理水平的高低，是填埋是否达到卫生填埋场要求的一个重要标志。

（一）垃圾填埋场释气的产生

垃圾填埋场中的垃圾经过压实覆盖后，阳光和氧气都不能进入垃圾中，当垃圾填埋场作业过程中带入的氧气因微生物的代谢而消耗掉后，就会进入厌氧分解阶段。填埋场释气的成分和产生速率是由垃圾的有机成分、pH、温度、湿度和填埋时间等因素决定的。随着最初好氧代谢过程的减弱，最初大量产生的二氧化碳的体积比例逐渐降低；随着厌氧发酵过程的进行，甲烷的比例逐渐提高。在过渡阶段，主要有氢气产生。在经历了最初的不稳定阶段后，甲烷气体和二氧化碳气体的浓度在很长的一段时间里都能保持基本稳定。二者的体积比能达到一个常数。一般是在 1.2～1.5。

而在封场后的填埋场和正在进行填埋作业的填埋场的深层垃圾处，这个值略有变化。根据现在掌握的情况，填埋场释气的产生从填埋开始后的半年可以一直延续到很长时间。

（二）填埋场释气的估算

填埋场释气的产量随生活垃圾的成分、湿度和处理的方法，如日覆盖，压实程度等工艺的不同而变化。因此，对其产量只能进行粗略的估算，但为了便于疏导和处理，就必须预测填埋场释气的潜在产气量。在填埋场释气中除了二氧化碳和甲烷这两种主要成分外，还有许多微量的物质。通常它们的总和占填埋场释气总量的0.1%以下，所以在核算填埋场释气产量时，主要以二氧化碳和甲烷气体为主。通常是先核算甲烷气体的量，再通过填埋场产气稳定时的比率核算二氧化碳的量。一般常采用美国加利福尼亚南部填埋场甲烷气体产生量的经验公式：

$$Q=18.77\times10^{5}\ (Ah/R^{2}) \tag{7-7}$$

式中：Q——每天甲烷气体产量，以标准 ft^3 计[T＝520 K，P＝14.7（1 b/in^2）]；

A——填埋场面积，a;

h——填埋场深度，ft;

R——系气管井影响半径，ft。

（三）填埋气体对环境的影响

垃圾被集中到填埋场经填埋处理后，填埋场内部微生物的厌氧降解活动会使大部分的有机垃圾转化为气态的最终产物——即以甲烷和二氧化碳为主要成分的填埋气体。

以甲烷和二氧化碳为主要成分的填埋气体对环境的影响与破坏主要体现在以下四个方面：一是会加重温室效应。在目前已知的30多种温室气体组成成分中，最重要的就是二氧化碳、甲烷与一氧化二氮。显然，以甲烷与二氧化碳为主要成分的填埋气体必将会导致温室效应的加强。二是造成大气污染。一方面，填埋气体导致其周边地区臭氧气体的形成，从而增加当地居民患癌的潜在可能性；另一方面，其释放大量难闻的气体的成分中具有一定的毒性，因而也会对附近公众的健康构成危害。三是易于造成对植被的破坏。生长于填埋场周边的植物，由于其根系附近的氧气直接被填埋气体所替换或者被甲烷氧化细菌所消耗，因而很容易窒息死亡。另外，高浓度的二氧化碳与填埋气体中的有毒微量气体成分也会影响到植物的正常生长。四是对地下水的污染。一些挥发性的有机污染物可以随着填埋气体的扩散迁移到垃圾填埋场周围的地下水中，从而对地下水资源形成污染（目前国外的一些研究已在远离垃圾填埋场的地下水中检测到了乙烯氯及其他挥发性氢氧化合物的存在）。

五、污染防治措施经济损益和技术合理性评价

垃圾填埋场的技术经济分析是在填埋场设计和运行之前，所进行的详细、周密、全面的综合分析，从而确定技术上可行和经济效果好的建设和运行方案，对指导填埋场科学建设、规范运转，提高填埋场的效益具有重要意义。

垃圾填埋场的污染防治措施主要包括防止渗滤液渗入地下水的防渗措施、防止渗滤液污染地表水及土壤的污水处理措施、防止填埋气体的恶臭污染与甲烷累积（诱发爆炸事故）的气体导出、排放及综合利用措施。环境影响评价应结合填埋场的垃圾成分、处理规模、服务年限和所服务城市的经济发展水平及区域环境容量等因素对拟订的污染控制方案进行论述，必要时应提出可行的替代方案。

复习与思考题

1. 《进口固体废物环境保护系列控制标准》涉及哪些种类的进口固体废物？
2. 《进口固体废物环境保护系列控制标准》对进口固体废物表面α、β放射性污染水平有何规定？
3. 简述生活垃圾填埋场选址的环境保护要求。生活垃圾填埋场垃圾渗滤液排放控制项目有哪些？
4. 简述危险废物填埋场选址环境保护要求。
5. 固体废物的环境影响评价有哪两种类型？
6. 简述垃圾填埋场主要环境影响的识别内容。
7. 简述垃圾填埋场选址的方法和程序。

第八章　实　训

【实训目的】

使学生掌握环境监测实验的基本方法和基本操作技能；熟悉环境监测实验中药品的采集—运送保存—分析测试—数据处理—环境综合评价等过程和方法。在实验课中注重培养学生运用所学知识分析问题和解决问题的能力及严谨认真的工作态度。

实验一　土壤样品的采集与制备

一、土壤分析样品的采集

土壤样品的采集是土壤分析工作中的一个重要环节，关系到分析结果和由此得出的结论是否正确的一个先决条件，因此，采集时必须选择有代表性的地点和代表性的土壤。此外，还要根据分析目的不同而采用不同的采样和处理方法。

（一）土壤剖面样品

土壤剖面一般宽 1 m，长 2 m 即可。其深度则视土壤情况而定。在选择好挖掘土壤剖面的位置后，先挖一个 1 m×2 m 的长方形土坑，要使剖面观察面垂直，并向着太阳光线，以便观察。挖出的土壤应放在土坑两侧，不要相混。观察面的上方不要堆土或任意走动踩踏，以免破坏表层结构，影响剖面形态的描述及取样。土坑的深度一般要求达到母质或地下水即可。在 1～2 m，然后根据土壤剖面的颜色、结构、质地、湿度、松紧度、新生体、侵入体及层次的过渡特点等，自上向下地划分土层，进行仔细观察和描述，将剖面形态特征逐一记入剖面记载簿内，也可作为分析结果审查时的参考。

观察记载后，如果作土壤基本理化性质的分析，则必须自下而上逐层按土壤发生层次采样。通常采集各发生层中部位置的土壤，而不是整个发生层都采。随后将开采样品装入布袋或塑料袋内，一般采集土样 1 kg 左右。在土袋的内外应附上标签，写明采集地点、剖面号码、土层深度、采样深度（不是层次的深度），采集日期和采集人等。

（二）土壤物理性质样品

如果为了做土壤水分或者土壤容重、比重、孔隙度、结构等物理性状的分析时，应保持土壤原状，如测定土壤容重和孔隙度等物理性质，其样品可直接用环刀在每个土层中部取样。对于研究土壤结构性的样品，采样时须注意土壤湿度，不宜过干或过湿，最好在不黏铲的情况下采取。此外，在取样过程中，须保持土块不受挤压，不使样品变形。采集标本时，一般要用特制的标本匣加以密封，携回室内进行处理。

（三）土壤盐分动态样品

研究盐分在剖面中的分布和变动时，不必按发生层次取样，而自地表起每 10 cm 或 20 cm 采集一个样品。若遇质地不均匀，要结合质地层次的变化作相应的变动。

（四）耕作土壤混合样品

为了研究植物生长期内土壤耕作层中养分供求状况，采样一般不需挖土坑，只需取耕作层（表层）土壤 20 cm 左右，最多采到犁底层的土壤，为正确地反映土壤养分动态和植物长势之间的关系，通常是多点采集，加以混合，取其均值，进行分析。这种取样方法，可避免典型取样波动性较大的弱点，具有普遍的代表面较广的优点。大体采法是：先将调查区划分若干采样单元，选用近期耕作的一单元，因为它和作物生长表现出基本一致。单元的面积不宜过大，一般不超过三五十亩。在一个采样单元内根据不同情况应用对角采样法、蛇行线采样法、棋盘式采样法布置采样点。通常 5～20 个。并应避开路边地角和堆积肥料的地方。

每个采样点先把表层 2～3 mm 的表土刮去，再用小土铲斜向向下切取一片片的土壤样品，然后将样品集中起来混合均匀，再用四分法去除到所需的数量（通常为 1～2 斤），即为平均样品。四分法的操作方法是：将混匀的样品平铺成圆形或正方形，画一十字线，等分为四部分，弃去对角的两部分，剩下的部分如果还有多，可以重新混匀后继续用四分法去除。

二、土壤分析样品的制备

野外采回的土壤样品（简称土样），需要经过一定的处理手续——风干、磨细、过筛、混合、保存——制成分析样品，才能从中取出试样，进行各个项目的分析。处理样品的目的，一是使样品能较长时间保存，不致因微生物的活动而变质；二是挑去非土部分，使分析结果更能准确地反映土壤真实状况；三是将样品适当磨细，增大土粒的接触面，使土壤样品与试剂的作用能够充分和匀致。

（一）处理样品的方法与步骤

采来的土壤样品要及时风干，除去水汽。因在湿润状态下，土壤会因发霉而引起性质的改变。但在风干过程中 NH_3-N、NO_3-N 等成分也会引起变化，因此这些项目应当用新鲜样品来进行分析。另一些成分，如 pH、速效性磷、钾等也会有变化，但变化很小，为工作方便，一般也用风干土来进行分析。至于全量项目大都不受风干影响。

风干的办法是将土样放在干净的木板上或纸上，排序成厚约几毫米的土层，把大的土块捣碎，将样品置于室内阴凉避风处风干。并经常加以翻动，加速干燥。风干过程中应注意剔除粗大的动植物残体和石块、结核（如石灰结核、铁锰结核等），还要特别注意室内不准有 NH_3、H_2S、SO_2 等气体存在，因为这些气体很容易为土壤所吸附。

（二）制备样品的方法与步骤

土壤样品经风干后，可就分析目的与方法的不同，进行磨细过筛处理。

进行土壤物理分析时，取风干样品 100～200 g，放在木板上或塑料薄膜上用圆木棒碾碎，然后通过 18 号筛（1 mm），留在筛上的土块再重新碾碎，如此反复进行，使全部土壤过筛。留在筛上的碎石称重后保存，准备计算之用。同时将过筛的土样称重，以计算砾石重量百分数，然后将土样混匀后盛于广口瓶内，作为土壤机械组成及其他物理性质测定之用。若在土壤中有铁子、结核、半风化体绝不能用木棒碾碎，应细心拣出称重、保存。

用作化学分析时，取风干样品一份，仔细挑去石块、根基及各种新生体和侵入体，再用圆木棒将土样碾碎，使全部通过 18 号筛（1 mm）。这种土样可供速效性养分及交换性能、pH 等项目的测定。分析土壤代换量、碱解氮、全氮等项目时，可取一部分已通过 18 号筛的土样进一步研磨，使其全部通过 60 号筛（0.25 mm）为止。分析土壤有机质含量时，取部分通过 60 号筛的土样研磨，使其全部通过 100 号筛（0.149 mm）为止。研磨过筛后的样品混匀后，即可装瓶或装袋，并贴上标签、写好号码。瓶内或袋内的样品应摆放在样品柜内，尽量避免日光、高温、潮湿和酸碱气体等的影响，否则将影响到分析结果的准确性。

实验二　土壤含水量的测定

一、烘干法

进行土壤含水量的测定有两个目的：一是为了解田间土壤的实际含水状况，以便及时进行灌溉、保墒或排水措施，以保证作物的正常生长；联系作物长势及耕作栽培措施，总结丰产的水肥条件；联系苗情症状，为诊断提供证据；二是风干土壤样品水分的测定，为各项分析结果计算的基础。前一种田间土壤的实际含水量测定，目前测定的方法很多，所采用的仪器也不相同，在土壤物理分析中有详细介绍，这里指的是风干土壤样品水分的测定。

风干土中水分含量受大气中相对湿度的影响，不是土壤的一种固定成分，在计算土壤各种成分时不包括水分。因此一般不用风干土作为计算的基础，而用烘干土作为计算的基础。分析时一般都用风干土，计算时就必须根据水分含量换算为烘干土。

（一）原理

把土样放在105～110℃的烘箱中烘到恒重，则失去的重量为水分重量，即可计算土壤水分百分数。在此温度下土壤吸着水被蒸发，而结构水不致破坏，土壤有机质也不会被分解。

（二）操作步骤

取风干土5.0 g左右，放入已知重量的铝盒（W）中，在分析天平上称重（W_1），去盖子放在烘箱中（105～110℃）烘8 h。取出，加盖后放在干燥器中冷却至室温（约30 min），取出称重（W_2），再放入烘箱中（105～110℃）烘 3～5 h，冷却后称重，以验证是否恒重（只要两次重量差别不到3 mg即可）。

（三）结果计算

$$\frac{W_1-W_2}{W_2-W}\times 100\% = \text{土壤含水量（\%）} \quad (8\text{-}1)$$

风干土之重换算成烘干土之重为：

$$\text{烘干土之重} = \frac{\text{风干土的重量}}{1+\text{土壤含水量（\%）}} \quad (8\text{-}2)$$

二、红外线法

本方法是将样品放在红外线灯下，利用红外线照射的热能，使样品水分蒸发，迅速烘干，以测定含水量，方法快速简便。

（一）仪器

红外线干燥箱或红外线灯；铁架；石棉板；铝盒；称皿；天平（感量 0.01 g）。

（二）操作步骤

1．将红外线灯固定在铁架上，下面垫一块石棉板，红外线灯中心距石棉板 5～10 cm。

2．称样品 5 g（精确到 0.01 g），置入已知重量的铝盒（或称皿）中，摊成薄层，放在石棉板上红外线灯照射的中心。每个红外线灯下一次可放 4～6 个土壤样品。

3．红外线照射的时间，一般含有有机质少的样品照射 7～15 min 后称至恒重，计算含水量。对于有机质含量多的样品，一般照射 3～7 min 即可。时间太长，则易引起有机质碳化，造成误差。

（三）结果计算

同烘干法。

三、酒精燃烧法

本方法主要利用酒精在样品中燃烧，使水分迅速蒸发干燥。酒精燃烧时，火焰距土面 2～3 cm，样品温度 70～80℃，当火焰将熄灭前的几秒钟，火焰下降，土温迅速上升到 180～200℃，然后很快下降至 85～90℃，缓慢冷却。由于高温阶段的时间短，所以样品中的有机质及盐类损失甚微（有机质含量高于 5%的样品不适用本方法）。

用酒精燃烧法测定土壤含水量，全过程只需要 20 min，这种快速测定法很适合田间测定。

（一）试剂与仪器

无水酒精；铝盒；天平（感量 0.01 g）。

（二）操作步骤

1．称取样品 3～5 g（精确到 0.01 g），放入已知重量的铝盒中。

2．向铝盒滴加酒精，直到土面全部浸没即可。

3．将铝盒在桌面上敲击几次，使样品均匀分布于铝盒中，此时样品易被酒精浸透。

4．燃着酒精，经数分钟后熄灭，待样品冷却后再滴加 1.5～2 mL 的酒精，进行第二次燃烧。一般情况下，样品经 3～4 次燃烧后即可达恒重。然后称重，精确到 0.01 g。

（三）结果计算

同烘干法。

本方法需进行平行测定，允许平行绝对误差小于 1%，取算术平均值。

实验三　土壤中铜、锌、铅的测定（原子吸收分光光度法）

一、方法原理

采用硝酸—氢氟酸—高氯酸全分解的方法，破坏土壤的矿物晶格，使试样中的待测元素全部进入试液。然后，将土壤消解液喷入空气—乙炔火焰中。在火焰的高温下，铜、锌、铅化合物离解为基态原子，该基态原子蒸汽分别对铜、锌、铅空心阴极灯发射的特征谱线产生选择性吸收。在选择的最佳测定条件下，测定铜、锌、铅的吸光度。

二、仪器

原子吸收分光光度计及石墨炉无火焰装置；Cu、Zn、Pb 元素空心阴极灯。仪器使用适宜条件可参照仪器说明书。

三、主要试剂

分析中使用的酸和标准物质均为符号国家标准或专业标准的优级纯试剂，其他为分析纯试剂和去离子水。

（1）氢氟酸、浓硝酸、浓盐酸、高氯酸。

（2）Cu、Zn、Pb 标准贮备液：准确称取 1.000 0 g 金属 Cu、Zn、Pb（99.99%）分别溶于少量 HNO_3 溶解，在水浴上蒸干，加 5 mL 1 mol/L HCl 蒸干，用 HCl 和 H_2O 溶解，用 H_2O 稀至 1 L，此时溶液酸度为 0.5 mol/L，此溶液含 Cu、Zn 或 Pb 1 000 μg/mL。

一般情况下，够买仪器时有自带标准母液，可直接稀释用作标准曲线。

四、操作步骤

（一）标准曲线

用逐级稀释法稀释标准贮存液至含 Cu、Zn、Pb 为 50.0 μg/mL 的标准溶液，再分别配制成含 Cu、Zn、Pb 为 0.00 μg/mL，0.50 μg/mL，1.00 μg/mL，1.50 μg/mL，2.00 μg/mL 和 2.50 μg/mL 的标准系列，酸度为 0.5 mol/L HCl。

标准曲线范围可根据土壤样品中金属含量做相应调整。

（二）土样消化

$HF-HClO_4-HNO_3$ 消化　称取经 105～110℃烘干，过 0.149 mm（100 目）以上筛孔的土样 0.5～1 g（精确至 0.000 1 g）于 30 mL 聚四氟乙烯坩埚内，加几滴去离子水湿润，加 10 mL HF，加 5 mL 1∶1 $HClO_4-HNO_3$ 混合液，加盖低温消化（100℃以下）1 h 后，去盖，升高温度（低于 250℃）继续消化至 $HClO_4$ 大量冒烟。再加 5 mL HF 和 5 mL 1∶1 $HClO_4-HNO_3$ 混合液，消化至 $HClO_4$ 冒浓厚白烟时，加盖，使黑色有机碳化物充分分解。待坩埚上的黑色有机物消失后，开盖驱赶白烟到近干，加 5 mL HNO_3 消化至白烟基本冒尽且内容物呈干裂状，取下趁热加 5 mL 2 mol/L HCl，加热溶解残渣（不能冒烟）。然后转移到 25 mL 容量瓶中，用去离子水定容。摇匀待测。同时做两份试剂空白。

（三）样品测定

含量高的样品可用火焰法直接测定土样消化液，含量低时可用石墨炉法测定。

将土样消化液与标准曲线同时测定，按照仪器性能可以直接测元素浓度或先测定吸光度，然后在相应标准曲线上查得元素含量。

五、结果计算

$$C = C_1 \times V \times t_s / W \tag{8-3}$$

式中：C——土壤重金属浓度，μg/g 或 mg/kg；

C_1——测得的重金属浓度，μg/mL；

V——测定时定容体积，mL；

t_s——分取倍数；

W——样品重量，g。

六、注意事项

（1）高氯酸的纯度对空白值影响很大，直接关系到结果的准确度，因此在消化时所加入的高氯酸的量应保持一致，并尽可能地少加，以便降低空白值。

（2）原子吸收分光光度法的检出限与仪器性能有关。

（3）可在同一消化液中进行其他金属如 Cr、Ni、Co 等元素的测定。

实验四　土壤中镉的分析

Cd 的测定方法有原子吸收分光光度法和比色法。原子吸收分光光度法具有灵敏度高、选择性好、操作简便、快速的特点，是测定土壤重金属元素的主要方法之一，根据含量的高低可分别采用火焰法或无焰法来进行测定；比色法干扰因素较多，操作较烦琐，在没有原子吸收分光光度法计时可采用。

一、方法原理

样品导入原子化器后，形成的原子对特征电磁辐射产生吸收，将测得的样品吸光度和标准溶液的吸光度进行比较，即可得样品中被测元素得浓度。测定土壤中 Cd 的总量，可将土样消化后进行。Cd 含量低时可用碘化钾—甲基异丁基酮萃取富集分离后测定，可以排除背景和基体效应的干扰。Cd 含量较低时可用石墨炉无火焰法测定，含量较高时，可经萃取，直接将消化液喷入空气—乙炔火焰中进行测定。

二、仪器

原子吸收分光光度计及石墨炉无火焰装置；Cd 元素空心阴极灯。仪器使用适宜条件可参照仪器说明书。

三、主要试剂

分析中使用的酸和标准物质均为符合国家标准或专业标准的优级纯试剂，其他为分析纯试剂和去离子水。

（1）氢氟酸（HF）、硝酸（HNO_3）、盐酸（HCl）、高氯酸（$HClO_4$）。

（2）碘化钾溶液。

（3）抗坏血酸。

（4）甲基异丁基酮（MIBK）。

（5）Cd 标准贮备液：准确称取 1.000 0 g 金属 Cd（99.99%）分别溶于少量 HNO_3 溶解，在水浴上蒸干，加 5 mL 1 mol/L HCl 蒸干，用 HCl 和 H_2O 溶解，用 H_2O 稀释

至 1 L，此时溶液酸度为 0.5 mol/L，此溶液含 Cd 1 000 μg/mL。

一般情况下，够买仪器时有自带标准母液，可直接稀释用作标准曲线。

四、操作步骤

（一）标准曲线

（1）火焰法　用逐级稀释法配制成含 Cd 10.00 μg/mL 的标准液，再配制成含 Cd 0.00 μg/mL，0.10 μg/mL，0.20 μg/mL，0.30 μg/mL，0.40 μg/mL，0.50 μg/mL，1.00 μg/mL 的标准系列，酸度为 0.5 mol/L HCl。

（2）石墨炉无火焰法 Cd 的标准系列可配制成 0.0 μg/L，2.0 μg/L，4.0 μg/L，6.0 μg/L，8.0 μg/L，10.0 μg/L，12.0 μg/L，16.0 μg/L，20.0 μg/L，酸度为 0.2 mol/L HCl。分别吸取标准系列溶液 5.00 mL 与 25 mL，具塞试管中，加 4 mL 水，加 2 mL 1 mol/L HCl，加 0.2 g 抗坏血酸，摇溶，再加 4 mL 饱和碘化钾溶液，激烈振荡 0.5 min 后，准确加入 5.00 mL 甲基异丁基酮萃取，激烈振荡 1 min，静置分层后测定有机相。

（二）土壤样品的消化

（1）HF-$HClO_4$-HNO_3 消化　称取经 105～110℃烘干，过 0.149 mm（100 目）以上筛孔的土样 0.5～1 g（精确至 0.000 1 g）于 30 mL 聚四氟乙烯坩埚内，加几滴去离子水湿润，加 10 mL HF，加 5 mL 1∶1 $HClO_4$-HNO_3 混合液，加盖低温消化（100℃以下）1 h 后，去盖，升高温度（低于 250℃）继续消化至 $HClO_4$ 大量冒烟。再加 5 mL HF 和 5 mL1∶1 $HClO_4$-HNO_3 混合液，消化至 $HClO_4$ 冒浓厚白烟时，加盖，使黑色有机碳化物充分分解。待坩埚上的黑色有机物消失后，开盖驱赶白烟到近干，加 5 mL HNO_3 消化至白烟基本冒尽且内容物呈干裂状，取下趁热加 5 mL 2 mol/L HCl，加热溶解残渣（不能冒烟）。然后转移到 25 mL 容量瓶中，用去离子水定容。摇匀待测。同时做两份试剂空白。

（2）王水—过氯酸法　称取经 105～110℃烘干，过 0.149 mm（100 目）以上筛孔的土样 2 g（精确至 0.001g），放于 100 mL 高型烧杯中，用少量水湿润（如系石灰性土壤，可滴加适量 HCl 至无大量气泡产生），在通风柜中先加 7.5 mL 浓 HCl，继加 2.5 mL 浓 HNO_3，放于电热板上低温加热，待激烈反应过后，添加 5 mL $HClO_4$，消煮，直至近干（注意不要烧焦），此时残留物为白色或灰白色沉淀，如颜色比较深，可再加 5 mL $HClO_4$，继续消化至符合要求为止，在一般情况下，添加两次即已足够，取下烧杯，添加 10 mL 1 mol/L HCl，用玻璃棒搅拌下加热至微沸，冷却过滤至 50 mL 容量瓶中，用去离子水洗涤数次，定容待测。

（三）样品的测定

含量高的样品可用火焰法直接测定土样消化液，含量低时可用石墨炉法测定。取适量消化液（5～10 mL）按标准曲线法萃取，与标准曲线同时测定，按照仪器性能可以直接测元素溶度或先测定吸光度，然后在相应标准曲线上查得元素含量。

上述两种消化方法对 Cd 的测定，王水—过氯酸法结果偏低，尤其对测定背景值影响较大。一般测定土壤背景值时建议采用 HF-$HClO_4$-HNO_3 法，测定污染土壤时可采用王水—过氯酸法。

五、结果计算

$$C=C_1\times V\times t_s/W \tag{8-4}$$

式中：C——土壤重金属浓度，μg/g 或 mg/kg；

C_1——测得的重金属浓度，μg/mL；

V——测定时定容体积，mL；

t_s——分取倍数；

W——样品重量，g。

六、注意事项

（1）若萃取液中 Cd 含量超出标准曲线范围时，不可用甲基异丁基酮稀释测定而应减少消化液的量，重新萃取，否则将带来较大的误差。

（2）高氯酸的纯度对空白值影响很大，直接关系到结果的准确度，因此在消化时所加入的高氯酸的量应保持一致，并尽可能地少加，以便降低空白值。

（3）消化时应尽可能将高氯酸白烟驱尽，否则加入碘化钾时会产生大量高氯酸钾的沉淀，但少量沉淀并不影响测定。

（4）土壤中镉测定的国家标准方法（石墨炉原子吸收分光光度法）可参阅 GB/T 17141—1997。

实验五　土壤中砷的测定

土壤中砷的测定方法常用的有原子吸收法、原子荧光法及分光光度法等，从方法的灵敏度、准确度、精密度、抗干扰能力及适应性上来看，这几种方法均可采用，原子吸收法与原子荧光法比分光光度法简便、快速。

一、氢化物-原子荧光光谱法

（一）方法原理

在发生器的酸性溶液中砷与还原剂硼氢化钾发生氢化反应，砷被还原成砷化氢气体由载气（氩气）导入电热石英原子化器。砷化氢气体进入原子化器经解离而成为砷的气态原子，砷原子受到光源特征辐射线的照射后因为被激发而产生砷原子荧光，产生的荧光强度与式样中被测元素含量成正比，因而可从标准曲线或相关方程中求得被测元素的含量。

（二）仪器

原子荧光光谱仪，仪器使用最佳工作条件需要参照各仪器说明书先进行实验；砷特种空心阴极灯。

（三）主要试剂

分析中使用的酸和标准物质均为符合国家标准或专业标准的优级纯试剂，其他为分析纯试剂和去离子水。

（1）砷标准储备液。准确称取三氧化二砷（As_2O_3）1.320 4 g，用 50 mL 0.5 mol/L NaOH 溶液预溶，转入 1 000 mL 容量瓶中，用水稀释至刻度，摇匀备用，此溶液为 1 000 mg As/L。

（2）硼氢化钾溶液。称取 7 g 硼氢化钾（KBH_4）溶于先溶有 2 g KOH 200 mL 溶液中，然后稀释至 1 L，现用现配。

（3）硫脲—抗坏血酸水溶液。称取 10 g 硫脲，10 g 抗坏血酸溶于去离子水中，稀释至 100 mL，现用现配。

（4）三价铁盐溶液。1 g/L，酸度为 1.2 mol/L 盐酸。

（5）浓盐酸（HCl）、浓硝酸（HNO_3）。

（四）操作步骤

（1）标准曲线　用逐级稀释法稀释砷标准储备液至含砷 100 μg/L 和 10.0 μg/L 的标准液，吸取一定量稀释砷标准液分别 50 mL 容量瓶中，标准液含砷分别为 0.0 μg/L，1.0 μg/L，3.0 μg/L，5.0 μg/L，10.0 μg/L，20.0 μg/L 和 30.0 μg/L。分别添加 8 mL 6 mol 盐酸，10 mL 100 g/L 硫脲-抗坏血酸溶液，10 mL 三价铁盐溶液，用水定容，摇匀，放置 20 min，在荧光光谱仪上测定荧光强度，以相对荧光强度为纵坐标，As 浓度为横坐标作曲线。

（2）样品预处理　称取 0.100 0～0.500 0 g 土样（过 0.149 mm 筛）于 25 mL 刻

度试管中，加少量水湿润，然后加入新配制的1∶1（$HCl-HNO_3$）10 mL，在室温下放置过夜，再置于沸水中消煮2 h，其间摇动两次，取下冷却后用水定容，放置澄清。

（3）样品的测定　吸取待测液5 mL铁盐溶液，加4 mL 10 mol盐酸，加5 mL硫脲-抗坏血酸混合液，定容，摇匀，放置20 min，用于标准曲线法的同样方法测定。

（五）结果计算

$$C\text{（As）}=C_1\times V\times t_s/W \qquad (8\text{-}5)$$

式中：C（As）——土壤砷浓度，μg/g或mg/kg；

C_1——测得的砷浓度，μg/mL；

V——测定时定容体积，mL；

t_s——分取倍数；

W——样品重量，g。

（六）注意事项

（1）试样酸度不宜过大，一般在1.2 mol/L HCl为宜。

（2）本法的检测限为0.5 μg/L。

二、土壤总砷-二乙基二硫代氨基甲酸银分光光度法

（一）原理

As（V）在酸性溶液中经碘化钾与氯化亚锡还原为As（III），与新生态氢生成AsH_3气体，通过乙酸铅棉花除去硫化物后，吸收于二乙基二硫代氨基甲酸银（AgDDC）－三乙醇胺-氯仿溶液中，生成红色配合物，比色测定。

（二）仪器

（1）分光光度计。10 mm比色皿。

（2）砷化氢发生装置。

① 砷化氢发生瓶。150 mL磨口锥形瓶。

② 导气管。一瓶带有磨口塞，并有一球形泡（内装乙酸铅棉花）；一端为毛细管，管口直径不大于1 mm。

③ 吸收管。内径为8 mm的带刻度试管。

（三）主要试剂

分析中使用的酸和标准物质均为符合国家标准或专业标准的优级纯试剂，其他

为分析纯试剂和全离子水。

（1）浓硫酸（H_2SO_4）、浓硝酸（HNO_3）、浓盐酸（HCl）。

（2）碘化钾（KI）溶液。称取 15 g 碘化钾溶于水中，并稀释至 100 mL，储于棕色瓶内。

（3）氯化亚锡溶液。称取 40 g 氯化亚锡（$SnCl_2 \cdot 2H_2O$），溶于 40 mL 浓盐酸中，并加去离子水稀释至 100 mL，投入 3～5 粒金属锡粒保存。

（4）乙酸铅棉花。将脱脂棉浸入 100 g/L 醋酸铅溶液（约 1 mol/L CH_3COOH）中，2 h 后取出，待其自然干燥，储存于密封的容器中。

（5）无砷锌粉（10～20 目）含砷在 0.1 mg/kg 以下。

（6）吸收液（二乙氨基二硫代甲酸银-三乙醇胺-氯仿溶液）称取 0.25 g 二乙氨基二硫代甲酸银（$C_5H_{10}NS_2Ag$），研碎后用少量氯仿溶解。加入 1.0 mL 三乙醇胺[（$HOCH_2CH_3$）$_3$N]，在用氯仿（$CHCl_3$）稀释至 100 mL 静置过夜，用脱脂棉过滤至棕色瓶内，避光保存。

（7）氢氧化钠溶液。2 mol/L，储存在聚乙烯瓶中。

（8）砷标准储备溶液。准确称取 As_2O_3 0.132 0 g，置于 100 mL 烧杯中，加 5 mL 200 g/L 氢氧化钠溶液，温热至 As_2O_3 全部溶解后，以酚酞作指标剂，用 1 mol/L 硫酸中和至溶液无色，再过量 10 mL，转入 100 mL 容量瓶中，用水定容，此溶液浓度为含砷 100 μg/mL（三氧化二砷剧毒，小心使用）。

（四）操作步骤

（1）标准曲线。用逐级稀释法稀释砷标准储备液至含砷 1 μg/mL。吸取 0.00 mL、0.50 mL、1.00 mL、2.50 mL、5.00 mL、7.50 mL、10.00 mL 砷标准稀释液，各加蒸馏水至 50 mL。加入 7 mL 硫酸（1∶1）溶液，4 mL 400 g/L 的氯化亚锡，摇匀，放置 15 min。于各吸收管中分别加入 5.0 mL 二乙氨基二硫代甲酸银-三乙醇胺-氯仿溶液，插入塞有乙酸铅棉花的导气管。迅速向各发生瓶中倾入预先称好的 4 g 无砷锌粒，立即塞紧瓶塞，勿使泄漏。在室温下反应 1 h。最后用氯仿将吸收液体积补充到 5.0 mL，在 1 h 内于 510 nm 波长处，用 1 cm 比色皿，以试剂空白为参比，测定吸光度，以吸光度为纵坐标，砷含量（μg）为横坐标绘制标准曲线。

（2）样品预处理。称取制备的土样 0.5～2 g（准确至 0.000 2 g）于 150 mL 锥形瓶中，加少量去离子水湿润样品，加 10～15 mL 浓硝酸，置电热板上加热数分钟后取出冷却，加 3.5 mL 浓硫酸，摇匀，先低温消化，后逐步提高温度，消化完全的土壤样品应为灰白色（若有黑色颗粒物应补加硝酸），待作用完全并冒白烟后，移下锥形瓶冷却。用水冲洗瓶壁，再加热至冒白浓烟，以驱尽硝酸。取下锥形瓶冷却备用。同时做空白试样。

（3）样品的测定。取部分或全部消化液，置于砷化氢发生瓶中，加蒸馏水至 50 mL，以下同标准曲线相同的步骤进行操作。

（五）结果计算

$$C\text{（As）}=m\times t_s/W \qquad (8\text{-}6)$$

式中：C（As）——土壤砷含量，μg/g 或 mg/kg；

m——测试样品的含砷量，μg；

t_s——分取倍数；

W——样品重量，g。

（六）注意事项

（1）AsH_2 有毒，吸收过程应在通风橱中进行。

（2）导气之前，每加一种试剂均需要摇匀。

（3）吸收液吸收砷花氢后在 60 min 内稳定。

（4）本方法最低检出限为 0.5 μg。

（5）锑和硫化物对测定有正干扰。锑在 300 μg 以下，可用 $KI\text{-}SnCl_2$ 掩蔽。在试样氧化分解时，硫已经被硝酸氧化分解，不再有影响。试剂中有可能存在的少量硫化物，可用乙酸铅脱脂棉吸收除法。

（6）土壤中总砷测定的国家标准方法（分光光度法）可参阅 GB/T 17134—1997。

实验六　土壤中汞的测定

土壤总汞测定的方法主要有原子荧光光谱法和冷原子吸收法等，均能满足土壤测定要求。

一、方法原理

基态汞原子在波长 253.7 nm 紫外光激发而产生共振荧光，在一定条件下和浓度范围内，荧光强度与汞浓度成正比，样品经王水分解后，二价汞被还原剂硼氢化钾或氯化亚锡还原成单质汞，形成汞蒸气，由载气（氩气）导入未加热的石英原子化器中，测量荧光峰值，求得样品中汞的含量。

二、仪器

原子荧光光谱仪、汞特种空心阴极灯。

三、主要试剂

分析中使用的酸和标准物质均为符合国家标准或专业标准的优级纯试剂，其他为分析纯试剂和去离子水。

（一）汞标准贮备液

称取 0.135 4 g 优级纯氯化汞（$HgCl_2$）于烧杯中，用 5%硝酸－0.5 g/L 重铬酸钾溶液溶解，转移入 1 L 容量瓶中并用 5%硝酸－0.5 g/L 重铬酸钾溶液定容，此溶液含 Hg 100 μg/mL。

（二）硼氢化钾溶液

称取 0.7 g 硼氢化钾（KBH_4）溶于先溶有 0.2 g KOH 的 200 mL 溶液中，然后稀释至 1 L，现用现配。

（三）高锰酸钾溶液

称取 10 g 分析纯高锰酸钾溶解于 1 000 mL 去离子水中。

（四）草酸溶液

称取 50 g 分析纯草酸溶解于 5 000 mL 去离子水。

四、操作步骤

（一）标准曲线

用逐级稀释法稀释汞标准贮备液至含汞 20.0 μg/L 的标准液，用 5%硝酸－0.5 g/L 重铬酸钾溶液稀释。吸取 0.00 mL、2.50 mL、5.00 mL、10.0 mL、15.0 mL 稀释汞标准液分别于 100 mL 容量瓶中，用 5%硝酸－0.5 g/L 重铬酸钾溶液补足到 15 mL，用 20%王水稀释到刻度。标准液含汞分别为 0.00 μg/L、0.50 μg/L、1.00 μg/L、2.00 μg/L、3.00 μg/L。在原子荧光光谱仪上测定荧光强度，以相对荧光强度为纵坐标，汞浓度为横坐标作曲线。

（二）土壤样品的消化

称取过 0.149 mm 筛的土样 0.1～0.5 g（精确至 0.000 1 g）于 25 mL 刻度试管中，加少量水湿润，然后加入新配制的 1∶1（HCl-HNO_3）10 mL，摇匀后置于沸水浴中消煮 1 h，期间摇动一次，取下冷却至室温，加 1%高锰酸钾溶液 1 mL，摇匀放置 20 min，用草酸稀释至刻度定容，放置澄清。

（三）样品的测定

与标准曲线同时测定。

五、结果计算

$$C\text{（Hg）}=m\times V_t/W\times V \tag{8-7}$$

式中：C（Hg）——土壤汞的浓度，μg/g 或 mg/kg；

m——由标准曲线上查得的相应含汞量，μg；

V_t——消解液定容体积，mL；

V——测定时所取的消化液体积，mL；

W——样品重量，g。

六、注意事项

（1）玻璃对汞有吸附作用，因此反应瓶、容量瓶等玻璃器皿每次使用后都需用10%的硝酸溶液浸泡，随后用去离子水洗净备用。

（2）玻璃对汞吸附较强，因此，在配制稀汞标准溶液时，最好先在容量瓶中加进部分 5%硝酸－0.5 g/L 重铬酸钾溶液，再加入汞贮备液。

（3）高锰酸钾的作用是保护痕量汞，氧化部分有机质，更重要的是将溶液中的四价硒和碲氧化成六价，可大大降低对测定汞的烦扰。草酸的作用是除去反应中生成的二氧化锰和过量的高锰酸钾。

（4）氯化亚锡溶液　称取 10 g 氯化亚锡于 100 mL 烧杯中，加 10 mL 浓 HCl，在电炉上加热至溶液清亮后，煮沸 5～10 min 取下，用去离子水释到 100 mL，现用现配。

（5）本法 Hg 的检出限为 0.05 μg/L。

（6）土壤总汞测定的国家标准方法（冷原子吸收分光光度法）可参阅 GB/T 17136—1997。

实验七　土壤中氟的测定

土壤中氟的测定常用方法，主要有离子选择电极法和氟试剂比色法（中国环境监测总站，1992）。离子选择电极法测定范围宽，干扰少，操作简便，最低检出限 0.05 μg/mL。氟试剂比色法属于增色法，测定灵敏度高，色泽稳定，重现性好，但操作烦琐，在实际测定中可采用离子选择电极法。

一、方法原理

以氟离子选择电极为指示电极，甘汞电极为参比电极，在溶液中组成测量电池，电池的电动势随溶液中氟离子活度的变化而改变，并符合 Nernst 方程。当溶液的总离子强度为一定值时，电池的电动势与溶液中氟离子浓度的对数值呈直线关系。

二、仪器

（1）离子计或 pH 计（精确到 0.1 mV）。

（2）氟离子选择电极，饱和甘汞电极。

（3）磁力搅拌器。

（4）镍坩埚。

（5）马弗炉。

三、主要试剂

（1）氢氧化钠（优级纯）、盐酸。

（2）总离子强度缓冲剂Ⅰ（TISAB Ⅰ）：0.2 mol/L 柠檬酸钠－1 mol/L 硝酸钠，称取 58.8 g 柠檬酸钠（$Na_3C_6H_5O_7 \cdot 2H_2O$，分析纯）、85.0 g 硝酸钠，用水溶解，用盐酸（1∶1）调节 pH 至 5～6，转入 1 L 容量瓶中并用水定容，摇匀。

（3）总离子强度缓冲剂Ⅱ（TISAB Ⅱ）：称取 294 g 柠檬酸钠于 1 000 mL 烧杯中，加入 900 mL 水溶解，用盐酸调节 pH 至 6～7，转入 1 L 容量瓶中并定容，摇匀。

（4）氟（F）标准贮备溶液：称取氟化钠（NaF，优级纯，经 105～110℃烘干 2 h）2.210 0 g 溶于水，定容至 1 L，贮于聚乙烯塑胶瓶中备用（置于冰箱中保存），此溶液含氟 1 000 mg/L。

（5）溴甲酚紫指示剂：称取 0.10 g 溴甲酚紫，溶于 10 mL 0.25 mol/L 氢氧化钠溶液中，用水稀释至 250 mL。

四、操作步骤

（一）水溶性氟

1．工作曲线绘制

用逐级稀释法稀释 1 000 mg/L 氟（F）标准贮备液制备 10.0 mg/L 氟标准溶液。分别吸取 10.0 mg/L 氟标准溶液 0.00 mL、0.50 mL、1.00 mL、2.00 mL、5.00 mL、10.00 mL、20.00 mL 于 50 mL 容量瓶中，加入 10 mL 总离子强度缓冲液Ⅰ（TISAB Ⅰ），用水定容，摇匀。将溶液倒入塑料烧杯中，置于磁力搅拌器上，在 25℃恒温条件下，插入氟离子选择电极和饱和甘汞电极，搅拌 3 min 后读取电位值。以电位值为纵坐标，氟离子浓度对数值为横坐标，绘制工作曲线。

2. 样品测定

称取通过 2 mm 筛的风干土 0.5～2.00 g 于 100 mL 烧杯中，加 30 mL 去离子水，加热至 60～70℃，持续搅拌 30 min，过滤或离心。转入 50 mL 容量瓶中，加入 10 mL 总离子强度缓冲液Ⅰ，用水稀释到刻度，摇匀，按标准系列方法测定电位值。

（二）土壤全氟

1. 工作曲线绘制

用逐级稀释法稀释 1 000 mg/L 氟（F）标准贮备液制备 10.0 mg/L 氟标准溶液。分别吸取 10.0 mg/L 氟标准溶液 0.00 mL、0.50 mL、1.00 mL、2.00 mL、5.00 mL、10.00 mL、20.00 mL 于 50 mL 容量瓶中，加入 10 mL 试剂空白液，1～2 滴溴甲酚紫指示剂，然后边摇边滴加盐酸（1∶1）至溶液由蓝色刚变为黄色为止。加入 15 mL 总离子强度缓冲剂Ⅱ（TISAB Ⅱ），用水定容，摇匀。将溶液倒入塑料烧杯中，置于磁力搅拌器上，在 25℃恒温条件下，插入氟离子选择电极和饱和甘汞电极，搅拌 3 min 后读取电位值。以电位值（mV）为纵坐标，氟离子浓度的负对数（$-\log C$）为横坐标，绘制工作曲线。

2. 样品预处理

称取通过 0.149 mm 筛的土样 0.500 0 g 于镍坩埚中，加入 4 g NaOH，放入马弗炉，由低温升至 600℃，熔融 20 min。取出冷却，用 50 mL 刚煮沸的水分几次浸取，直至熔块完全溶解，移入 100 mL 烧杯中，在不断搅拌下用盐酸（1∶1）调节 pH 至 8～9，并在电炉上加热至近沸，冷却后全部移入 100 mL 容量瓶中，并用水定容，摇匀。过滤或放置澄清。

3. 样品测定

吸取样品上清液或过滤液于 50 mL 容量瓶中，加入 12 滴溴甲酚紫指示剂，然后边摇边滴加盐酸（1∶1）至溶液由蓝色刚变为黄色为止。加入 15 mL 总离子强度缓冲剂Ⅱ（TISAB Ⅱ），用水定容，摇匀。以下操作同标准曲线，读取电位值，并根据标准曲线查得相应的氟浓度。

五、结果计算

$$C(\mathrm{F}) = C_1 \times V \times t_s / W \qquad (8\text{-}8)$$

式中：C（F）——土壤氟含量，μg/g 或 mg/kg；

C_1——测定液中氟的浓度，μg/mL；

V——样品体积，mL；

t_s——分取倍数；

W——土壤样品重量，g。

六、注意事项

（1）氟电极在使用前，应在水中浸泡（活化）数小时，不要在含氟较高的溶液中浸泡。电极长期使用后，会发生反应缓慢现象，可用绒布或金相纸轻轻打磨，再经表面活化后使用。应保证氟电极膜表面的清洁，如被污染，可用乙醇轻轻擦洗，再用纯水洗净。

（2）样品的熔融可以用 Na_2CO_3 和 NaOH（1∶3）的混合物。

（3）样品测定前调节 pH 到 8～9，必须避免溶液呈中性或弱酸性。

（4）用近似试液的空白溶液作为洗涤电极的专用试剂，可缩短电极的平衡时间，测量时按氟浓度由低到高顺序进行，以消除电极的“记忆效应”。

实验八　土壤有机氯农药（PCBs）的测定

一、原理

由于物质在气相中传递速度快，待测组分气化后在色谱柱中与固定相多次相互作用，并在流动相和固定相中反复进行多次分配，使分配系数本来只有微小差别的组分得到很好的分离。土壤中的多氯联苯（PCBs）经索氏提取、净化后用双柱-双ECD气相色谱测定，以保留时间性，峰高或峰面积外标法定量。

二、试剂

无水 $NaSO_4$（分析纯），在马弗炉中 500℃烘 4 h，待冷至常温后，置于玻璃瓶中密封放置，供试验用；正己烷（分析纯）或石油醚（分析纯，60～90℃），及丙酮（分析纯），均在配有分馏柱的全玻璃装置中重蒸，收集馏液于棕色玻璃瓶中待用；硅胶（色层用，100～200 目），130℃烘 8 h，冷至室温，置于玻璃瓶中加入 3%的超纯水摇匀，脱活，密封放置过夜，供装柱，以分离土壤样品提取液。

三、标准物

多氯联苯：按 IUPAC 命名分别为 PCB_{28}、PCB_{52}、 PCB_{70}、PCB_{74}、PCB_{76}、PCB_{77}、PCB_{87}、PCB_{99}、PCB_{101}、PCB_{118}、PCB_{126}、PCB_{153}、PCB_{141}、PCB_{138}、PCB_{167}、PCB_{185}、PCB_{180}、PCB_{194} 共 18 种 PCB 同系物标准物，购于 ChemSeveic 公司。准确称取各种标准物分别先用少量重蒸苯溶解，再以正己烷配制浓度各约为 2 000 μg/mL 的标准储备液，取各种储备液适量，以正己烷稀释成混合标准母液，取混合标准母液以正己烷逐步稀释，配制成标准曲线工作液，其浓度范围为 1.0～100.0 μg/mL。

四、试验仪器

Agilent 6890N 气相色谱仪，配双柱-双微池电子俘获检测器（GC/μECD）系统，7683 自动进样器，色谱工作站。双柱为：① 毛细管柱 DB-5，30 m×0.32 mm×0.25 μm；② 毛细管柱 DB-1701，30 m×0.32 mm×0.32 μm，柱①和②通过 Y 形管与分流/不分流进样口连接。气相色谱仪在样品试前，进行必要的校准、核对和条件化，并且需进同一浓度标样 5～7 次，直到 RSD 小于 5%，始进行样品测试，以确保色谱仪的准确性。

五、方法

准确称取待测土样 20.0 g 用 1∶1 正己烷（或石油醚）/丙酮液（V/V）60 mL 于 65℃的水浴中索氏提取 6 h 后，提取液转入梨形瓶，在 55℃水浴中，经旋转浓缩仪或 K-D 浓缩至近干，再加入 15 mL 正己烷继续浓缩 1～2 mL，为上柱样液，待硅胶柱分离。在配有活塞的 8 mm×300 mm 玻璃层析柱中，底部置少许脱脂棉，加入 15 mL 正己烷（或石油醚），依次填入 10 mm 无水硫酸钠，1.0 g（约 2.4 mL）脱活硅胶，10 mm 无水硫酸钠，敲实柱体并排出气泡。放出柱中溶液，弃去；待液面放至无水硫酸钠刚露出时，将上柱样液转入柱中，用 1 mL×3 正己烷洗涤容器，使上柱样液转移完全。加入 16 mL 正己烷为洗脱液，控制流出速度约为 1 mL/min，收集前 15 mL 淋出液，浓缩至 1～2 mL，以 N_2 吹干；然后准确加入 1 mL 正己烷，在涡旋仪上摇匀，为待测液。将待测液转入 GC 样品瓶中，供测定。本方法对于所选择的 18 种 PCBs 同系物的回收率大于 91.0%，最低检测限（DML）≤10 ng/kg。

六、色谱分析条件

色谱工作条件：载气 He，柱流速 1.5 mL/min，进样口温 240℃；检测器温 300℃；辅助气体为高纯氮气，流速为 60 mL/min；柱温 165℃，保持 2 min，以 2.5℃/min 的速度长，升温至 210℃，再以 15℃/min 的速度升温至 275℃保持 7 min；进样量 3 μL。PCBs 同系物在两根毛细管色谱上具有不同的保留时间，而且出峰顺序亦有不同，只有在两根柱上保留时间与标准样都完全吻合组分才确认为 PCBs。

七、结果计算

样品的定量可选择一根柱的峰高或峰面积外标法定量。用 Agilent 6890 型色谱工作站处理数据，按式 8-9 计算土壤中多氯联苯污染物的残留：

$$X_i = \frac{C_i \times V}{m \times R_i} \tag{8-9}$$

式中：X_i——试样中各种多氯联苯污染物残留，ng/g；

C_i——待测液中多氯联苯同系物 i 的浓度，ng/mL；

V——待测液体积，mL；

m——称取试样量，g；

R_i——多氯联苯同系物 i 的添加回收率，%。

实验九　固体废物的采样和制备

一、实验目的

固体废物主要来源于人类的生产和消费活动，包括工业固体废物、农业固体废物、矿业固体废物、城市垃圾和放射性固体废物等。随着经济的迅速发展和人口的急剧增长，固体废物产量迅速增加，成分日趋复杂，固体废物污染已成为全世界关注的环境热点问题。

如果试验与分析固体废物，首先始于试样的采集和制备。由于固体废物量大、种类繁多且混合不均匀，因此与水质及大气试验相比，从废物这样的不均匀的批量中采集有代表性的试样的确很难。为满足试验或分析的要求，对采集的样品还必须进行一定的处理，即固体废物的制备。通过本试验达到以下要求：

（1）了解固体废物采样和制备的目的和意义；

（2）掌握固体废物的采样、制样的基本方法；

（3）掌握固体废物的性质及分析需要，学会制订采样和制样的方案。

二、实验方法

参照国家环境保护总局发布的《危险废物鉴别技术规范》（HJ/T 298—2007）和《工业固体废物采样制样技术规范》（HJ/T 20—1998），视固体废物类型采用相应的方法。

三、实验原理

固体废物是一种由多种物质组成的异质混合体，应根据固体废物的性质及实验分析要求进行采样和制样。

1．份样数的确定

份样数是由一批固体废物中的一个点或一个部位按规定量取出的样品个数，可由公式法或查表法确定，如表 8-1 所示。危险废物采集最小份样数参照《危险废物鉴别技术规范》（HJ/T 298—2007）。

表 8-1　批量大小与最小份样数（固体：t；液体：1 KL）

批量大小	最小份样数/个	批量大小	最小份样数/个
＜1	5	≥100	30
≥1	10	≥500	40
≥5	15	≥1 000	50
≥30	20	≥5 000	60
≥50	25	≥10 000	80

2．量的确定

按表8-2确定每个份样应采的最小质量。所采的每个份样量应大致相等，其相对误差不大于20%。表中要求的采样铲容量为保证在一个地点或部位能够取到足够数量的份样量。

对于液态批废物的份样量以不小于100 mL的采样瓶（或采样器）所盛量为宜。

表 8-2　份样量和采样铲容量

最大粒度/mm	最小份样量/kg	采样铲容量/mL	最大粒度/mm	最小份样量/kg	采样铲容量/mL
＞150	30	—	20～40	2	800
100～150	15	16 000	10～20	1	300
50～100	5	7 000	＜10	0.5	125
40～50	3	1 700			

四、采样方法

1．简单随机采样法

当对一批废物了解很少，且采取的份样比较分散也不影响分析结果时，对其不做任何处理，不进行分类也不进行排队，而是按照其原来状况从中随机采集份样。

2．系统采样法

在一批废物以运送带、管道等形式连续排出的移动过程中，须按一定的质量或时间间隔采样，采样间隔以式 8-10 计算：

$$T \leqslant Q/n \tag{8-10}$$

式中：T——采样间隔，t；

Q——批量，t；

n——规定的采样单元数。

采第一个试样时，不能在第一间隔的起点开始，可在第一间隔内随机确定。在运送带上或落口处采样，应截取废物流的全截面。

对于一批若干容器盛装的废物，按表 8-3 选取最少容器数，并且每个容器中均随机采两个样品。

表 8-3　所需最少采样车数

车数（容器）	所需最少采样车数
<10	5
10～25	10
25～50	20
50～100	30
>100	50

注意事项：当把一个容器作为一个批量时，就按表 8-1 中规定的追上份样数的 1/2 确定；当把 2～10 个容器作为一个批量时，就按下式确定最少容器数。

最少容器数＝表 8-1 中规定的最少份样数/容器数　　(8-11)

3．废渣堆采样法

在废渣堆两侧距堆底 0.5 m 处画第一条横线，然后每隔 0.5 m 画一条横线；再每隔 2 m 画一条横线的垂线，其交点作为采样点。按表 8-1 确定的采样的份样量，确定采样点数在每点上从 0.5～1.0 m 深处各随机采样一份（图 8-1）。

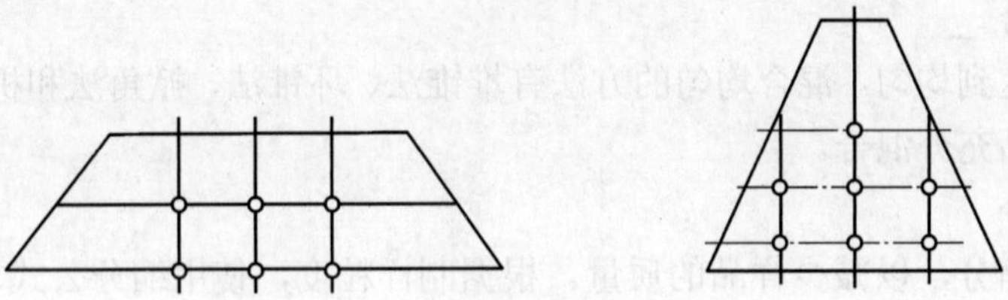

图 8-1　废渣堆中采样点的分布

4．分层采样法

一批废物分次排出或某生产工艺过程的废物间歇排出过程中，可分 n 层采样，根据每层的质量，按比例分层采取份样。

第 i 层采样份数按下式计算。

$$n_i = nQ_1/Q \qquad (8\text{-}12)$$

式中：n_i——第 i 层应采份样数；

n——份样数；

Q_1——第 i 层废物质量，t；

Q——批量，t。

5．两段采样法

当一批废物由许多车、桶、箱、袋等容器盛装时，由于各容器件比较分散，所以要分段采样。首先从批废物总容器件数 N_0 中随机抽取 n_1 件容器，然后再从 n_1 件的每一个容器中采集 n_2 个份样。

推荐当 $N_0<6$ 时，取 $n_1=N_0$；当 $N_0>6$ 时，按式 8-13 计算。

推荐第二阶段的采样数 n_2 大于 3，即 n_1 件容器中的每个容器均随机采上、中、下最少各 3 个份样。

6．制样

采得的原始固废样品，往往数量很大、颗粒大小悬殊、组成不均匀，无法进行实验分析。因此在实验室分析之前，需对原始固体试样进行加工处理，称为样品的制备。制样的目的是从采取的小样或大样中获取最佳量、最具代表性、能满足试验或分析要求的样品。

（1）粉碎

经破碎和研磨以减小样品的粒度。粉碎可用机械或手工完成。将干燥后的样品根据其硬度和粒径的大小，采用适宜的粉碎机械，分段粉碎至所要求的粒度。

（2）筛分

使样品保证 95%以上处于某一粒度范围。根据样品的最大粒径选择相应的筛号，分阶段筛出全部粉碎样品。筛上部分应全部返回粉碎工序重新粉碎，不得随意丢弃。

（3）混合

使样品达到均匀。混合均匀的方法有堆锥法、环锥法、掀角法和机械拌均法等，使过筛的样品充分混合。

（4）缩分

将样品缩分，以减少样品的质量。根据制样粒度，使用缩分公式求出保证样品具有代表性前提下应保留的最小质量。采用圆锥四分法进行缩分。即将样品置于洁净、平整板面 （聚乙烯板、木板等）上，堆成圆锥形，将圆锥尖顶压平，用十字分样板自上压下，分成四等份，保留任意对角的两等份，重复上述操作至达到所需分析试样的最小质量（不少于 1 kg 质量为止）。

五、实验工具

尖头钢锹、钢锤、采样探子、采样钻、气动和真空探针、取样铲、具盖盛样桶或内衬塑料的盛样袋。

六、实验步骤

（1）采样前准备。为了使采集样品具有代表性，在采集之前要调查研究生产工艺过程、废物类型、排放数量、堆积历史、危害程度和综合利用情况。

（2）根据固体废物的特性确定采样份数和采样量。安排采样方法及布设采样点。

（3）采样，同时认真填写采样记录表。

（4）根据需要制样，并填写制样记录表。

表 8-4 固体废物采样记录表

采样时间：　　　　年　　月　　日　　　　　　　　　　采样地点：

样品名称		废物来源	
份样数		采样法	
份量样		采样人	
采样现场简述			
废物产生过程简述			
样品可能含有的毒性成分			
样品保存方式及注意事项			
备注		负责人签字	

注：表格依实际情况可适当调整。

表 8-5 固体废物制样记录表

样品名称		送样人	
样品量		制样人	
制样目的			
样品性状简述			
制样过程简述			
样品保存方式及注意事项			
备注		负责人签字	

注：表格依实际情况可适当调整。

七、讨论

（1）固体废物采样方法有哪些？如何采集样品，才能使固体废物样品具有代表性？

（2）环境中固体废物的来源主要有哪些途径？

（3）如何确定固体废物的份样量和份样数？

实验十　固体废物腐蚀性测定

一、实验目的和意义

腐蚀性废物会腐蚀损伤接触部位的生物组织，也会腐蚀盛装容器造成泄露，从而引起危害和污染。本试验的目的在于用 pH 玻璃电极法测定废物的 pH 值，以鉴别其腐蚀性。

二、实验方法

测定方法一种是测定 pH 值，另一种是指在 55.7℃以下对钢制品的腐蚀率。

三、实验原理

采用我国的标准鉴别方法固体废物腐蚀性测定玻璃电极法（GB/T 15555.12—1995），或者根据规定程序批准的有效方法，测定其溶液或固体，半固体浸出液的 pH 值小于，等于 2，或者等于，大于 12.5，则这种固体废物具有腐蚀性。

四、实验仪器及材料

混合容器、振荡器、过滤装置、去离子水、pH 计、玻璃电极、参比电极、磁力搅拌器、温度计。

一级标准缓冲剂的盐、二级标准缓冲溶液。

五、实验步骤

（1）如果样品和标准缓冲溶液的温差大于 2℃，测量的 pH 值必须校正。可以通过仪器带有的自动或手动补偿装置进行，也可以先将样品和标准溶液在室温下平衡达到同一温度。记录测定的结果。

（2）对含水量高、呈流态状的稀泥或浆状物料，可将电极直接插入进行 pH 值测量。

（3）对黏稠状物料可离心或过滤后，测其滤液的 pH 值。

（4）对粉、粒、块状物料，称取制备好的样品 50 g（干基），置于 1 L 塑料瓶中，加入新鲜蒸馏水 250 mL，使固液比为 1∶5，加盖密封后，放在振荡机上（振荡频率 110±10 次/min，振幅 40 mm）于室温下，连续振荡 30 min，静置 30 min 后，测上清液的 pH 值，每种废物取 3 个平行样品测定其 pH 值，差值不得大于 0.15，否则应再取 1～2 个样品重复进行试验，取中位值报告结果。

（5）对于高 pH 值（10 以上）或低 pH 值（2 以下）的样品，两个平行样品的 pH 值测定结果允许差值不超过 0.2，还应报告环境温度、样品来源、粒度级配；试验过程的异常现象；特殊情况下试验条件的改变及原因。

六、数据处理与报告

（1）每个样品至少做 3 个平行实验，其标准差不超过±0.15 pH 单位，取算数平均值报告实验结果。

（2）当标准差超过规定范围时，必须分析并报告原因。

（3）说明环境温度、样品来源、粒度级配、试验过程的异常现象。特殊情况下试验条件的改变及原因等。

七、讨论

（1）pH 计进行溶液 pH 值测定过程中，有哪些因素会影响测量结果？可以采取哪些措施来减少或消除试验误差？

（2）如果固体废物中固体的含量小于 0.5%时，如何鉴别其腐蚀性？

实验十一　固体废物浸出毒性浸出方法——醋酸缓冲溶液法

一、实验目的

固体废物浸出毒性的浸出方法通常有硫酸硝酸法、醋酸缓冲溶液法、翻转法和水平振荡法。《硫酸硝酸法》（HJ/T 299—2007）和《醋酸缓冲溶液法》（HJ/T 300—2007）是国家环保总局 2007 新颁布的中华人民共和国环境保护行业标准。醋酸缓冲溶液法适用于固体废物及其再利用产物中有机物和无机物的浸出毒性鉴别，但不适用于氰化物的浸出毒性鉴别。

通过本实验的学习，学生可以掌握固体废物浸出毒性浸出方法，并了解浸出毒性实验的一些基本概念。

二、实验原理

本方法以醋酸缓冲溶液为浸提剂，模拟工业废物在进入卫生填埋场后，其中的有害组分在填埋场渗滤液影响下，从废物中浸出的过程。

三、实验试剂

1. 试剂

试剂水（使用符合待测物分析方法标准中所要求的纯水）、冰醋酸（优级纯）、1 mol/L 盐酸溶液、1 mol/L 硝酸溶液、1 mol/L 氢氧化钠溶液。

2. 浸提剂

（1）浸提剂 $1^{\#}$：加 5.7 mL 冰醋酸至 500 mL 试剂水中，加 64.3 mL 1 mol/L 氢氧化钠，稀释至 1 L。配制后溶液的 pH 值应为 4.93±0.05。

（2）浸提剂 $2^{\#}$：用试剂水稀释 17.25 mL 的冰醋酸至 1 L。配制后溶液的 pH 值应为 2.64±0.05。

四、仪器设备

1. 振荡设备

转速为 30±2 r/min 的翻转式振荡装置。

2. 提取容器

（1）零顶空提取器（Zero-Headspace Extraction Vessel，ZHE）：500～600 mL，用于浸出样品中的挥发性物质。

（2）提取瓶：2 L 具旋盖和内盖的广口瓶，用于浸出样品中非挥发性和半挥发性物质。提取瓶应由不能浸出或吸收废物所含成分的惰性材料制成。分析无机物时，可使用玻璃瓶或聚乙烯（PE）瓶：分析有机物时，可使用玻璃瓶或聚四氟乙烯（PTFE）瓶。

3. 过滤装置

（1）零顶空提取器（ZHE）：分析样品中的挥发性物质，采用 ZHE 进行过滤。

（2）真空过滤器或正压过滤器：容积≥1 L。

（3）滤膜：玻纤滤膜或微孔滤膜，孔径 0.6～0.8 μm。

（4）pH 计：在 25℃时，精度为±0.01 g。

（5）ZHE 浸出液采集装置：使用 ZHE 装置时，采用玻璃、不锈钢或 PTFE 制作的 500 mL 注射器采集初始液相或最终的浸出液。

（6）ZHE 浸提剂转移装置：可以使用任何不改变浸提剂性质的导入设备，包括蠕动泵、注射器、正压过滤器或其他 ZHE 装置。

（7）实验天平：精度为±0.01 g。

（8）烧杯或锥形瓶：玻璃，500 mL。

五、浸出步骤

1．含水率测定

称取 50～100 g 样品置于具盖容器中，于 105℃下烘干，恒重至两次称量的误差小于±1%，计算样品含水率。

样品中含有初始液相时，应将样品进行压力过滤，再测定滤渣的含水率，并根据总样品量（初始液相于滤渣重量之和）计算样品中的干固体百分率。

2．样品破碎

样品颗粒应可以通过 9.5 mm 孔径的筛，对于粒径大的颗粒可通过破碎、切割或碾磨降低粒径。

测定样品中挥发性有机物时，为避免过筛时待测成分有损失，应使用刻度尺测量粒径；样品和降低粒径所用工具应进行冷却，并尽量避免将样品暴露在空气中。

3．确定使用的浸提剂

取 5.0 g 样品至 500 mL 烧杯或锥形瓶中，加入 96.5 mL 试剂水，盖上表面皿，用磁力搅拌器猛烈搅拌 5 min，测定 pH，如果 pH＜5.0，用浸提剂 1#；如果 pH＞5.0，加 3.5 mL 1 M 盐酸，盖上表面皿，加热至 50℃，并在此温度下保持 10 min。将溶液冷却至室温，测定 pH，如果 pH＜5.0，用浸提剂 1#；如果 pH＞5.0，用浸提剂 2#。对于挥发性物质的浸出只用浸提剂 1#。

4．挥发性有机物的浸出步骤

（1）将样品冷却至 4℃，称取干基质量为 20～25 g 的样品，快速转入 ZHE。安装好 ZHE，缓慢加压以排除顶空。

（2）样品含有初始液相时，将浸出液采集装置（5.5）与 ZHE 连接，缓慢升压至不再有滤液流出，收集初始液相，冷藏保存。

（3）如果样品中干固体百分率小于 5%，所得到的初始液相即为浸出液。直接进行分析：干固体百分率大于或等于总样品量 5%的，继续进行以下浸出步骤，并将所得到的浸出液与初始液相混合后进行分析。

（4）根据样品中的含水率，按液固比为 20∶1（L/kg）计算出所需浸提剂的体积。用浸提剂转移装置加入浸提剂，安装好 ZHE，缓慢加压以排除顶空，关闭所有阀门。

（5）将 ZHE 固定在翻转式振荡装置（5.1）上，调节转速为 30±2 r/min，于 23±2℃下振荡 18±2 h。振荡停止后取下 ZHF，检查装置是否漏气（如果 ZHE 装置漏气，应重新取样进行浸出），用收集有初始液相的同一个浸出液装置（5.5）收集浸出液，冷藏保存待分析。

5．除挥发性有机物外的其他物质的浸出步骤

（1）如果样品中含有初始液相，应用压力过滤器和滤膜对样品过滤。干固体百分率小于 5%的，所得到的初始液相即浸出液，直接进行分析；干固体百分率大于或

等于 5%的，将滤渣按 7.4.2 浸出，初始液相与浸出液混合后进行分析。

（2）称取 75～100 g 样品，置于 2 L 提取瓶中，根据样品的含水率，按液固比为 20∶1（L/kg）计算出所需浸提剂的体积，加入浸提剂，盖紧瓶盖后固定在翻转式振荡装置上，调节转速为 30±2 r/min，于 23±2℃下振荡 18±2 h。在振荡过程中有气体产生时，应在通风橱中打开提取瓶，释放过度的压力。

（3）在压力过滤器上装好滤膜，用稀硝酸淋洗过滤器和滤膜，弃掉淋洗液，过滤并收集浸出液，于 4℃下保存。

（4）除非消解会造成待测金属的损失，用于金属分析的浸出液应按分析方法的要求进行消解。

注意：样品浸出实验应在表 8-6 规定的时间内完成。

表 8-6　样品的最大保留时间

单位：d

物质类别	从野外采集到浸出	从浸出到预处理	从预处理到定量分析	总实验周期
挥发性物质	14	—	14	28
半挥发性物质	14	7	40	61
汞	28	—	28	56
汞以外的金属	180	—	180	360

六、讨论

（1）简述固体废物浸出毒性浸出方法——醋酸缓冲溶液法适用范围和原理。

（2）挥发性有机物和除挥发性有机物外的其他物质浸出步骤有哪些区别？

实验十二　垃圾渗滤液中细菌菌落总数的确定

一、实验的目的

（1）了解细菌菌落总数的含义。

（2）掌握细菌菌落总数测定的原理和方法。

（3）了解测定细菌菌落总数的意义。

二、实验原理

细菌菌落总数（CFO）是指 1 mL 水样的营养琼脂培养基中，于 37℃中培养 24 h 后所生长的腐生性细菌菌落总数。它是有机物污染程度的指标，也是卫生指标。细菌菌落总数测定水中需氧菌、兼性厌养菌和异养菌密度的方法。细菌种类很多，有各自的生理特性，必须用适合它们生长的培养基才能将它们培养出来。然而，在实际工作中不易做到，通常用一种适合大多数细菌生长的培养基培养腐生性细菌，以它的菌落总数表明有机物污染程度。因此，由此法所得的菌落可能低于真正存在的活细菌的总数。

三、实验仪器

（1）恒温培养箱、冰箱；

（2）高压蒸汽灭菌器；

（3）生物显微镜、载玻片；

（4）无菌培养皿（直径 90 mm），无菌移液管（1 mL、10 mL）、采样品等。

四、实验步骤

1．制备营养琼脂培养基

（1）配方：蛋白胨 10 g、牛肉浸膏 3 g、NaCl 5 g、琼脂 15～20 g、蒸馏水 1 000 mL。

（2）制备：将上述成分混合后，调节 pH 值为 7.4～7.6，过滤除去沉淀，分装于玻璃容器中，经 121℃高压蒸汽灭菌 15 min，储存于暗处备用。

2．水样的稀释

在无菌操作条件下，以 10 倍稀释法稀释水样，视水体污染程度以定稀释倍数。一般取平板上能长出 30～300 个菌落的作为该种水样的稀释倍数。

（1）将水样用力振荡 20～25 次，使可能存在的细菌凝团成分散状。

（2）将 1 瓶 90 mL 和 5 管 9 mL 的稀释水排列好，按 10^{-1}、10^{-2}、10^{-3}、10^{-4}、10^{-5}、10^{-6} 依次编号。

（3）在无菌操作条件下，用无菌移液管吸取 10 mL 水样（或其他样品 10 g）置于第一瓶 90 mL 无菌水（内含玻璃珠）中，将移液管吹洗 3 次，用手摇 10 min 将颗粒状样品打散。即为 10^{-1} 浓度的菌液。

（4）用无菌移液管吸取 1 mL 水样 10^{-1} 浓度的菌液置于一管 9 mL 无菌水中，将移液管吹洗 3 次，摇匀，即为 10^{-2} 浓度的菌液。同样方法，依次稀释到 10^{-6}。

3．接种

（1）以无菌操作方法，用无菌移液管吸取 3 个适宜浓度的稀释水样 1 mL，注入无菌培养皿内，再倾注约 15 mL 已融化并冷却到 45℃左右的营养琼脂培养基，并立即旋摇平皿，使水样与培养基充分混匀。每个水样应倾注两个平皿，每次检验时，另用一个平皿只倾注营养琼脂培养基做空白对照。

（2）待琼脂培养基冷却凝固后，翻转平皿，使底面向上，置于 37℃恒温箱中培养 24 h，进行菌落计数。

4. 菌落计数

培养之后，立即进行平皿菌落计数。如果计数不能立即进行，需将平皿存放 5～10℃冰箱内，且不得超过 24 h。

做平皿菌落计数时，可用菌落计数器或放大镜检查，以防遗漏。在记下各平皿的菌落数后，应求出同稀释度的平均菌落数。如果由于稀释等过程中有杂菌污染，或者对照平皿显示出培养基或其他材料有杂菌，以致平皿无法计数，则应报告“实验事故”。

对那些看来相似，距离相近但却不相触的菌落，只要它们之间的距离不小于最小菌落的直径，便应一一予以计数。

五、计算和报告计数方法

细菌菌落总数是以每个平皿菌落的总数或平均数（如同一稀释度 3 个重复平皿的平均数乘以稀释倍数）。各种不同情况的计算方法如下。

（1）首先选择平均菌落数在 30～300 者进行计算，当只有一个稀释度平均菌落符合此范围时，则以该平均菌落数乘其稀释倍数报告（表 8-7 例 1）。

表 8-7 稀释度选择及菌落总数报告方式

例次	不同稀释度的平均菌落数			两个稀释度菌落数之比	菌落总数 CFU/mL	报告方式 CFU/mL
	10^{-1}	10^{-2}	10^{-3}			
1	1 365	164	20		16 400	16 000
2	2 760	295	46	—	37 750	38 000
3	2 890	271	60	1.6	27 100	27 000
4	无法计算	4 650	513	2.2	513 000	510 000
5	27	11	5	—	270	270
6	无法计算	35	12	—	30 500	30 500

（2）若有两个稀释度平均菌落数在 30～300，则按两者菌落总数之比值来决定，若其比值小于 2 应报告两者的平均数，若大于 2 则报告其中较小的菌落总数（表 8-7 例 2、例 3）。

（3）若有两个稀释度平均菌落数大于 300，则应按稀释度最大的平均菌落数乘以稀释倍数报告（表 8-7 例 4）。

（4）若有两个稀释度平均菌落数小于 300，则应按稀释度最小的平均菌落数乘以稀释倍数报告（表 8-7 例 5）。

（5）若有两个稀释度平均菌落数均不在 30～300，则以最接近 300 或 30 的平均菌落数乘以稀释倍数报告（表 8-7 例 6）。

（6）在求同稀释度平均数时，若其中一个平板上有较大片状菌落生长时，则不宜采用，而应以无片状菌落生长的平板作为该稀释度平均菌落数。若片状菌落约为平板的一半，而另一半平板上菌落数分布很均匀，则可按半平板上的菌落计数，然后乘以2作为整个平板的菌落数。

（7）菌落计数的报告：菌落数在100以内时按实有数报告，大于100时，采用二位有效数字，在两位有效数字后面的位数，以四舍五入方法计算。为了缩短数字后面的零数，可用10的指数来表示（表8-7报告方式）。在报告菌落数为“无法计数”时，应注明水样的稀释度。

六、讨论

（1）简述垃圾渗滤液中细菌菌落总数测定的意义。

（2）干扰本实验结果的因素有哪些？

实验十三　固体废物中共混合物组分的测定

一、实验目的

热分析是研究物质在受热或冷却过程中性质和状态的变化，并将此变化作为温度或时间的函数来研究的一门技术。具体地讲，它是在程序的控制下，测量物质的物理性质和温度关系的一类技术，是研究物质性质和状态变化的有力工具。热分析技术广泛应用于有机化学、无机化学、高分子化学、生物医学、冶金学、石油化学、矿物学、地质学以及材料科学等学科领域，目前已发展成为现代科学研究中的日常实验方法和重要分析手段之一。

热分析技术应用于废弃物资源化的研究也非常广泛，利用热分析技术可以对废弃物本身及其复合材料的热变化、质量变化、状态变化等进行分析，还可以用于废弃物复合材料混合最佳温度的确定和废弃物烧结材料烧结曲线的验证等。同时，热分析技术还可以动态测量废弃物复合材料制备研究中原料的热降解研究。本实验目的如下：

（1）了解热重分析仪的结构和工作原理；

（2）掌握热重分析实验操作和分析TG曲线的基本方法；

（3）掌握热重分析法测定共混物组分的原理，并测定共混物中各组分的相对含量。

二、实验方法

热重实验方法主要包括样品准备、实验条件选择和样品测试等。本实验主要是利用共混物中各组分的分解温度的差异，测出共混物中各物质的失重量或失重率，然后通过公式计算出共混物中各组分的相对含量。

三、实验原理

1．热重分析原理及仪器

（1）热重分析仪一般由精密天平、线性程序控温的加热炉、计算机控制操作系统组成。热重分析仪的天平具有很高的灵敏度（可达 0.1 g）。

（2）热重法 Thermogravimetry（TG）。热重法是试样的质量随着以恒定速度变化的温度或变化在等温条件下随着时间变化而产生的改变量进行测量的一种动态技术，这种研究是在静止的或流动的活性或惰性气体环境中进行的。

由热重法记录的质量变化对温度的关系曲线称为 TG 曲线，它表示在温度控制过程中失重量。TG 曲线中，水平部分表示质量恒定的，曲线斜率发生变化的部分表示质量的变化。从热重曲线可得到试样的组成，热稳定性，热分解温度，热分解产物和热分解动力学有关数据。

因此在加热时物质质量变化的改变是热重分析法的基础，利用这一基础和共混物中各组分的分解温度的差异，就可以测定共混物中各组分的相对含量。

2．TG 曲线分析

由于热重曲线记录的是试样的质量随着以恒定速度变化的温度变化或在等温条件下随着时间变化而产生的改变量，因此可利用热重曲线进行定性定量分析。其定性分析和定量分析的依据如下。

（1）曲线阶梯位置。由于热重法是测量过程中的质量变化，所以凡是伴随质量变化的物理或化学变化，在其 TG 曲线上都有相对应的阶梯出现，阶梯位置通常用反应温度区间表示。同一物质发生不同变化，如蒸发和分解，其阶梯对应的温度区间是不同的；不同的物质发生同一变化时，其阶梯对应的温度区间也不同。因此，可以利用阶梯的温度区间作为鉴别变化的定性依据。

（2）曲线阶梯高度。阶梯高度代表质量变化的多少，由它可计算中间产物或最终产物的量以及结晶水分子数和水含量等。

（3）曲线阶梯斜度。阶梯斜度与实验条件有关，但在给定的实验条件下，阶梯斜度取决于变化过程。一般阶梯斜度愈大，反应愈快；反之，则慢。由于阶梯斜度与反应速率有关，由此可以求得动力学参数。

四、实验仪器

1．热重分析仪（或同步 GT/DTA，TG/DSC 热分析仪）1 台；

2．研钵 1 个；

3．取样器 1 把；

4．三氧化二铝坩埚 2 只；

5. 镊子1把；

6. 药勺1把。

五、实验试剂

1. 三氧化二铝（基准）；

2. 高纯氮（99.99%）；

3. 存在分解温度差的混合物（如聚四氟乙烯与缩醛共聚物）。

六、实验步骤

1. 试样的预处理

由于样品粒度对热传导和气体扩散有较大的影响，粒度越小，反应速度越快，使 Ti 和 Tf 温度降低（Ti 和 Tf 分别是初始分解温度和终止分解温度），反应区间变窄；试样颗粒大往往得不到较好的 TG 曲线。所以应预先进行相应的研磨处理，100～300 目。

2. 测定参数选择

（1）升温速率的选择　升温速率的选择，以保证基线平稳为原则。若无特殊要求，升温速率一般选择为 10～20℃/min 为宜。

（2）气氛的选择　热重法通常可在静态惰性气氛或动态惰性气氛怔进行测定，但为了获得较好的实验结果，一般选用动态惰性气氛下进行样品的热重分析实验。

（3）坩埚选择　确定所用坩埚与样品物质在测试温度及气氛下不发生反应或共融现象，称量后的样品放于坩埚中并保持良好的热接触。

3. 测试步骤

（1）先打开总电源、接通热分析仪、气体流量控制器和计算机，然后打开氮气减压阀并调节气流压力至所需值。调整天平室保护气和样品室的载气流量至需要值。

（2）待气流流量平稳后（约 30 min），调整天平的空称零位。

（3）打开加热炉膛，将坩埚放在支架上，再次调整天平零位。

（4）打开应用软件界面，依次将α-Al_2O_3和样品分别放入坩埚，并在热天平中进行称量（一般约 10 mg）。

（5）按测定参数选择、设定实验程序升温，并按启动，即开始试样的热重分析测定。

（6）TG 曲线处理实验程序结束后，对所获得的热分析曲线进行分析处理，标出分解初始点温度和终止温度以及失重量。

（7）按开机的逆顺序关闭仪器，关闭氮气，最后切断电源。

4. 实验结果处理

（略）

七、实验报告要求

1．简述热重仪的结构和工作原理。

2．根据获得的共混物的热重曲线分析共混物中各组分的含量，写出分析过程。

3．根据热重法的分析原理以及实验体会，说明影响 TG 曲线的因素。

实验十四　利用铬渣生产的水泥产品中重金属浓度的测定

一、实验目的

将利用铬渣生产的水泥试样、中国 ISO 标准砂和水搅拌成水泥砂浆，成型养护。将养护后的试件破碎，用浸提液进行浸泡，过滤，测定水泥产品浸出液中的重金属浓度。

二、试剂和材料

盐酸（36%～38%）、1 M 盐酸、1 M 氢氧化钠溶液、采用 GSB 08—1337 中国 ISO 标准砂。

三、仪器装置

天平（精度为±0.01 g）、重金属搅拌浸提器、布氏漏斗、2 000 mL 抽滤瓶、pH 计（精度为 0.01）、中速滤纸。

表 8-8　一般仪器使用和条件

元素	铜	锌	铅	镉	镍	总铬
测定波长/nm	324.7	213.8	283.3	228.8	232.0	357.9
通带宽度/nm	1.0	1.0	2.0	1.3	0.2	0.7
火焰性质	贫燃	贫燃	贫燃	贫燃	中性	富燃
其他可选谱线/nm	327.4 225.8	307.6	217.0 261.4	326.2		359.0 360.5 425.4

四、实验原理

将固体废物浸出液直接喷入火焰，在空气—乙炔火焰中，铜、锌、铅、镉、镍以及铬的化合物解离为基态原子，并对空心阴极灯的特征辐射谱线产生选择性吸收。在给定条件下，测定铜、锌，铅、镉、镍以及铬的吸光度，进而测定浸出液中各金属元素的含量。

五、试验步骤

样品分为两份，一份用于检验，另一份为备份样品，密封保存。利用铬渣生产的水泥样品抽取时，必须标明利用的铬渣的种类和重量。

1. 样品的制备

（1）砂浆的组成

水泥与标准砂的重量比为 1∶3，水灰比为 1∶2。

（2）砂浆的混合

使用天平称取水泥和水，当水以体积计加入时，精确至 1 mL。将每份砂浆进行充分搅拌。搅拌步骤如下：

① 将水和水泥放入搅拌锅中，注意避免水和水泥的损失。

② 水与水泥接触后立即打开搅拌机同时开始计时，低速搅拌 30 s，在第二次 30 s 内均匀的加入标准砂，将搅拌机调至高速，再继续搅拌 30 s。

③ 停止搅拌 90 s。在停止过程的前 30 s 内，用一个橡胶或塑料棒将黏附于锅壁上或沉在锅底部的砂浆刮到锅中间。

④ 继续高速搅拌 60 s。

（3）成型

① 将搅拌好的胶砂均匀放入试模，抹平，编号。

② 放入标准养护箱中进行养护，（24±3）h 后取出脱模，模具宜采用聚乙烯和聚丙烯的内衬的模子，避免重金属污染。

③ 试体继续在养护箱中养护 28 d±8 h 后取出。

④ 养护温度（20±1）℃，湿度不低于 90%。

（4）破碎

将试体用少许去离子水清洗表面。破碎试体至小碎块状，碎块的直径或任一方向的最大尺寸小于 10 mm 即可。将碎块密封保存。

2. 水分测定

用天平称取破碎好的试体 100 g，精确至 0.01 g，在（105±2）℃条件下干燥至质量恒定，干燥后的试体应放入干燥器中冷却至室温，称量，精确至 0.01 g。

水分计算：

$$H=(m_0-m_1)/m_0 \tag{8-13}$$

式中：H——试体水分；

m_0——试体干燥前质量，g；

m_1——试体干燥后质量，g。

3. 浸提液制备

（1）在去离子水中加入盐酸，调整溶液 pH 到 5，形成 1#浸提液。

（2）在去离子水中加入氢氧化钠，调整溶液 pH 到 10，形成 2#浸提液。

4. 浸提

（1）根据下式计算称样量：

$$G=100/(1-H) \quad (8\text{-}14)$$

式中：G——称样量，g；

H——试体水分；

100——干燥后的试体质量，g。

（2）按照（1）计算结果称取破碎好的试体，精确至 0.01 g，放入重金属搅拌浸提器中。

（3）量取 2 000 mL 的浸提液 1#，放入重金属搅拌浸提器中。

（4）以（30±2）r/min 旋转（18±2）h。浸提过程中，室内环境温度控制在（23±2）℃。

（5）将浸提液转入抽滤装置进行过滤，过滤后的浸提液应做好标识，密闭待测。

（6）用浸提液 2#重复执行（2）～（5）。

5. 空白试验

使用等量的试剂，不加入水泥试体，按照相同的浸提步骤进行浸提，分别制备 1#浸提液和 2#浸提液空白。

6. 测定方法

采用直接吸收火焰原子吸收分光光度法测定浸出液和空白中各元素的浓度，浸出液中重金属浓度应扣除空白值。

六、讨论

（1）根据原子化方式不同，原子吸收光光谱可分为哪几类？

（2）在使用空气—乙炔火焰时应注意什么问题？

（3）固体废物浸出液总铬和六价铬的测定有哪些区别？

参考文献

[1] 中国科学院南京土壤研究所．土壤理化分析[M]．上海：上海科学技术出版社，1978.
[2] 邓桂春，藏树良．环境分析与监测[M]．沈阳：辽宁大学出版社，2001.
[3] 陈玲，赵建夫．环境监测[M]．北京：化学工业出版社，2004.
[4] 张宁红，戢启宏，郝英群，等．环境监测[M]．北京：中国环境科学出版社，2005.
[5] 孙宝盛，单金林．环境分析监测理论与技术[M]．北京：化学工业出版社，2004.
[6] 李春鸣．土壤样品的采集和处理[J]．西北民族大学学报，2003，24（50）：74-75.
[7] 刘凤枝．农业环境监测实用手册[Z]．北京：中国标准出版社，2001.
[8] 奚旦立．环境监测[M]．北京：高等教育出版社，2005.
[9] 石元春．土壤学的数字化和信息化革命[J]．土壤学报，2000，37（3）：289-293.
[10] 杜森，高祥照．信息技术在农田施肥管理中的应用[J]．土壤与环境，2002，11（2）：189-193.
[11] 曹宏彬．“3S”技术在水土保持动态监测中的应用[J]．水利水电工程设计，2005，24（3）：41-43.
[12] 吴邦灿，费龙．现代环境监测技术[M]．北京：中国环境科学出版社，2001.
[13] 南京农业大学．土壤农化分析[M]．2 版．北京：中国农业出版社，1981.
[14] 刘青松．环境监测[M]．北京：中国环境科学出版社，2005.
[15] 黄秀莲．环境分析与监测[M]．北京：高等教育出版社，1989.
[16] 张世森．环境监测技术[M]．北京：高等教育出版社，1992.
[17] 艾有年，阎立荣．环境监测新方法[M]．北京：中国环境科学出版社，1990.
[18] 易洪佑，梁泽斌．环境监测仪器使用与维护[M]．北京：冶金工业出版社，1989.
[19] 何明清，吴华勇，崔伟．土壤与固体废物监测技术问答[M]．北京：化学工业出版社，2006.
[20] 邓益群，彭凤仙，周敏．固体废物及土壤监测[M]．北京：化学工业出版社，2006.
[21] 刘密新，罗国安，张新荣，等．仪器分析[M]，2 版．北京：清华大学出版社，2004.
[22] 陆雍森．环境评价[M]．2 版．上海：同济大学出版社，2005.
[23] 陈怀满．环境土壤学[M]．北京：科学出版社，2005.
[24] 陈振民．环境质量评价实务[M]．郑州：郑州大学出版社，2003.
[25] 国家环境保护总局监督管理司．中国环境影响评价[M]．北京：化学工业出版社，2000.
[26] 陆书玉．环境影响评价[M]．北京：高等教育出版社，2005.
[27] 张征．环境评价学[M]．北京：高等教育出版社，2004.

[28] 丁桑岚．环境评价概论[M]．北京：化学工业出版社，2001.

[29] 张从．环境评价教程[M]．北京：中国环境科学出版社，2005.

[30] 张永春，等．有害废物生态风险评价[M]．北京：中国环境科学出版社，2002.

[31] 蔡艳荣，丛俏，曲蛟．环境影响评价[M]．北京：中国环境科学出版社，2006.

[32] 孙铁珩，李培军，周启星，等．土壤污染形成机理与修复技术[M]．北京：科学出版社，2005.

[33] 赵振纪，杨仁斌．农业环境质量评价[M]．北京：中国农业科技出版社，1993.

[34] 金腊华，邓家泉，吴小明．环境评价方法与实践[M]．北京：化学工业出版社，2005.

[35] 奚旦立，孙裕生，刘秀英．环境监测．3 版．北京：高等教育出版社，2005.

[36] 韦进宝，吴峰．环境监测手册．北京：化学工业出版社，2006.

[37] 吴邦灿，费龙．现代环境监测技术．北京：中国环境科学出版社，2005.

[38] 国家环境保护总局，国家质量监督检验检疫总局．危险废物鉴别标准（GB 5085.1～7—2007）2007.

[39] 国家环境保护总局．工业固体废物采样制样技术规范．1998.

[40] 国家环境保护总局．危险废物鉴别技术规范（HJ/T 298—2007）2007.

[41] 国家环境保护总局．固体废物浸出毒性浸出方法——硫酸硝酸法．2007.

[42] 宁平，张承中，陈建中．固体废物处理与处置实践教程．北京：化学工业出版社，2002.

[43] 国家环境保护总局，国家质量监督检验检疫总局．进口可用用原料的固体废物环境保护控制标准（GB 16487—2005）．2005.

[44] 国家环境保护总局，国家质量监督检验检疫总局．生活垃圾填埋污染控制标准（GB 16889—1997）1997.

[45] 国家环境保护总局，国家质量监督检验检疫总局．生活垃圾焚烧污染控制标准（GB 18485—2001）2001.

[46] 国家环境保护总局，国家质量监督检验检疫总局．危险废物焚烧污染控制标准（GB 18484—2001）2001.

[47] 国家环境保护总局，国家质量监督检验检疫总局．危险废物焚烧贮存控制标准（GB 18597—2001）2001.

[48] 国家环境保护总局，国家质量监督检验检疫总局．危险废物填埋污染控制标准（GB 18598—2001）2001.

[49] 国家环境保护总局环境工程评估中心．环境影响评价技术方法．北京：中国环境科学出版社，2006.

[50] 陆雍森．环境评价．2 版．上海：同济大学出版社，2002.